复旦公共行政评论

FUDAN PUBLIC ADMINISTRATION REVIEW
Vol. 26/2022

U0396595

《复旦公共行政评论》第二十六辑／2022 年
FUDAN PUBLIC ADMINISTRATION REVIEW Vol.26/2022
主办单位：复旦大学国际关系与公共事务学院

第二十六辑

环境协作与治理：政府、企业与公民

上海人民出版社

目 录

CONTENTS

编前语

国家发展绿色转型中环境协作治理探索[*]

孙小逸[**]

一、引　言

改革开放以来,中国经济持续快速发展,但也伴随着环境的恶化及不良的经济、社会后果。从松花江水污染到太湖蓝藻暴发,从大连原油泄漏到兰州自来水苯超标,重大环境事件高发频发。2013 年,一场大规模持续雾霾席卷了我国四分之一国土,约 6 亿人受影响。[①]据环保总局 2006 年的测算,中国每年因环境污染造成的经济损失约占 GDP 的10%。[②]直至 2015 年,虽然状况有所好转,但因环境污染和生态破坏造成的经济损失仍占 GDP 的 6%。[③]其中,每年仅水污染造成的经济损失就高达 2400 亿元。[④]除了经济损失之外,环境污染还带来了沉重的健康代价。环保部 2014 年公布的调查数据显示,全国有 2.5 亿居民暴露

　* 本文是教育部人文社会科学青年基金项目"基于三重治理逻辑的城市垃圾分类治理模式的生成机制、成效评估及推广路径研究"(项目编号:20YJC810011)的阶段性成果。
　** 孙小逸,复旦大学国际关系与公共事务学院副教授。

　① 《中国四分之一国土出现雾霾,近半数国人受影响》,中国新闻网,http://news.youth.cn/gn/201307/t20130712_3515051.htm(下载于 2021 年 11 月 24 日)。
　② 《环境污染造成经济损失约占 GDP 的 10%》,《中国经济时报》2006 年 6 月 6 日。
　③ 《环境经济账须计算污染带来的健康代价》,《法制日报》2015 年 9 月 11 日。
　④ 《中国每年水污染造成经济损失 2400 亿元》,《第一财经日报》2015 年 3 月 5 日。

于污染高风险地区,2.8亿居民使用不安全饮用水。①环境污染已成为影响我国公众健康的危险因素之一,与污染相关的患病率和死亡率持续上升。②在此背景下,生态与环境治理已成为一项刻不容缓的重要课题。

然而,环境治理过程中却出现了两幅并行交织却截然不同的图景。一方面,党的"十八大"以来,中央政府高度重视生态与环境保护的重要性,提出了生态文明建设的发展布局,确立了绿水青山就是金山银山的发展理念,并由此开启了从工业文明向生态文明的范式转型。为切实推进环境治理与发展,中国政府出台了覆盖大气、水、土壤等主要环境要素的一系列法律法规,其中作为主心骨的新环境保护法以其创新范围之广、改革力度之大被称为"史上最严"。2018年,新组建的生态环境部将分散于多个部委的生态环境保护职能进行整合,成为名副其实的"超级部门"。③2015年,中央生态环保督查正式启动,用两年时间实现了31个省份的全覆盖。④中央政府的环保努力取得显著成效,特别是"十三五"以来,污染防治攻坚战全面开展,生态环境质量总体改善。大气环境方面,2015年全国仅有21.6%城市环境空气质量达标,而到2020年,环境空气质量达标城市已达60%,地级及以上城市空气质量优良天数比率上升至87%。⑤据生态环境部副部长赵英民介绍,全国单位GDP二氧化碳排放持续下降,截至2019年底,碳排放强度比2015年下降18.2%,基本扭转了二氧化碳排放总量快速增长的局面。⑥水污染

---

① 《环保部:2.8亿居民使用不安全饮用水》,《新京报》2014年3月15日。
② 《环境污染相关疾病死亡率持续上升》,《人民日报》2014年11月15日。
③ 《中国设生态环境部凸显环保决心:将设超级环境部门》,中国新闻网,http://gd.sina.com.cn/news/zhanjiang/2018-03-19/detail-ifyskeuc2123746.shtml(下载于2021年11月24日)。
④ 《中央环保督察两年实现对全国31个省份督察全覆盖》,中国日报网,https://baijiahao.baidu.com/s?id=1588008051447876084&wfr=spider&for=pc(下载于2021年11月24日)。
⑤ 2015年、2020年《中国生态环境状况公报》。
⑥ 《"十三五":环境污染治理取得显著成效》,中国发展网,https://baijiahao.baidu.com/s?id=1681418112151007882&wfr=spider&for=pc(下载于2021年11月24日)。

治理方面，地表水质量达到或好于Ⅲ类水体的比例为 83.4%，比 2015 年上升 29%；劣Ⅴ类水体的比例为 0.6%，比 2015 年下降 93%。①

另一方面，随着治理程度的不断深入，环境政策执行过程中的问题也日益凸显。一些地方政府打着环保的口号，但在以 GDP 为核心的政绩观支配下，缺乏诚意践行绿色发展理念，对污染企业实施地方保护，干预环评审批、环保执法等关键环节。此外，环保部门权责不匹配、资源保障不到位、政策执行所需信息不充分、公职人员知识与能力不足等对地方环境治理能力构成明显的制约。2017 年，环保部部长陈吉宁在记者会上坦言，新环境保护法实施以来，仍面临法规制度不健全、部分地方党委政府及有关部门环境保护职责落实不到位、环境执法能力不够等突出问题。②与此同时，公众的环境意识在逐步提升，而对环境质量的满意度却呈下降趋势。2013 年中国综合社会调查数据显示，超过一半(57.6%)的公众认为政府环保工作成效欠佳。其中，12.2%的公众认为政府片面注重经济发展而忽视环保工作；22.6%的公众认为政府对环保工作重视不够且投入不足；22.8%的公众认为政府虽尽了努力但效果不佳。公众对环境问题的关注已成为当下中国众多社会冲突的源头之一。自 1996 年以来，与环境相关的群体性事件一直保持年均 29%的增速。③中国社科院法学所的统计显示，2000—2013 年间环境污染是导致特大规模群体性事件的主要原因，在所有万人以上群体性事件中占 50%，对社会治理构成严重挑战。④

这两幅图景告诉我们，中国环境治理正处于一个快速变革与发展的过程之中，特别是党的"十八大"以来，环境保护与污染防治的力度、深度、广度不断推进，对地方环境治理产生了深远影响。现有研究大多从宏观层面考察经济发展与环境保护之间的关系。然而，一条库兹涅

① 2015 年、2020 年《中国生态环境状况公报》。
② 《直面难题，让环境治理更有成效》，《北京青年报》2017 年 3 月 10 日。
③ 《我国环境群体事件年均递增 29%，司法解决不足 1%》，《新京报》2012 年 10 月 27 日。
④ 《中国法治发展报告》(2014 年)。

茨曲线并不足以呈现中国环境治理过程的差异性与复杂性。一方面，地方政府在环境政策实施中发挥主导性作用，不同地方党政领导与相关部门推进绿色发展战略的动机、能力与行为模式存在显著差异。另一方面，环境保护工作涉及污染企业、环保企业、公众、社会组织等多个治理主体，不同主体对国家绿色转型具有不同的观念认知与利益归属，并由此产生差异化的应对策略。这两股力量之间的互动很大程度上决定了环境治理的实际走向。从这个意义上说，为增进对中国环境治理的理解，我们需要对地方环境治理进程、成效与问题展开细致考察，深入揭示环境治理过程中制度发展与社会实践之间的互构关系，推进环境治理领域的经验归纳与理论发展。在此背景下，本辑文章主要关注以下问题：国家绿色转型如何影响地方政府在环境治理方面的表现？市场与社会力量如何看待及应对国家绿色转型？不同治理主体的行为与互动方式对中国环境治理进程产生何种影响？

二、国家发展绿色转型

中国政府在发展战略层面始终强调环境保护的重要性。1972年中国派代表团参加了在瑞典斯德哥尔摩召开的联合国人类环境会议，标志着我国环境保护事业的开端。1979年颁布《中华人民共和国环境保护法(试行)》。1983年召开第二届全国环境保护会议，将环境保护确立为基本国策。2003年，中共十六届三中全会提出科学发展观，强调以人为本，转变经济增长方式，促进经济社会和人的全面发展。2012年，党的十八大报告将生态文明建设纳入中国特色社会主义事业"五位一体"总体布局，首次把"美丽中国"确立为生态文明建设的宏伟目标，生态与环境保护的重要性得到空前提升。2015年，中共中央、国务院出台《生态文明体制改革总体方案》，为我国生态文明领域改革作出了顶层设计和部署。2017年，党的十九大进一步将生态文明建设提升为"千年大计"，提出绿水青山就是金山银山的理念，像对待生命一样对待生态环境,实行最严格的生态环境保护制度。2018 年,生态文明被写入宪法,标志着我国开始步入生态文明新时代。

在绿色发展战略的指引下,中国政府通过法规建设、机构改革、资金投入等方式推动生态与环境保护。第一,法规建设。七十年来,我国基本形成以环境保护法为龙头,覆盖大气、水、土壤、核安全等主要环境要素的法律法规体系。中国已制定环境保护法律 30 多部、行政法规 90 多部。其中,作为主心骨的环境保护法于 2014 年通过修订、2015 年起正式实施。新环保法切实强化了政府环保责任,加大了污染处罚力度、开启了环境公益诉讼,被称为"史上最严"环保法,体现了国家系统治理环境的决心。

第二,机构改革。20 世纪 70 年代以来,我国环境保护机构建设经历了从无到有,行政层级逐步提升的过程。2018 年,生态环境部正式组建,整合了国家发改委、国土资源部、水利部、农业部、国家海洋局和国务院南水北调建设委员会办公室等部门的环保职能,统一行使污染监管和生态保护职责。目前中国基本建立了数量庞大、从中央到基层的环保机构系统。图 1、图 2 分别展示了 20 世纪以来我国环保系统机构和人员的变化趋势。2015 年全国环保系统机构总数为 14812 个。其中,国家级机构 45 个,省级机构 398 个,地市级环保机构 2319 个,

图 1　环保系统机构情况

资料来源:2002—2015 年《中国环境统计年报》。2011 年数据缺失。

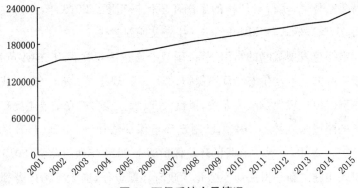

图2　环保系统人员情况

资料来源:2001—2015年《中国环境统计年报》。

县级环保机构9154个,乡镇环保机构2896个。2015年全国环保系统人员总数为23.2万人,与2001年相比增幅超过60%。①

第三,资金投入。随着经济发展与财政收入的增加,中国政府对环境污染治理的投资力度也在不断加大。图3展示了20世纪以来我国环境污染治理投资的变化趋势。2019年我国环境污染治理投资总额

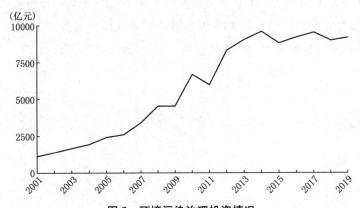

图3　环境污染治理投资情况

资料来源:2001—2019年《中国环境统计年报》。

---

① 《中国环境统计年报》(2015年)。

为 9151.9 亿元,比 2001 年增长 727%。其中,城市环境基础设施建设投资为 5786.7 亿元,老工业污染源治理投资为 615.2 亿元,建设项目竣工环境验收环保投资为 2750.1 亿元,分别占环境污染治理投资总额的 63.2%、6.7% 和 30.0%。[①]

三、地方环境治理探索

(一)地方政府行为

地方政府负责环境政策的具体实施,在环境治理中发挥主导性作用。改革开放时期,中国政府一直实行以 GDP 为核心的晋升激励方式,各地政府以发展经济为第一要务,形成了颇具中国特色的晋升锦标赛(周黎安,2007)。而环境保护则意味着关停污染企业、限制招商引资、减少财政收入与地方就业,与经济发展之间具有内在张力。在此背景下,地方政府往往选择优先发展经济,不惜通过降低环保门槛、干预环评审批等方式为污染企业开绿灯。于文超、何勤英(2013)的研究发现,地方官员追逐经济增长的动机是导致辖区环境污染事故频发的重要因素。在外部监督缺位或失效的情况下,地方政府会与污染企业形成合谋,不仅纵容企业的排污行为,甚至还会出面阻挠环保部门执法,导致地方环境状况进一步恶化。此外,官员任期也是影响环境政策实施的一项重要因素。有研究显示,1999—2011 年间,各地省委书记和省长分别发生 94 次和 85 次变动,平均任职年限分别为 3.88 年和 3.82 年(梁平汉、高楠,2014)。频繁的职位变动使地方官员较为短视,缺乏开展长期性工程的意愿。而环境治理恰恰是一项投入大、见效慢的长期性工程,难以在任期内体现治理绩效。

进入 21 世纪,中央政府逐步将环保目标与政绩考核挂钩,以提升地方官员对环境保护工作的重视。"十一五"规划设定了污染物减排约

---

① 《中国环境统计年报》(2019 年)。

束性指标,并建立环境管理绩效考核机制,把环境保护纳入经济社会发展评价体系。"十二五"规划明确将环境保护纳入地方各级人民政府政绩考核,实行环境保护一票否决制。对未完成环保目标任务或对发生重特大突发环境事件负有责任的地方政府进行约谈,实施区域限批,并追究有关领导责任。"十三五"规划进一步完善生态文明绩效评价考核体系,建立领导干部自然资源资产离任审计制和生态环境损害责任终身追究制。研究发现,环保考核对地方官员晋升的正向作用已经开始显现,且这种激励作用在经济水平较高、行政力量较强的城市更为显著(孙伟增等,2014)。各地陆续实施环保一票否决制,显著提高了环境保护工作的重要性,促使地方政府实行更严格的环境规制,加大对清洁行业的扶持力度,从而降低辖区企业的污染排放(林婷、谌仁俊,2021)。研究显示,地方政府对环保考核指标表现出高度敏感性,其环境治理策略从逐底竞争向策略性模仿转变(张振波,2020)。然而,生态化绩效考核并非一劳永逸,地方环境政策执行仍存在诸多问题。沈坤荣、金刚(2018)的研究显示,河长制的实施仅达到水污染治理的初步效果,但并未有效降低水中深度污染物,由此揭示了地方政府治标不治本的粉饰性治污行为。面对上级考核压力,地方官员往往与下级政府共谋,通过操纵统计数据、报喜不报忧等策略进行应对,从而影响环境治理成效(盛明科、李代明,2018)。

为了减少或解决环境政策执行中的地方保护主义,中央政府采用了一系列督查机制,通过巡视检查、挂牌督办、区域限批、约谈和行政问责等形式对地方政府施压。2015 年,中央全面深化改革领导小组第十四次会议审议通过《环境保护督察方案(试行)》,要求全面落实党委、政府环境保护"党政同责""一岗双责"的主体责任,明确建立环保督查机制。第一轮中央环保督查历时四年,覆盖 31 个省份,推动解决群众身边的生态环境问题 15 万余件、罚款数额达 24.6 亿元、行政和刑事拘留2264 人。①2019 年,中共中央办公厅、国务院办公厅印发《中央生态环

---

① 《新华媒体电讯》2019 年 5 月 17 日。

境保护督察工作规定》，这是生态环境保护领域的第一部党内法规，旨在推动中央环保督查向纵深发展。王岭等人（2019）的实证研究发现，环保督查有助于降低空气污染，促进环境质量的改善。与环保约谈等治理措施相比，中央环保督查具有高强制性和高权威性，追责力度更大，对地方政府形成巨大压力。面对这一高压任务，地方政府往往需要打破常规治理机制，集中调度组织资源和注意力，以运动式治理方式进行应对，并由此导致一系列后果。一方面，污染治理效果难以持久。督查组进驻期间，地方官员采取多种方式积极应对，短期治理效果显著。而随着督查组的离开，环境治理效果也趋于减弱，甚至可能出现污染反弹（李智超等，2021）。另一方面，一刀切现象屡禁不止。在环保督查压力下，地方政府由于治理能力不足，难以在短期内达到上级的治理标准，因而只能采用一刀切等极端、粗暴的治理方式，由此引发企业与公众的不满（庄玉乙、胡蓉，2020；崔晶，2020）。

（二）企业与社会参与

企业不仅是环境污染的首要生产者，同时也是环境治理的主要载体。对企业而言，其首要目标是获取经济利益，因而在缺乏外部动力的情况下，企业是不会主动进行污染减排或绿色创新的。这就需要政府营造一个良好的制度和市场环境，将环境外部性内部化，为企业绿色转型提供激励。①目前，直接监管、经济规制和声誉激励是敦促企业参与污染防治的三大推动力。直接监管是指政府采用强制性规制手段迫使企业减轻污染，具体措施包括出台环境保护法律、法规和政策，制定环保标准和技术规范，监管企业生产过程，并对违规排放的企业实施行政处罚。然而在实施过程中，地方政府为了促进地方经济发展，往往放松环境管制标准，纵容污染企业的超标排放行为，影响环境执法的效果。梁平汉、高楠（2014）的研究发现，地方政府和污染企业之间的"政企合谋"是导致环境污染难以治理的主要原因。地方领导任期越长，越容易和污染企业建立"人际网"，从而放松对企业违法排污的监管，且这种情

---

① 中国环境与发展国际合作委员会：《国家绿色转型治理能力研究》（2015 年）。

况并不能通过领导职务变动解决。在此背景下,加强法制和制度建设是解决基层环境执法难题的关键所在。张琦等人(2019)的研究发现,《环境空气质量标准(2012)》的实施激发了地方官员环境治理动机,并进而影响企业环保决策。新标准及其实施方案的发布不仅提高了环保标准,还使环境数据变得更为透明,不再具有可操纵性,从而促使地方官员切实开展环境治理。环境治理压力减少了地方政府对高管具有公职经历企业的庇护,从而显著提升了此类企业的环保投资规模。范子英、赵仁杰(2019)的分析表明,环保法庭的设立有助于改善地区环境污染纠纷司法处理水平,提升地方政府环境行政规制和处罚力度,从而有效促进环境污染治理。

经济规制是指采用税收、罚款、排污费、环保补助等市场手段引导与调整企业环保行为。企业可以根据自身情况灵活选择采取何种方式参与污染防治,因而更符合经济效率原则。学者对于通过经济规制的方式实现污染治理寄予厚望,致力于考察不同类型的环境规制工具对促进环境治理的效用。李青原、肖泽华(2020)考察了排污收费和环保补助对企业绿色创新的激励效用,发现排污收费通过外部压力和内部激励“倒逼”企业进行绿色技术革新,环保补助则会鼓励企业迎合政府的意愿进行环保投资,反而“挤出”了企业用于绿色创新的资源。相反的,张平等人(2016)的研究发现,排污费的征收增加企业生产成本,缩减企业利润,从而降低企业技术创新的动力和资金投入,而污染治理投资则有助于明确创新方向,对企业绿色创新产生“激励效应”。声誉激励是指社会舆论和声誉对企业环保行为的影响。企业环境表现会影响企业形象和声誉,投资者和消费者据此对企业进行区分,并采取相应的支持或反对行动(李万新,2008)。换言之,环保声誉通过影响企业价值与盈利能力促使企业参与环境治理。王云等人(2017)的研究发现,媒体对企业环境污染的负面报道会显著增加企业环保投资,且这种影响受到环境规制的调节作用。

公众与社会组织是环境治理的重要推动力量。为了促进公众参与环境保护,政府出台了一系列相关政策。2015 年颁布的新《环境保护法》明确了公众参与的原则,并对信息公开和公众参与设立专章,保障了公众获取环境信息、参与和监督环境保护的权利。同年,环保部还专门出台《环境保护公众参与办法》,作为新环保法的重要配套细则。2018年,《环境影响评价公众参与办法》施行,旨在规范环境影响评价公众参与,保障公众环境保护的知情权、参与权、表达权和监督权。然而在实际运作中,公众参与环境治理仍面临重重阻滞,主要体现在以下三个方面。第一,环境信息公开制度尚不完善。比如,《企业事业单位环境信息公开办法》规定,企业事业单位应当按照强制公开和自愿公开相结合的原则公开环境信息。这种以鼓励自愿为导向的立法方式既没有规定排污企业公开环境信息的义务,也没有规定企业违反信息公开义务的法律责任,企业缺乏充分动力提供相关信息。①由于缺乏明确的规定,一些地方政府在实施过程中随意性较大,动辄以"不宜公开"为由任意缩小信息公开范围,而公众又缺乏便捷、高效的救济渠道。第二,制度化参与渠道不足。现行法律法规以原则性理念为主,对公众参与的范围、方式、程序等缺乏明确的、可操作性规定。比如《环境保护公众参与办法》规定,环境保护主管部门可以通过征求意见、问卷调查,组织召开座谈会、专家论证会、听证会等方式听取公众意见,然而一方面征求意见是可以而非必须,另一方面也未对公众参与方式作出具体规定。这就容易让地方政府尽可能选择约束力弱的形式(张紧跟,2017)。第三,缺乏公众参与反馈机制。公众参与以地方政府单向地征求意见为主,公众主动表达与参与机制仍显不足。此外,对民意是否采纳、采纳或不采纳的原因说明等缺乏约束性规定,由此降低了公众参与的效能感(姬亚平,2012)。

与此同时,公众和社会组织参与环境治理的意识和能力也有待提升。随着国家对生态文明的积极倡导、媒体对环境问题报道的日益增多、学校、社区等对环境教育的普及,公众的环境意识在不断提升。然而,公众对环境知识的了解程度依然较低,环保行为和习惯也尚未养

---

① 中国环境与发展国际合作委员会:《国家绿色转型治理能力研究》(2015年)。

成。2013 年中国综合社会调查数据显示,中国公众环境知识均值仅为 4.68 分(满分为 10 分)。只有 17.7% 的公众参与过环保捐款,22.8% 的公众参加过环境宣传教育活动,高达 55.2% 的公众从来没有进行过垃圾分类。另一方面,我国环保社会组织起步较晚,发展尚不成熟。民政部统计数据显示,截至 2017 年底,全国共有社会组织 76.2 万个,其中生态环境类社会组织仅有 6000 多个,占比不到 0.1%。①大多数环保组织规模小、能力弱、专业性不强。调查显示,22% 的环保社会组织没有专职人员,59% 的专职人员数量在 1—9 人。14.5% 的环保社会组织年收入为 0,50% 的过去一年收入在 50 万以下。②此外,环保社会组织还面临管理不够规范、质量参差不齐、作用发挥不足等问题。由此可见,公众和社会组织在环境治理中的活力有待进一步激发。

四、篇章介绍

本辑旨在对新时代下中国环境协作治理实践进行经验总结与理论探讨。本辑包括四个部分,分别是环境政策制定与执行、环境治理机制与成效、环境规制与企业行为,以及公众环境参与意识与行为。专题一探讨环境政策制定与执行过程。周凌一考察地方政府环境政策学习网络的特征与影响因素,发现领导特质、资源支持、社会压力与空间邻近效应等因素会影响地方环境政策的学习行为。王冬萍从倡议联盟的视角出发,考察非政府组织参与地方气候政策过程的条件和策略,发现专业知识与技术为非政府组织的参与提供了机会。陈浩燊以厌恶性设施选址为例,考察香港特区政府对社区诉求的回应方式,阐释全过程公众参与对于化解邻避效应、推动设施建设的关键作用。王文琪、包存宽梳理了中国环境治理的三重逻辑,从历史、实践和理论三个维度剖析中国

---

① 《社会服务发展统计公报》(2017 年)。
② 中国环境与发展国际合作委员会:《国家绿色转型治理能力研究》(2015 年)。

环境治理取得显著成效的深层机理。

专题二探讨环境治理机制及其成效。刘梦远、徐菁媛从政策冲突的角度出发，考察地方政府对高冲突性政策的回应策略，发现目标责任制、跨部门协同与宣传激励等机制在缓解政策执行冲突中发挥重要的作用。赵岩、王琪以伯明翰城市垃圾治理为例，考察外部环境对个体环保行为的影响及效果，揭示行为改变理论和助推机制对城市垃圾分类治理的启示作用。张扬、顾丽梅考察知识产权示范城市政策对污染治理效果的影响。研究显示，知识产权示范城市政策有助于促进绿色科技创新和产业结构调整，从而有效降低示范城市的环境污染指数。

专题三考察环境规制对企业行为的影响。陈醒、余晓非总结中国碳排放权交易市场的实施状况，发现七个碳交易试点的减排绩效存在显著的地区性和行业性差异，并据此提出对中国碳交易市场机制设计的优化路径。李岩等考察中央环保督查对企业自愿性环境信息披露的影响，发现中央环保督查有助于提升管理类环境信息披露，但绩效类环境信息披露则具有一定滞后性。孙旭友考察农村企业污染难以根除的深层原因，发现生计取向的村庄经济模式、经济能人的村庄权威结构与圈层化导向的村庄社会交往方式构成污染企业制造隐蔽空间的村庄社会基础。

专题四考察公众环境参与意识与行为。孙小逸、黄荣贵考察互联网技术对环境关心的影响，发现个人互联网使用有助于提高环境关心水平，而城市互联网普及率与环境关心水平之间呈现倒 U 型关系。此外，城市互联网普及率对教育的影响具有调节作用。何晨阳、符阳考察环境信息公开与污染减排之间的关系，发现信息公开能有效降低污染物排放，且草根环保组织对信息公开有效性具有显著的调节作用。林文亿等以广州为例，探讨政府激励措施对居民生活垃圾分类意愿与行为的影响，发现激励措施的不同组合方式对居民生活垃圾分类意愿和行为具有差异化影响。吴灵琼考察城市居民垃圾分类处置偏好与社会阶层之间的关系，并据此探讨了垃圾分类行为与消费分层、后物质主义价值观等因素的关系。

参考文献

周黎安：《中国地方官员的晋升竞标赛模式研究》，《经济研究》2007 年第7 期。

于文超、何勤英：《辖区经济增长绩效与环境污染事故——基于官员政绩诉求的视角》，《世界经济文汇》2013 年第 2 期。

梁平汉、高楠：《人事变更、法制环境和地方环境污染》，《管理世界》2014 年第 6 期。

孙伟增、罗党论、郑思齐、万广华：《环保考核、地方官员晋升与环境治理——基于 2004—2009 年中国 86 个重点城市的经验证据》，《清华大学学报》（哲学社会科学版）2014 年第 4 期。

林婷、谌仁俊：《绿色政绩考核与地方环境治理——来自环保一票否决制的经验证据》，《华中科技大学学报》（社会科学版）2021 年第 4 期。

张振波：《从逐底竞争到策略性模仿——绩效考核生态化如何影响地方政府环境治理的竞争策略？》，《公共行政评论》2020 年第 6 期。

沈坤荣、金刚：《中国地方政府环境治理的政策效应——基于"河长制"演进的研究》，《中国社会科学》2018 年第 5 期。

盛明科、李代明：《生态政绩考评失灵与环保督察——规制地方政府间"共谋"关系的制度改革逻辑》，《吉首大学学报》（社会科学版）2018 年第 4 期。

王岭、刘相锋、熊艳：《中央环保督察与空气污染治理——基于地级城市微观面板数据的实证分析》，《中国工业经济》2019 年第 10 期。

李智超、刘少丹、杨帆：《环保督察、政商关系与空气污染治理效果——基于中央环保督察的准实验研究》，《公共管理评论》，https://kns.cnki.net/kcms/detail/10.1653.D0.20211101.1022.002.html 2021。

庄玉乙、胡蓉：《"一刀切"抑或"集中整治"？——环保督察下的地方政策执行选择》，《公共管理评论》2020 年第 4 期。

崔晶：《"运动式应对"：基层环境治理中政策执行的策略选择——基于华北地区 Y 小镇的案例研究》，《公共管理学报》2020 年第 4 期。

张琦、郑瑶、孔东民：《地区环境治理压力、高管经历与企业环保投资——一项基于〈环境空气质量标准（2012）〉的准自然实验》，《经济研究》2019 年第 6 期。

范子英、赵仁杰:《法治强化能够促进污染治理吗?——来自环保法庭设立的证据》,《经济研究》2019年第3期。

李万新:《中国的环境监管与治理——理念、承诺、能力和赋权》,《公共行政评论》2008年第5期。

李青原、肖泽华:《异质性环境规制工具与企业绿色创新激励——来自上市企业绿色专利的证据》,《经济研究》2020年第9期。

张平、张鹏鹏、蔡国庆:《不同类型环境规制对企业技术创新影响比较研究》,《中国人口·资源与环境》2016年第4期。

王云、李延喜、马壮、宋金波:《媒体关注、环境规制与企业环保投资》,《南开管理评论》2017年第6期。

张紧跟:《公民参与地方治理的制度优化》,《政治学研究》2017年第6期。

姬亚平:《行政决策程序中的公众参与研究》,《浙江学刊》2012年第3期。

专题一 环境政策制定与执行

地方政府间政策学习网络:行为、结构及影响因素
——基于 2011—2017 年省级生态环境部门考察交流的分析 *

[内容提要] 政策学习包括"信息搜寻—采纳—政策变迁"三阶段,目前多数研究关注采纳与政策变迁阶段的政策学习结果,却未系统分析信息搜寻阶段政策学习网络的互动机制:(1)政策学习的主体特征、内容与动机如何?(2)政策学习网络的结构怎样?随时间变化有何演进?(3)影响地方政策学习行为的因素有哪些? 基于 2011—2017 年省级生态环境部门考察交流的数据,本研究聚焦于政策学习过程中地方主体间的信息搜寻网络,运用社会网络分析和空间自回归模型深入探索"向谁学""学什么""为什么目标而学"的互动机制。结果表明环境政策学习网络基本涵盖各地省级生态环境部门,学习主题较为丰富,学习动机存在任务完成及合法性两类逻辑。2011—2012 年间学习网络的密度较强,主体间趋于平等且资源分布均衡;2013—2017 年整体网络密度略低,主体间紧密程度逐步增强但地位存在不均衡。

[关键词] 政策学习;信息搜寻;领导特质;空间邻近效应;生态环境部门

[Abstract] At present, most studies focus on the adoption and policy change process of policy learning, while less attention has been paid to the information seeking process and the policy-learning network in China:(1) Who is the actors, and what is the contents and motivations of policy learning? (2) How is the network structure and its evolution over time? (3) What are the influencing factors of policy learning? Based on the data of provincial departments of ecology and environment from 2011 to 2017, this paper adopted social network analysis and spatial autoregressive model to explore the black box of "who to learn from", "what to learn" and "why to learn ". The results show that the environmental policy-learning network basically covers all the provincial environmental protection bureaus around the country, with multiple topics and the motivation of task completion logic and legitimacy logic. From 2011 to 2012, the density of the whole network is strong, the positions of participants tended to be equal, and the distribution of resources was balanced. Although the overall network density from 2013 to 2017 is lower than that from 2011 to 2012, the density was gradually increasing but participants' status was uneven.

[Key Words] Policy learning, Information seeking, Leaders' characteristics, Spatial effect, Department of Ecology and Environment

---

* 本文系教育部人文社会科学研究青年基金项目"长三角地区水环境协同网络的差异化治理模式比较:结构特征、作用机理及绩效研究"(项目编号:22YJC810015)的阶段性研究成果。

** 复旦大学国际关系与公共事务学院青年副研究员。

一、引　　言

政策学习是政府在社会互动中获取、交换信息，并基于既有经验和现有信息有意识地调整政策工具、目标或执行计划等，以更好达成治理效果（May，1992；Hall，1993；Howlett & Ramesh，1993）。政策学习的核心在于获取和接受信息，一方面能够通过学习、模仿成功经验来减少政策制定和执行中的行政资源成本，提升政策的可接受度及效益，另一方面可通过重视学习机制的纠错作用来规避负面的政策（王浦劬、赖先进，2013；朱旭峰、赵慧，2015）。"信息获取—采纳—政策变迁"是政策学习过程的三阶段（Lee & Meene，2012），学者们从结果维度将政策学习视为政策变迁的催化剂（Sabatier，1988；Hall，1993；Howlett & Ramesh，1993），或是政策扩散的机制之一（Meseguer，2005；Shipan & Volden，2014；Zhu & Zhang，2015；朱旭峰、赵慧，2015；朱亚鹏，2015）。也有学者从领导特质，组织资源，社会压力，政治、经济、社会相似性等方面探究影响政策学习行为的内、外部因素（Huntjens et al.，2011；Ma，2017；O'Donovan，2017；Einstein et al.，2019）。但目前关注信息搜寻阶段政策学习行为的研究较少，主体间互动是该阶段政策学习的关键基础（Gerlak & Heikkila，2011），因此主体互动的关系网络能够帮助我们深入理解 Bennett 与 Howlett（1992）提出的学习过程核心三要素——"向谁学"、"学什么"、"为什么目标而学"，即分析政策学习网络的微观互动规律及其背后的因果机制。已有一些学者开始探究西方实践下的政策学习网络以揭示信息交换关系建立的影响机制（Lee & Meene，2012；Malkamäki et al.，2019），但基于政治体制、社会文化等方面的差异，我国地方政府间政策学习网络的互动规律与因果机制可能无法为已有研究所解释。因此本文试图系统分析中国地方政府间的政策学习网络，以揭示：（1）政策学习的主体特征、内容与动机如何？（2）政策学习网络的结构怎样？随时间变化有何演进？（3）影响政策学习行为的因素有哪些？

在我国公共政策的实践中,各地政府时常前往其他地区开展考察、调研等交流活动,以学习先进经验并获取相关政策信息。随着发展理念的转变,环境保护议题愈发受到中央及地方各级政府的重视。为了更好提升环境质量,各地生态环境部门主动前往其他地区搜寻信息、汲取经验的政策学习活动层出不穷,涉及环境监测、大气污染治理、水污染治理、农村环境整治、环境宣传等内容,例如 2016 年新疆、湖北、云南、广东四地先后赴青海学习借鉴生态环境监测网络建设的先进经验。基于此,本文以环境政策为例,通过考察 2011—2017 年全国省级生态环境部门考察交流的数据,探究信息搜寻阶段地方政府间政策学习网络的互动机制与影响要素。一方面,本文将基于社会网络分析定性描述环境政策学习网络中参与主体的特征、访问内容与动机,网络结构及其动态变化,以揭示关系网络中主体间的微观互动机制。另一方面,在既有政策创新、政策学习等理论的基础上(Berry & Berry, 1990;Zhu & Zhang, 2015;Zhang & Zhu, 2020),从地方领导特质、资源支持与社会压力、空间邻近效应等内外部因素出发,运用空间自回归模型实证分析地方政策学习行为的影响机制。理论上,区别于既有研究更多关注政策学习结果的视角,本研究聚焦于政策学习过程中主体间的信息搜寻网络,深入探索学习网络中参与者的互动规律与因果机制,并试图从地方领导特质、空间邻近效应来看中国政治体系下官员晋升与府际关系在政策学习网络中的作用,以此拓展政策学习的相关理论及其在中国的适用性。实践上,本文能够帮助我们深入理解我国环境政策学习过程中地方主体的互动机制及影响因素,以此为更好促进地方生态环境部门的政策学习与创新提供相关建议。

二、文献综述与研究假设

(一)政策学习的概念辨析

政策学习的议题最早由 Karl Deutsch(1966)在探讨反馈(feedback)利

于强化政府学习能力时提出，之后学者们构建起社会学习、政策学习、政治学习等概念予以探讨（Heclo，1974；Hall，1993；May，1992；Sabatier，1988；Sabatier & Jenkins-Smith，1993；Bennett & Howlett，1992）。Heclo（1974）认为学习是对外界环境"某些可感知的刺激"所作的反应，并提出社会学习的概念，将其定义为由经验导致的相对持久的行为改变，进而引发社会政策的变迁或创新。在此基础上，Hall（1993）从政府自身的需求出发，指出社会学习是基于既有经验及新信息"调整政策目标或技术"以更好达成政策目标的尝试。可见，Heclo（1974）与Hall（1993）的社会学习概念是探讨政府基于外生性应对或内生性需求而主动学习的现象。Sabatier于1988年提出"政策取向的学习"，即"由经验引致的相对长期的思想或行为意图的变化，与完善和修正人的信仰原则相关联"。Sabatier关注更多的是不同政策联盟如何竞争成为政策子系统中的主导者（Howlett & Ramesh，1993）。值得注意的是，政治学习是政策倡导者学习如何更好推广政策理念或引发政策问题关注的过程，其焦点是特定政策方案的政治可行性（May，1992）。据此，政治学习与政策学习的概念内涵有本质区别，政策学习关注的是政策问题、目标、工具、执行计划等内容，而政治学习则关注政策过程中如何影响特定政策理念或问题的经验教训（May，1992）。

在政策扩散的研究中，学者们将政策学习定义为政策制定者基于其他政府的经验以了解某项政策并评估其潜在效果，继而判断这一政策在本地的适用性且做出采纳与否的决定（Meseguer，2005；FÜglister，2012）。政策学习是政策扩散的机制之一，其余还包括竞争、模仿和强制等（Shipan & Volden，2008）。可见政策扩散视角下的研究更强调结果导向的政策学习。需要明确的是，本研究更为关注过程导向的政策学习，结合既有文献将政策学习定义为政府在社会互动中获取、交换信息，并基于既有经验和现有信息有意识地调整政策工具、目标或执行计划等，以更好达成治理效果。政策学习既包括同级地方政府间的信息交换，也包括上下级政府部门间的互动与交流，本研究主要关注于同级地方政府间的学习行为。

（二）政策学习的研究视角：政策变迁与政策扩散

既有研究将政策学习视为政策变迁（policy change）的催化剂（Sabatier，1988；May，1992；Hall，1993；Howlett & Ramesh，1993），或是政策扩散的机制之一（Meseguer，2005；Shipan & Volden，2014；Zhu & Zhang，2015；朱旭峰、赵慧，2015）。政策变迁是对现有政策的变革活动，即现有政策的修正、废止或被新的政策所取代（杨代福，2007）。传统理论将政策变迁视为政府应对政治冲突或社会压力而产生的被动行为，Heclo(1974)、Hall(1993)、Sabatier(1988)等学者则从政策学习的视角重新解读政策变迁。1993 年，Sabatier 与 Jenkins-Smith 提出倡议联盟框架以解释政策变迁的过程，其中信念是维系联盟也是影响政策变迁的关键因素。基于倡议联盟框架，不少学者以欧洲国家的环境、核能与海洋保护等政策为研究对象，发现政策学习是推动政策变迁的重要力量（Nilsson，2005；Jordan et al.，2003；Nohrstedt，2009；Sandström et al.，2020）。

政策扩散是某个政府的政策选择为其他政府所影响的过程（Shipan & Volden，2008）。扩散视角的分析以政府间交流与沟通为前提，政策创新是地方政府主动学习和借鉴的结果（Heyhood，1965）。政策学习内嵌于政府间互动与沟通的关系网络，Mintrom（1997）、Mintrom 与 Vergari(1998)将政策网络的概念整合到扩散研究中，重点关注政策企业家在政策理念扩散过程中的作用。国内学者王浦劬、赖先进(2013)提出的区域和部门间、先进地区向跟进地区的扩散模式都包含学习机制，跟进地区更是通过各类考察、学习活动向先进地区"取经"。杨宏山(2013)将政策创新的中国经验总结为双轨制政策试验，其他政府通过学习试点地区的成功经验以创新本地区的政策制定。此外，我国政府体系内还存在制度化的组织学习机制，即上级决策者会将其认可的政策创新选择为"典型经验"并组织交流会来增进地方政府间学习，这也是实践中示范效应所引发"轮番考察热"的逻辑所在（杨宏山，2013；杨雪冬，2011）。Ma(2017)以公共自行车项目为例，考察中国城市间学习，尤其是实地考察，对政策扩散的影响。除了水平方向的地方政府间学习,朱旭峰、赵慧(2015)探讨了中央政府自下而上的学习机制,即对成功经验的吸收和对失败教训的汲取。

（三）政策学习的影响因素

社会问题、国内外政治、社会压力、突发灾难或经济危机等组织外要素都是促发政策学习的重要原因(Sabatier，1988；Fiorino，2001；Weale et al.，2000)，而组织内正式与非正式的规则和程度、领导的特质也会影响学习的可能性，譬如 Nilsson(2005)关注决策过程和评估程序对政策学习的影响。基于多国治水政策学习的研究,Huntjens et al.(2011)发现合作结果、政策发展与执行、信息管理、财务资源与风险管理等体制特征都会影响政策学习的程度。政策学习往往在危机发生或政策失败时发生(Schmidt & Radaelli，2004)，但并非所有的政策失败都会导致政策学习。O'Donovan(2017)发现不同的政策失败会导致不同类型的政策学习,其中政策议程的失败与工具型政策学习有关,而政策问题相关经验与学习能力则会调节政策失败与学习间的联系。国内学者杨宏山(2015)提出地方经济实力、地方领导人政策创新意愿、政策问题显著性及可资利用的智库资源是影响地方政府学习能力的因素。

政策学习建立在不同主体间社会互动的基础上,学者们也开始探讨地方政府"向谁学"的问题。既有研究发现地理邻近性,规模、人口、经济与政治结构等方面的相似性,成功的政策经验等都是影响地方政府选择学习对象的重要因素(Volden et al.，2008；Ma，2017；Einstein et al.，2019)。基于社会网络分析的视角,Lee 与 Meene(2012)以全球城市气候领导力网络为例,研究发现网络中多方的理事结构、文化同质性及成功的气候政策能够促进跨城市的政策学习。Malkamäki 等人(2019)则发现政策制定者倾向于向具有相似政策信念、掌握更多资源或参与相同论坛的政策主体学习并交换信息。

（四）地方环境政策学习网络:互动机制与影响因素

既有研究深入探讨了政策学习的概念与类型、政策学习的结果变量及其影响因素,但依旧存在两点不足。首先,政策学习的过程可以划分为"信息搜寻—采纳—政策变迁"的三阶段(Lee & Meene,2012),目前学者们大多考察政策学习与政策变迁间的关系,缺乏对信息搜寻阶段的深入探究。信息搜寻是地方政府基于自身社会关系识别和获取其他政府信息的过程。政策学习过程中信息搜寻的研究一定程度上能够解答 Bennett 与 Howlett(1992)提出的"向谁学"、"学什么"、"为什么目标而学"等问题,也是我们全面了解地方政策学习过程必不可少的环节。其次,政策学习是政策制定者交流经验、获取信息的互动过程,内嵌于参与主体间的关系网络中,主体间互动是信息搜寻阶段政策学习的关键基础(Gerlak & Heikkila,2011)。已有一些学者开始探究西方实践下政策学习网络的微观互动机制(Lee & Meene,2012;Malkamäki et al.,2019),却鲜有研究系统分析我国政策学习网络中主体互动的规律与内在因果关系。基于政治体制、社会文化、经济发展等方面的区别,我国地方政府间政策学习网络的结构和形成机制都可能与已有研究有所差异。因此,本文以环境政策为例,试图分析信息搜寻阶段同级地方政府间政策学习网络的互动机制及影响因素。其中参与主体的互动机制主要通过社会网络分析的定性描述以展示,本节将重点讨论地方环境政策学习行为的影响因素。

政策学习本身也是政策创新的过程,既有研究认为政府对创新的采纳主要受内外部因素的综合影响,其中内部因素包括地方人口结构、经济发展水平、政治体制等方面,外部因素则包括自上而下强制命令、自下而上联邦主义扩散效应的纵向机制,与同级政府间基于规范压力、经济竞争等形成的横向机制(Berry & Berry,1990;Shipan & Volden 2008;Zhu & Zhang,2015;Zhang & Zhu,2020)。Zhang 和 Zhu (2020)对中国行政审批制度的研究发现纵向与横向机制两者并非相互独立,纵向的政策支持会通过降低组织自主性或环境不确定性来替代横向压力在政府创新采纳过程中的作用。与之类似,关于政策学习的研究也发现政策学习行为是领导特质、人口结构、经济水平、社会文化等内部因素,及社会压力、政策失败、地理邻近等外部因素综合作用的结果(Fiorino,2001;Weale et al.,2000;Volden et al.,2008;Ma,

2017；Einstein et al.，2019）。因此，在既有政策创新与政策学习相关研究的基础上，本文构建起地方政策学习行为影响因素的理论框架（图1），着重从组织内、外部的地方领导特质、资源支持、社会压力、空间邻近效应四方面探究影响地方环境政策学习行为的因素。

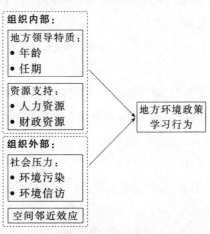

图1　地方环境政策学习行为的影响因素

作为本辖区的主要决策者，地方领导的意愿会显著影响当地政府的行为选择。不少学者开始关注个体（如政策企业家）行为在政策理念传播过程中的作用（Mintrom，1997；Mintrom & Vergari，1998），也有研究表明领导特质会显著影响地方政策创新扩散的过程（朱旭峰、张友浪，2015；Zhu & Zhang，2015；Song et al.，2020）。地方领导有能力形塑利于政策学习的环境和动力（Rashman et al.，2009），其环保责任也会影响地方主体对外政策学习的意愿（Lee & Meene，2012）。首先，官员年龄与职位晋升紧密相关，年龄一直被视为影响创新决策的重要因素（Li & Zhou，2005；Kou & Tsai，2014）。如果年龄较大而没有太多晋升机会，官员的创新意愿会较低，随之对外交流学习的积极性也会降低。官员年龄较大时，其观点也会更为保守（Huber et al.，1993），不乐于前往其他地区汲取新信息。其次，官员任期与政策创新也存在关联，但其任期会同时影响官员的创新动力及克服内部障碍的权威（朱旭峰、张友浪,2015)。新上任的官员有更强的创新与学习动力,随着任期的递增,官员的学习动力可能会减弱,但其克服内部障碍的权威有所加强,因此反而可能更频繁对外学习。本研究主要考虑省/市长、省/市委书记、环保厅/局长三类地方领导的特征,并提出研究假设:

假设1:如果省/市/生态环境部门领导年龄低于同年全国平均值,则政策学习行为更频繁。

假设2:省/市/生态环境部门领导任期会与地方政策学习行为呈现"U"型关系。

政策学习需要人力、财力的投入,因此离不开必要的资源支持。杨宏山(2015)认为地方政府学习能力受经济实力、智库资源的影响。首先,环境治理的投入、经济发展程度为地方政策学习提供了物质保障。再者,生态环境部门机构与人员是政策学习的智力支持,机构数与人员数越多的地方部门,相应的人力资源支持越强。据此,本文提出研究假设:

假设3:环境治理人力与财力资源支持越强的地区,政策学习行为更频繁。

政策学习的动力往往源于社会问题变化、政策失败等外生要素(Sabatier, 1988; May, 1992; Fiorino, 2001; O'Donovan, 2017)。若当地环境污染较为严重,一定程度上意味着已有环境政策的失败,使地方生态环境部门面临来自上级部门与公众不满的外部压力。而环境信访是公众对现有环境治理不满的直接体现,会给政府形成社会压力。环境污染与环境信访都会通过社会压力的外部机制作用于地方政策学习行为,社会压力越大时地方会更积极对外学习成功的治理经验。基于此,本文提出研究假设:

假设4:环境污染与环境信访社会压力越大的地区,政策学习行为更频繁。

地方政府的学习行为也受到周边邻近地区的影响,这是政策学习中横向机制的体现(Volden et al., 2008; Ma, 2017; Einstein et al., 2019)。在中国,同级政府间存在竞争关系,当邻近地区环境政策学习行为越多时，当地政府部门会感受到更强的同侪压力，因此也会更倾向于对外学习来促进政策创新与环境质量改善。然而，相邻地方政府间存在政策学习的"溢出效应"，邻近的地方容易形成各类正式与非正式的信息沟通渠道，因此当地部门能够及时观察或获得周边地区学习而得的经验与知识。据此，邻近地区环境政策学习越频繁时，当地政府享受的溢出效应越显著，其对外学习的动力反而会随之降低。据此，本文提出以下两个研究假设：

假设 5a：邻近地区频繁的对外政策学习会增强当地政府的竞争压力，进而促进地方政府的对外学习行为。

假设 5b：邻近地区频繁的对外政策学习会给当地政府带来知识的"溢出效应"，进而减少地方政府的对外学习行为。

三、数据搜集

实践中信息搜寻阶段的政策学习多以调研、考察、交流等活动呈现，且随着政务信息的公开化，地方生态环境部门的新闻报道或工作动态都较为详尽地公开了其政策学习行为。本研究最终选取除港澳台外全国范围内 22 个省份，5 个自治区及 4 个直辖市所有省/自治区/市环保厅/局官网、官方微博、地方政府门户网站、地方日报①等作为数据搜集来源。首先，笔者在数据来源中通过输入"调研""考察""学习""交流""环保""环境"六个关键词来摘取生态环境部门政策学习的报道。其中，"调研""考察""学习""交流"四个关键词代表政策学习行为，"环保""环境"两个关键词代表环境领域。学习行为与环境领域两类关键

---

① 北京日报、天津日报、河北日报、山西日报、内蒙古日报、吉林日报、黑龙江日报、辽宁日报、解放日报(上海)、浙江日报、新华日报(江苏)、安徽日报、福建日报、江西日报、大众日报(山东)、河南日报、湖北日报、湖南日报、南方日报(广东)、广西日报、海南日报、重庆日报、四川日报、贵州日报、云南日报、西藏日报、陕西日报、甘肃日报、青海日报、宁夏日报、新疆日报。

词内部的搜索规则是"或者",即只要涵盖类别内任一关键词即可,但两类关键词间的搜索规则是"且",即必须同时涵盖学习行为和环境领域的关键词。随后,在初步整理的数据库中发现以下三种情况:(1)由于数据来源多元,同一报道可能会在不同搜索渠道中出现;(2)政策学习的主体并非地方生态环境部门;(3)上级对下级部门的考察调研活动,而非政策学习行为。据此,笔者对数据库反复进行3次数据清理,删除重复的、非生态环境部门或非学习行为的报道,最终获得全国30个省/直辖市/自治区生态环境部门于 2011—2017 年间的政策学习行为182条,每年从14条(2013年)至38条(2012年)不等。①具体的数据搜集过程可见图2。

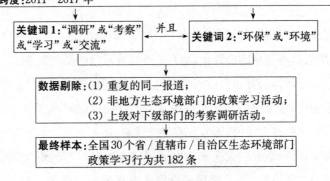

图 2 数据搜集过程

为保证编码的质量及前后连贯性,本研究的数据编码由笔者一人

---

① 值得说明的是,2008 年 5 月我国开始施行《中华人民共和国政府信息公开条例》,自此各级政府在官网上逐渐公开政府工作动态,笔者所搜集的地方生态环境部门政策学习行为数据库起始于 2008 年,但由于 2008—2010 年各地政务信息公开程度不一,所得数据较为零散,经综合权衡后,选取 2011—2017 年的数据予以分析。此外,西藏自治区生态环境部门 2011—2017 年间政策学习行为的数据为 0 条,因此将其剔除样本量。

反复多次编码完成，具体执行过程可分为以下三步：(1)预编码阶段：在正式编码开始前，笔者通过阅读 20 条政策学习的报道，总结出访省份、被访省份、访问主题、是否存在上级政策要求、被访地是否为示范点五大类变量可能出现的关键词，初步建立起编码原则(coding theme)；(2)正式编码阶段：在基本确定编码原则后，笔者通过阅读所有报道，历时半个月完成所有数据的编码工作。在这一过程中，由于部分报道内容的有限性，笔者会上网搜集更多的信息或资料来补充相关内容，以确保所有变量都有依据地进行编码；(3)编码检验阶段：完成一轮编码后，笔者又重新进行了第二轮编码，两轮编码的结果一致性高达 90% 以上。之后笔者对编码结果进行检查，以保证所有编码无误。

四、结果呈现与分析

本文旨在探索中国地方政府间环境政策学习网络中的主体互动规律及内在影响机制，首先笔者从主体概况、主题与动机、网络结构与演进三方面呈现地方生态环境部门学习互动的表现，其次运用空间自回归模型定量分析影响地方政策学习行为的要素。

（一）政策学习主体概况

图 3 展示了全国生态环境部门政策学习出访及被访的情况，总体上看，2011—2017 年间，各地生态环境部门(除西藏外)都有前往其他省份学习环保治理的先进经验。就出访学习而言，绝大多数生态环境部门出访学习的次数较少，平均每年每地出访 0.54 次。但各地对外政策学习的积极性差别较大，贵州和广西是政策学习最活跃的主体，分别总共出访 16、19 次。

绝大多数省份平均每年每地被访次数为 0.57，江苏、广西、湖南是政策学习最常去的省份，浙江和广东紧随其后。可见被访地区也存在集聚性，东南、华南地区的环保工作较为出色，吸引了一批地方生态环境部门前来交流学习。此外，各地生态环境部门的出访和被访次数间

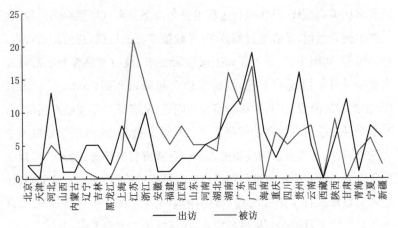

图 3　各地政策学习出访、被访折线图

并不必然呈相关关系,其中广东、广西、湖南、浙江四地不仅积极对外访问学习环保治理的创新点,而且自身的环保工作也卓有成效,经常被其他地区访问学习。

（二）政策学习主题及动机

1. 政策学习主题

地方生态环境部门政策学习的主题较为丰富,涵盖大气环境、水环境、自然生态保护、固废管理、农村环境、核与辐射安全、环境监测、环境监察、环保产业、环评管理、环保法规、科技与宣传、机构与制度建设、示范项目创建及对口帮扶共15个主题。图4展示了这些主题的分布,其中环境监测占比最高,为17.49%。环境监测工作的技术要求较高,地方生态环境部门需要对外学习先进技术及经验。出访学习环境监测技术最为积极的是甘肃,广西是被访地中最受欢迎的省份,尤其是学习其海洋环境监测的经验。在业务领域上,监察与执法、环保产业、机构与制度三个议题的访问热度也很高,分别占总访问次数的9.84%、9.29%与8.74%。

就环境治理的具体领域而言,16次(8.74%)对外访问的主题涉及农村环境整治集中于2011—2014年。2010年12月,环保部印发《全国农村环境连片整治工作指南（试行）》的通知,因此2011年起,各地生

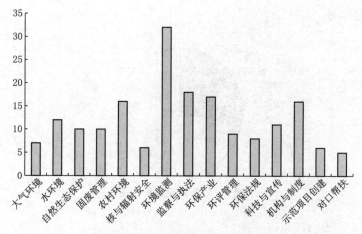

图4　各地政策学习主题分布图

态环境部门开始积极对外交流学习农村环境连片整治工作的经验，广西最为积极对外学习农村环境整治（4次），也是最热门的被访问地之一（3次）。与此同时，水环境、自然生态保护、固废管理三大主题的学习热度也较高，占比分别为6.56%、5.46%与5.46%。

2. 政策学习动机

地方生态环境部门政策学习的动机各有差别，笔者发现政策学习的动机存在任务完成逻辑及合法性逻辑两类。其中，任务完成逻辑是在上级政府的政策要求下，地方生态环境部门为完成特定任务而前往其他地区学习经验。这一逻辑呈现的是外在压力推动下的学习行为。此外，地方生态环境部门也热衷于访问环境绩效得到上级认可的示范项目，表现为合法性逻辑。这一逻辑体现出政策学习内在选择的特征。

据样本数据显示，总共有11.54%的政策学习行为（共21条）呈现任务完成逻辑的动机，即在上级政府的要求下对外访问。对省级生态环境部门而言，其上级政府既包括同一辖区内的省政府，也包括同一专业领域的生态环境部。图5显示71.43%的政策要求发起者是中央生态环境部，说明中央对地方环境政策学习的影响更大。就具体内容而言，图6表明环境监测、环保督查是提及最多的政策内容，尤其是为迎接中央环保督查，甘肃、贵州两地分别多次前往已完成环保督查的省份取经学习。

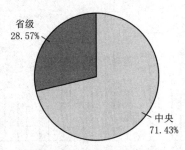

图 5　政策发起者分布图

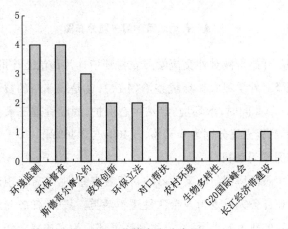

图 6　政策内容分布图

　　8.24%的政策学习行为(共15条)呈现合法性逻辑,即前往上级政府所认可的示范项目所在地"取经"。组织制度主义认为,处于同一场域的制度环境中,组织会通过强制、模仿及规范逐步走向"同构"(iso-morphic)以获合法性,即采取相似的组织形式、结构、政策及实践等(DiMaggio & Powell,1983)。地方政府的行为同样需要得到制度环境的认可,而其中最关键的利益相关者就是上级政府。上级政府所认可的示范项目往往是为制度环境所肯定甚至推广的"典型经验",前往示范地区考察学习也是出访地趋向"同构"获取合法性的过程。据图7显示,更受欢迎的被访地是为中央生态环境部所认可的示范项目,占比86.67%。

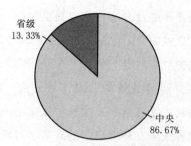

图7　示范项目认定主体分布图

此外,示范项目所包含的类型众多,图8展示了省级示范点、试点、全国示范省、环保模范城市、国家生态市、生态环境部肯定①、总书记考察共七种类型,其中出访总书记考察地青海省的次数最多,占26.67%。2016年8月,习总书记前往青海省生态环境监测中心调研考察,随后,新疆、湖北、云南、广东四地都赴青海学习借鉴生态环境监测网络建设的先进经验。前往总书记考察并作出重要指示的地方学习,可以更为准确把握当前制度环境所认可的规范,即中央环保工作的动向及要求,

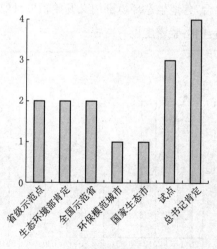

图8　示范项目分布图

---

① "生态环境部肯定"指生态环境部调研考察时,相关领导就该区域环境保护工作给予的肯定与认可,且示范点、试点、示范省、其他给予荣誉称号的省市除外。

进而为地方环保工作开展及合法性获取提供保障。在所有出访地中，甘肃的政策学习有更强的合法性逻辑，分别于 2011 年、2014 年就农村环境整治及生态保护红线划定工作对外访问国家试点地区 3 次。

（三）政策学习网络的结构与动态演进

地方政府间的政策学习内嵌于参与主体互动与沟通的关系网络，因此本研究建构起省级生态环境部门的政策学习网络，运用社会网络分析软件 Ucinet 分析网络的结构及其动态演进。

整体网络密度是网络中实际关系数与理论最大关系数间的比值，密度越大则意味着参与主体间的联系更为紧密，网络也能为参与者提供更多资源。图 9 显示政策学习网络的整体密度在 2011—2012 年较高，但于 2013 年骤降至 0.0151，之后逐步回升并于 2015 年开始有缓慢下降的趋势。2013 年密度的骤降可能与 2012 年 12 月中央八项规定的出台相关，八项规定对地方出访、考察、调研等有了更多制度上的规范要求，地方会据此减少不必要的出访及经费支出。2013 年起，随着中央对环境治理的日益重视，加之"大气十条"、"水十条"、"土十条"等一系列重磅措施出台，各地生态环境部门又开始积极对外交流，学习环境治理的成功经验，网络紧密度也有所提升。

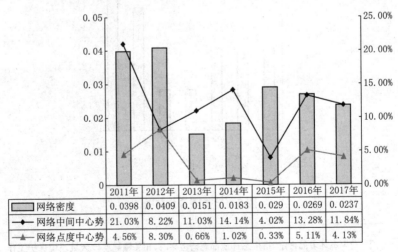

图 9　全国省级生态环境部门政策学习整体网络指标值

网络点度中心势和中间中心势刻画了网络所具有的中心趋势。需要说明的是,点度中心势刻画的是行动者间发展交往关系的能力,关注交往活动本身,而中间中心势刻画的是某一行动者控制其他行动者间交往的能力,关注网络中行动者对资源控制的程度。整体上看,2011—2017年政策学习网络的平均点度中心势为3.44%、平均中间中心势为11.94%,可见网络中心化趋势不明显。2011—2012年,在网络密度加强的同时,点度中心势上升至最高值8.30%,说明这一阶段学习网络的中心聚集程度加大,各省份都与中心地区如广东、广西建立起学习关系。然而中间中心势却在这一阶段从21.03%降至8.22%,表明参与主体在网络中的地位趋于平等,核心行动者如广东、广西对整个网络资源控制的程度减弱,浙江、江苏、辽宁、宁夏等地都积极建立起直接的学习访问渠道而非依赖于核心行动者获取信息。2011—2012年间生态环境部门间学习访问的紧密度加强,逐渐显现交往能力强的中心地区,但主体间趋于平等交流且资源分布更为均衡。总体上2013—2017年中间中心势的值大于点度中心势,表明参与主体间交往活动的中心性差别不大,但却存在核心主体如广西、贵州、浙江等。

图10是2011—2017年全国省级生态环境部门政策学习行网络图,其中方块代表参与学习的省(市/区),方块大小代表参与者的度中心性,参与者间学习的次数体现于连线的粗细,若访问次数越多则连线越粗。此外连线箭头的出发点是出访地,指向点是被访地。表1的对外及对内度中心性则代表了各地对外学习交流与吸引其他地方前来学习的中心位置。从参与范围来看,除西藏外,其余各省都纳入政策学习网络中,可见政策学习逐渐成为地方生态环境部门获取信息以开展政策制定、创新的重要方式,学习网络的建立也在一定程度上突破了"条块"体制的局限,为信息流动、经验交流提供了渠道。从网络位置来看,广西、江苏、浙江的度中心性相对最高,表明其在网络中占据重要的中心地位,这三省也成为政策学习网络中信息与资源传递的重要主体。从学习访问的方向看,广西是政策学习网络中最为活跃的参与者,不仅积极对外学习其他地区的治理经验,也吸引了不少省份前来取经。参

与主体间网络联结强度显示广西与广东、浙江、云南、上海四地之间建立了比较稳固的交流关系。江苏在整个学习网络的度中心性仅次于广西，也是颇受欢迎的被访问地区。

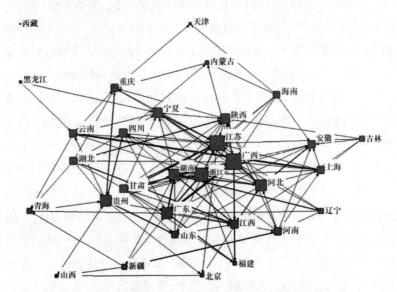

图10　2011—2017年全国省级生态环境部门政策学习网络图

表1　全国各地生态环境部门点度中心性

地　区	对外度中心性	对内度中心性
北京	0.71	0.48
天津	0.00	0.71
河北	3.81	1.90
山西	0.24	0.71
内蒙古	0.24	0.71
辽宁	1.19	0.24
吉林	1.19	0.00
黑龙江	0.71	0.00
上海	2.62	0.95

地 区	对外度中心性	对内度中心性
江苏	0.95	5.48
浙江	2.14	3.57
安徽	0.24	1.90
福建	0.24	1.19
江西	0.71	3.10
山东	1.19	0.95
河南	1.43	1.90
湖北	1.43	0.95
湖南	3.81	4.29
广东	2.86	2.86
广西	5.00	5.00
海南	1.67	0.00
重庆	0.95	1.67
四川	1.67	1.19
贵州	4.52	1.67
云南	1.43	2.86
陕西	1.90	2.38
甘肃	3.33	0.00
青海	0.24	0.95
宁夏	2.14	1.67
新疆	1.67	0.48

（四）定量分析:地方政策学习行为的影响因素

基于上述分析,我们发现各地生态环境部门对外政策学习的行为有所差异,哪些因素会影响其对外学习行为? 依据本文的理论框架,本节将运用空间自回归模型从地方领导特质、资源支持、社会压力与空间邻近效应四方面探究其对地方政策学习的影响,具体如下等式:

对外政策学习$_{i,t}$ = β_0 + β_1^* 对外政策学习$_{i,t-1}$ + β_2^* W_i^* 对外政策学习$_t$ + β_3^* 领导特质$_{i,t}$ + β_4^* 资源支持$_{i,t}$ + β_5^* 社会压力$_{i,t}$ + $u_{i,t}$ (1)

其中 i = 1, 2, 3, …, 30；t = 2011, 2012, …, 2017；W_i 是 30 个省会城市的距离矩阵。

笔者以各省(市/自治区)生态环境部门为分析单位,构建起 30 个地区①在 2011—2017 年间的面板数据。因变量对外政策学习行为以 Ucinet 计算而得的每个地区每年的对外度中心性测度。领导特质的变量包括省委书记、省长与生态环境厅厅长的年龄及任期。若地方领导的年龄低于同年全国平均值,则地方主官的年龄编码为 1,否则为 0。如果该官员在当年的 6 月 30 日之前任职,那么其当年的任期编码为 1,否则为 0,之后任期逐年累加。资源支持中人力资源以国家级、省级环保机构的机构数和人员数来测度,财政资源以环境污染治理投资占 GDP 比重与人均 GDP 的 Ln 值来测度。就社会压力变量而言,环境污染包括城市生活垃圾污染②、人均二氧化硫排放量、人均废水排放量,环境信访包括人均电话、网络、来信投诉数。空间邻近效应则以 W_i 代表的省会城市距离矩阵测度。

表 2　变量的描述性统计

变　量	均　值	标准差	最小值	最大值
对外度中心性	1.67	2.53	0	13.33
省委书记年龄	0.39	0.49	0	1
省长年龄	0.43	0.50	0	1
生态环境厅厅长年龄	0.48	0.50	0	1
省委书记任期	2.90	1.84	1	10
省长任期	2.97	1.98	1	10

① 由于西藏于 2011—2017 年间未参与任何政策学习,因此面板回归的样本中将其剔除。

② 城市生活垃圾污染(%)=100%-城市生活垃圾无害化处理率(%)。

变 量	均 值	标准差	最小值	最大值
生态环境厅厅长任期	4.26	2.68	1	13
国家、省级环保机构数	13.01	3.10	7	21
国家、省级环保人员数	490.61	197.66	176	1065
环境污染治理投资	1.47	0.77	0.3	4.24
人均 GDP	10.75	0.42	9.71	11.77
城市生活垃圾污染	9.90	12.82	0	58.32
人均二氧化硫排放量	0.02	0.01	0.00	0.06
人均废水排放量	49.86	16.04	22.48	92.78
环境信访	10.75	8.29	1.59	37.09

表 2 的描述性统计表明,各地生态环境部门对外政策学习的"度中心性"均值为 1.67,且地区间学习行为差距大,其中从未对外访问学习的地区占 53.81%,但对外访问最高值为 13.33。地方领导中生态环境厅厅长的平均年龄最小,为 54.1 岁,任期相对最长,均值为 4.26。省长、省委书记的平均年龄为 59、61 岁,且两者的任期分布较为相近,但省长的任期相对略长,任期大于 6 年的占比也多出 3.34%。就资源支持而言,各地国家级、省级环保机构数和人员数存在一定的地区差异,均值分别为 13.01 与 490.61;环境污染治理投资占 GDP 比重的均值仅为 1.47,其中比重小于 2 的地区占比达 78.57%,人均 GDP 的 Ln 值均值为 10.75。在社会压力方面,城市生活垃圾无害化处理水平较高,人均废水排放的平均值为 49.86 吨,人均环境信访量均值为 10.75,但三者都存在一定的地区差异;各地区人均二氧化硫排放量差距小,均值为 0.02 吨,仅 23.8% 的地区排放量超过均值。

表 3 分别展示了 2011—2017 年与 2013—2017 年两组样本的回归结果。结合前面网络整体指标分析与中国环境治理实践,2013 年新一届国家领导人上任,制定了一系列环境治理新措施,是全国环境治理的又一新起点,因此就 2013—2017 年样本进行回归以探索该阶段政策学

表3 各地省级生态环境部门对外政策学习行为的影响因素①

变量	2011—2017年				2013—2017年	
	模型1	模型2	模型3	模型4	模型5	模型6
对外政策学习滞后项	−0.11 (0.07)	−0.08 (0.07)	−0.13** (0.06)	−0.13* (0.08)	−0.12 (0.08)	−0.14* (0.08)
空间邻近效应	−0.67*** (0.21)	−0.76*** (0.22)	−0.76*** (0.24)	−1.00*** (0.25)	−0.95*** (0.24)	−1.03*** (0.25)
领导特质 省委书记年龄	−0.08 (0.49)	—	—	1.18* (0.62)	—	—
省委书记任期	−0.18 (0.27)	—	—	−0.15 (0.52)	—	—
省委书记任期²	0.01 (0.03)	—	—	0.04 (0.08)	—	—
省长年龄	—	−0.42 (0.35)	—	—	−0.74 (0.53)	—
省长任期	—	−0.89** (0.35)	—	—	−0.75* (0.39)	—

① 模型中的变量不存在多重共线性问题,经检验,VIF均小于4.47。

续表

变量		2011—2017年			2013—2017年		
		模型 1	模型 2	模型 3	模型 4	模型 5	模型 6
领导特质	省长任期²	—	0.12*** (0.04)	—	—	0.08* (0.05)	—
	环保厅厅长年龄	—	—	-0.48 (0.67)	—	—	-0.24 (0.73)
	环保厅厅长任期	—	—	-0.12 (0.26)	—	—	-0.03 (0.23)
	环保厅厅长任期²	—	—	-0.01 (0.02)	—	—	-0.01 (0.02)
资源支持	国家、省级环保机构数	0.04 (0.29)	0.06 (0.28)	0.05 (0.27)	-0.81 (0.52)	-0.78 (0.52)	-0.78 (0.50)
	国家、省级环保人员数	0.00 (0.00)	0.00 (0.00)	0.00 (0.00)	0.00 (0.00)	0.00 (0.00)	0.00 (0.00)
	环境污染治理投资	0.44 (0.54)	0.68 (0.49)	0.58 (0.47)	-0.32 (0.67)	-0.01 (0.71)	-0.51 (0.68)
	人均GDP	9.50** (4.24)	7.27 (4.63)	8.38* (4.78)	6.91** (3.33)	4.33 (3.67)	6.14* (3.72)

续表

变 量		2011—2017 年			2013—2017 年		
		模型 1	模型 2	模型 3	模型 4	模型 5	模型 6
社会压力	城市生活垃圾污染	-0.04 (0.03)	-0.06** (0.03)	-0.04 (0.03)	-0.06** (0.03)	-0.08** (0.04)	-0.07** (0.03)
	人均二氧化硫排放量	-113.76** (52.90)	-98.23* (57.57)	-104.98* (58.18)	-49.61 (35.73)	-14.16 (38.99)	-43.36 (39.30)
	人均废水排放量	0.06 (0.05)	0.06 (0.05)	0.07 (0.06)	0.04 (0.05)	0.05 (0.06)	0.06 (0.06)
	环境信访	0.06 (0.07)	0.11** (0.05)	0.05 (0.07)	0.16*** (0.05)	0.16*** (0.06)	0.14*** (0.05)
年份固定效应		是	是	是	是	是	是
省份固定效应		是	是	是	是	是	是
N		210	210	210	150	150	150
R^2		0.1145	0.1630	0.1297	0.1887	0.2008	0.1653

注：* $p < 0.1$，** $p < 0.05$，*** $p < 0.01$。

习行为的影响因素。

首先，基于省委书记、省长、生态环境厅厅长三类领导特质的对比，省长的任期是影响当地生态环境部门对外学习积极性的重要因素。两组样本中省长的任期与对外度中心性间都呈现了"U"型关系，具体来说，起初省长的任期与该地区对外学习的积极性呈负相关，但从第4年左右开始（模型2的拐点为3.7年，模型5的拐点为4.6年），当地政策学习的积极性随任期的增加而增加。在2013—2017年的样本中，省委书记年龄低于全国平均值的地区，更乐于对外政策学习。但我们却没有发现生态环境厅厅长对政策学习行为的直接影响。一般而言，生态环境厅厅长的任期较长且很难有进一步的晋升空间，因此厅长自身缺乏对外政策学习与推动创新的激励。省长主管政府工作的全面开展，在环境治理日益受中央重视的背景下，省长有动力积极改善和推动当地的环保工作，尤其是任职3年多后省长自身权威有所稳固，并即将面临第一轮任期结束后的改选，因此其对外学习改善绩效的动机及能力都会增强，地方生态环境部门对外政策学习的度中心性也随之上升。2015年，国家首次明确环境保护"党政同责"，若地方环境治理不佳，党政一把手都会被直接问责，这在一定程度上解释了模型4中省委书记年龄对地方生态环境部门学习行为的影响。就资源支持而言，人均GDP是影响地方生态环境部门对外学习的重要因素。具体而言，人均GDP更多的地区，政策学习网络中对外度中心性也更高，证实了经济实力对政策学习访问的重要性。

外部因素中，本研究发现城市生活垃圾污染越严重或人均二氧化硫排放量越大时，当地部门对外政策学习越少，这可能是因为环境污染严重时地方部门更愿意集中资源改善现阶段的工作。环境信访与对外学习行为间呈正相关关系，在2013—2017年的样本中尤其显著。当生态环境部门面临更大的公众压力时，会积极对外学习以汲取经验，随着公众环保意识的增强和政府改革的深化，各级政府愈发重视公众投诉的处理,因此在 2013—2017 年样本中环境信访的作用更明显①。就空间邻近效应而言,周边地区的学习行为越多时,当地生态环境部门对外政策学习反而减少,可能是由于政策学习的知识溢出效应降低了当地对外学习的动机,也可能是基于区域竞争的现实,邻近省份学习频繁时,当地的学习行为很难有所创新且无法突出,但具体的内在机制后续还需要深入研究予以论证。最后,各地生态环境部门的政策学习行为也受上一年行为的影响,两者间呈负向关系,这可能是因为连续的政策学习所获取的边际效益会降低,践行既有的学习经验反而更有价值。

五、结论与讨论

政策学习是地方政府汲取经验以创新改善当地公共服务的有效工具之一,其内嵌于政府间沟通与交流的关系网络中,而信息搜寻则是政策学习的起始阶段。本文基于社会网络视角系统分析了我国省级生态环境部门在政策学习网络中的互动机制,并从领导特质、资源支持、社会压力、空间邻近效应等内外部因素运用空间自回归模型实证研究影响地方政策学习行为的要素,主要发现以下三点结论:首先,各地生态环境部门都参与到环境政策学习的网络中,但各主体出访学习的积极性差别较大,政策学习的主题较为丰富,其动机存在上级政策要求下的任务完成逻辑及考察学习示范项目的合法性逻辑两类。其次,地方生态环境部门间政策学习网络在 2012—2013 年间发生了较大变化,最明显的是网络整体密度骤降,2013 年后我国环境治理迎来了又一新的起点,参与主体间的访问学习逐渐紧密,但其地位存在不均衡。第三,实证分析表明,领导特质如省长的任期、省委书记的年龄,资源支持如人均 GDP,社会压力如环境污染、环境信访,及周边地区的政策学习行为

---

① 环境信访与地方学习行为间可能存在反向因果问题,即地方生态环境部门对外学习增强了公众的环保意识,进而提升了环境信访。未来研究中需要辅以深度访谈、案例分析等方法以深入探讨两者间的因果关系。

都是影响地方生态环境部门对外学习行为的重要因素，此外政策学习也存在时间滞后效应的影响。

本研究对既有政策学习理论的贡献主要表现在两方面：第一，重点关注政策学习的信息搜寻阶段，为我们展现了中国情境下参与主体"向谁学"、"学什么"、"为什么目标而学"的信息沟通与互动网络。既有研究更为关注政策学习后的采纳与政策变迁阶段，即更为关注政策学习的结果变量，而信息搜寻也是学习过程的关键阶段之一，我们需要揭示并了解其内在的黑箱以更全面理解政策学习过程中参与主体间的微观互动机制。第二，本文结合既有文献与中国实践，尝试构建并实证检验影响地方对外政策学习行为的重要因素，拓展了相关理论在中国的适用性并发现了中国情境的特色要素。作为地方政府的关键决策者，领导特质在现有政策创新研究中被视为重要的影响要素，本文同样证实了政策学习中领导特质的核心作用，有趣的是，笔者发现省长、省委书记及生态环境厅厅长的影响存在显著差异，后续还需更深入的研究来探索差异的原因所在。此外，周边邻近地区的空间效应是政策学习过程中横向府际关系的体现，实证结果表明相邻地区与当地政府的政策学习行为呈负相关，具体的内在影响机制还有待进一步探讨。与既有研究相一致，本文也证实了资源支持、社会压力等要素的作用。实践上，本文能够帮助我们深入理解我国环境政策学习过程中地方主体的互动机制及影响因素，以此为更好促进地方生态环境部门的政策学习与创新提供相关建议。

然而，本文也存在一定的局限性，囿于数据可得性，本研究目前的样本量仅局限在省级，未来将搜集市级层面并补充近些年的相关数据，不仅扩充样本量，也可分析比较省、市两级地方政府或东中西部不同区域间地方政策学习行为的异质性。后续也需要通过实地调研、深度访谈等方式获取更多关于地方政策学习的一二手资料，基于案例分析来追踪、刻画地方学习行为的内在逻辑及影响机制，以及各因素间的相互作用关系。未来的研究也可以从国家生态示范创建的历程出发，深入探究不同时期各类示范项目如何影响地方环境政策学习行为，帮助我们更深入理解合法性逻辑的内在机理。此外,本研究的数据通过公开渠道搜索而得,可能会存在一定的遗漏,尤其是年份较早的地方生态环境部门学习行为。

参考文献

保罗·A.萨巴蒂尔(Paul A. Sabatier)、汉克·C.詹金斯-史密斯(Hallk C. Jenkins-Smith):《政策变迁与学习:一种倡议联盟途径》,北京大学出版社2011年版。

王浦劬、赖先进:《中国公共政策扩散的模式与机制分析》,《北京大学学报》(哲学社会科学版)2013年第6期,第14—23页。

杨宏山:《双轨制政策试验:政策创新的中国经验》,《中国行政管理》2013年第6期,第12—15页。

杨宏山:《创新型政策的执行机制研究——基于政策学习的视角》,《中国人民大学学报》2015年第3期,第100—107页。

杨代福:《西方政策变迁研究:三十年回顾》,《国家行政学院学报》2007年第4期,第104—108页。

杨雪冬:《过去10年的中国地方政府改革——基于中国地方政府创新奖的评价》,《公共管理学报》2011年第1期,第81—93页。

朱旭峰、赵慧:《自下而上的政策学习——中国三项养老保险政策的比较案例研究》,《南京社会科学》2015年第6期,第68—75页。

朱旭峰、张友浪:《创新与扩散:新型行政审批制度在中国城市的兴起》,《管理世界》2015年第10期,第91—105页。

朱亚鹏:《政策创新与政策扩散研究评述》,《武汉大学学报》(哲学社会科学版)2010年第4期,第565—572页。

Bennett, C.J., Howlett, M.(1992). The Lessons of Learning: Reconciling Theories of Policy Learning and Policy Change. *Policy Sciences*, 25(3), 275—294.

Berry, Frances Stokes, and William D. Berry(1990). State Lottery Adoptions as Policy Innovations: An Event History Analysis. *American Political Science Review*, 84(2), 395—415.

DiMaggio, P., and W. Powell(1983). The Iron Cage Revisited: Institutional Isomorphism and Collective Rationality in Organizational Fields. *American Sociological Review*, 48, 147—160.

Einstein, K. L., Glick, D. M., & Palmer, M.(2019). City learning: Evidence of policy information diffusion from a survey of US mayors. *Political Research Quarterly*, 72(1), 243—258.

Fiorino, D. J.(2001). Environmental policy as learning: a new view of an old landscape. *Public Administration Review*, 61(3), 322—334.

FÜGlister, K.(2012). Where does Learning Take Place? The Role of Intergovernmental Cooperation in Policy Diffusion. *European Journal of Political Research*, 3, 316—349.

Gerlak, A. K., & Heikkila, T.(2011). Building a theory of learning in collaboratives: Evidence from the Everglades Restoration Program. *Journal of Public Administration Research and Theory*, 21(4), 619—644.

Hall, P. A.(1993). Policy Paradigms, Social Learning and the State: The Case of Economic Policymaking in Britain. *Comparative Politics*, 25(3), 275.

Heclo, H.(1974). *Modern Social Politics in Britain and Sweden: From Relief to Income Maintenance*. New Haven: Yale University Press.

Heywood, S. J.(1965). Toward a Sound Theory of Innovation. *The Elementary School Journal*, 66(3), 107—114.

Howlett, M., Ramesh, M.(1993). Patterns of Policy Instrument Choice: Policy Styles, Policy Learning and the Privatization Experience. *Review of Policy Research*, 12(1-2).

Huber, George P., Kathleen M. Sutcliffe, C. Chet Miller, and William H. Glick(1993). Understanding and Predicting Organizational Change. In *Organizational Change and Redesign: Ideas and Insights for Improving Performance*, 215—254. New York, NY: Oxford University Press.

Huntjens, P., Pahl-Wostl, C., Rihoux, B., Schlüter, M., Flachner, Z., Neto, S., ...& Nabide Kiti, I.(2011). Adaptive water management and policy learning in a changing climate: a formal comparative analysis of eight water management regimes in Europe, Africa and Asia. *Environmental Policy and Governance*, 21(3), 145—163.

Jordan, A., Wurzel, R., Zito, A. R., & Brückner, L.(2003). European governance and the transfer of "new" environmental policy instruments (NEPIs) in the European Union. *Public Administration*, 81(3), 555—574.

Kou, Chien-Wen, and Wen-Hsuan Tsai (2014). Sprinting with Small Steps' towards Promotion: Solutions for the Age Dilemma in the CCP Cadre Appointment System. *China Journal*, 153—171.

Lee, Taedong, and Susan Meene(2012). Who Teaches and Who Learns? Policy Learning through the C40 Cities Climate Network. *Policy Science*, 3, 199—220.

Li, Hongbin, and Li-An Zhou(2005). Political turnover and economic performance: The incentive role of personnel control in China. *Journal of Public Economics*, 89, 1743—1762.

Ma, L.(2017). Site visits, policy learning, and the diffusion of policy innovation: Evidence from public bicycle programs in China. *Journal of Chinese Political Science*, 22(4), 581—599.

May, P.(1992). Policy Learning and Failure. *Journal of Public Policy*, 2, 3—30.

Malkamäki, A., Wagner, P. M., Brockhaus, M., Toppinen, A., & Ylä-Anttila, T.(2019). On the Acoustics of Policy Learning: Can Co-Participation in Policy Forums Break Up Echo Chambers? *Policy Studies Journal*. doi: 10. 1111/psj.12378.

Meseguer, C.(2005). Policy Learning, Policy Diffusion, and the Making of a New Order. *Annuals of American Academy of Political and Social Science*, 598(1), 67—82.

Mintrom, M.(1997). Policy Entrepreneurs and the Diffusion of Innovation. *American Journal of Political Science*, 3, 738—770.

Mintrom, M. & Vergari, S.(1998). Policy Networks and Innovation Diffusion: The Case of State Education Reforms. *Journal of Politics*, 1,

126—148.

Nohrstedt，D.(2010). Do advocacy coalitions matter? Crisis and change in Swedish nuclear energy policy. *Journal of Public Administration Research and Theory*，*20*(2)，309—333.

Nilsson，M.(2005). Learning，frames，and environmental policy integration：the case of Swedish energy policy. *Environment and Planning C：Government and policy*，*23*(2)，207—226.

O'Donovan，K.(2017). Policy failure and policy learning：Examining the conditions of learning after disaster. *Review of Policy Research*，*34*（4），537—558.

Sabatier，P. A.（1998）. An Advocacy Coalition Framework of Policy Change and the Role of Policy-oriented Learning therein. *Policy Sciences*，21，129—168.

Sandström，A.，Morf，A.，& Fjellborg，D.（2020）. Disputed Policy Change：The Role of Events，Policy Learning，and Negotiated Agreements. *Policy Studies Journal*，1—25.

Schmidt，V. A. and C. M. Radaelli.(2004). Policy Change and Discourse in Europe：Conceptual and Methodological Issues. *West European Politics*，27，2，183—210.

Shipan，C. R. & Volden，C.(2008). The Mechanisms of Policy Diffusion. *American Journal of Political Science*，4，840—857.

Song，Q.，Qin，M.，Wang，R.，& Qi，Y.(2020). How does the nested structure affect policy innovation?：Empirical research on China's low carbon pilot cities. *Energy Policy*，*144*，111695.

Volden，C.，Ying，M. M.，and Carpenter，D. P.（2008）. A Formal Model of Learning and Policy Diffusion. *American Political Science Review*，3，319—322.

Weale A，Pridham G，Cini M，Konstadakopolous D，Porter M，Flynn B，(2000). *Environmental Governance in Europe*，Oxford University Press，Oxford.

Zhu，X.，& Zhang，Y.(2015). Political Mobility and Dynamic Diffusion of Innovation: The Spread of Municipal Pro-business Administrative Reform in China. *Journal of Public Administration Research and Theory*，3，535—551.

Zhang，Y.，& Zhu，X.(2020). The moderating role of top-down supports in horizontal innovation diffusion. *Public Administration Review*，2，209—221.

气候倡议联盟、政策学习与
中国地方气候政策变化(2007—2019)

王冬萍[*]

[内容提要] 本文将倡议联盟框架应用于分析中国地方气候政策过程,考察非政府组织的信念、策略及对地方气候政策的影响。通过对中国四个城市进行多案例研究发现,非政府组织普遍对气候变化问题持审慎态度,彼此互动、合作,构成气候倡议联盟。地方政府主管部门在接触气候议题之初,往往缺乏知识和相关资源,这为非政府组织提供了参与机会。气候倡议联盟成员主要通过向地方政府提供技术支持和咨询的方式介入政策过程,强调其作为技术专家的身份,它们在议程设置、政策制定和执行阶段均有广泛参与,促进了地方气候政策变化。但是中国地方气候倡议联盟往往不够重视温室气体数据的披露、气候变化对当地的影响以及气候适应的必要性。

[关键词] 气候政策;倡议联盟;政策学习;中国

[Abstract] This study applies the advocacy coalition framework to analyse climate policy changes in China's cities. Through four case studies in China's cities, this study finds that local officials' lack of climate knowledge and relevant resources has created opportunities for various non-state actors to participate in local climate policy process. These non-state actors share similar concerns on climate change and frequently interact with each other, constituting climate advocacy coalitions in local cities. The climate advocacy coalition has engaged in climate change agenda setting, policy formulation and implementation. Members of climate advocacy coalitions have conducted climate policy research, provided consultancy and training to advocate local climate policy changes. However, climate advocacy coalitions in China's local cities somehow have paid less attention to greenhouse gas emissions data transparency, impacts of climate change, and necessity of climate adaptation.

[Key Words] Climate Politics, Advocacy Coalition, Policy Learning, China

---

* 王冬萍,四川大学国际关系学院助理研究员。

一、引 言

中国国务院于 2007 年 6 月发布《中国应对气候变化国家方案》,敦促地方各级政府加强对本地区应对气候变化工作的指导,建立应对气候变化管理体系。此后的 2010 年、2012 年和 2017 年,国家发展和改革委员会(简称国家发改委)先后三次组织地方政府开展低碳省区和低碳城市试点工作,2017 年,国家发改委与住房和城乡建设部联合发布气候适应型城市试点项目。截至目前,已有 87 个省、市政府加入国家发改委发起的低碳省市试点项目,23 个省、市政府加入"中国达峰先锋城市联盟",7 个省、市政府开始推动碳交易试点工作,28 个地方政府加入气候适应型城市试点项目。还有很多其他地方政府加入了非政府组织①发起的项目、开展应对气候变化试点工作。譬如中国已有 9 个市、区政府加入宜可城—地方可持续发展协会(International Council for Local Environmental Initiatives-Local Governments for Sustainability),13 个地方政府与 C40 城市联盟开展合作。

在这些先行先试地区,地方政府逐步构建和发展了应对气候变化的能力和相关制度。其中重要的标志是地方政府主管部门②将应对气候变化纳入其工作职责,发布低碳和气候规划,以及设置应对气候变化专项资金。这些举措往往标志地方气候政策子系统的诞生,即地方政策行为体开始明确将应对气候变化作为一项独立议程,而不仅仅是产业转型、节能和可再生能源等政策的附属议程。

在地方政府探索应对气候变化措施的过程中,很多非政府组织参

---

① 本文对非政府组织的界定比较宽泛,指政府机构以外的其他组织,包括政府智库、国内社会组织、咨询公司、科研机构、境外非政府组织、外国政府、外国智库等。

② 2007 年至 2018 年,应对气候变化事务由国家发改委和地方发改委负责。2018 年 3 月国务院机构改革之后,应对气候变化事务划归生态环境部和地方生态环境局负责。

与其中。已有研究发现,工业界的合作往往对地方政府实现其节能减排和低碳转型等目标至关重要(Shin,2014,2017,2018,Harrison & Kostka,2014,2018)。国际机构和社会组织等非政府机构也广泛参与了地方气候政策过程,在一定程度上推动地方气候变化政策的发展(李昕蕾、王彬彬,2018;王春婷、蓝煜昕,2016)。这些非政府组织为什么参与地方气候政策过程? 他们如何与地方政府沟通和交流? 非政府组织对于地方应对气候变化政策有何影响? 地方政策过程中的行为体多元化对中国应对气候变化意味着什么?

近年来,很多研究都注意到中国政策过程的多元化现象。这些研究注意到中国政府出于各种原因允许一部分非政府组织参与政策过程,譬如作为一种解决急迫问题的临时性手段、调和部门矛盾、获得相关信息或者帮助解决社会问题(黄晓春、周黎安,2017;Froissart,2019;Guttman et al.,2018;van Rooji et al.,2014;Teets,2014;Mertha,2009)。本文加入这一讨论,探讨气候政策领域的多元化逻辑。

二、倡议联盟框架及中国情境

如何理解地方气候政策过程中的多元化现象,即各类政策行为体的参与和影响? 该部分首先综述并讨论有关中国地方气候政策的已有文献,继而介绍气候倡议联盟框架的基本概念,并解释为何适用于分析地方气候政策变化。最后讨论将该框架应用于中国案例时需要注意的情况。

(一)文献综述

目前解释中国地方气候政策变化的框架主要有两种:委托代理框架(principal-agent approach)和治理框架(governance approach)。委托代理框架相关的文献强调中央政策指令对地方气候变化议程设置的重要作用(Miao & Li,2017,Li & Song,2016,Zhao,Zhu & Qi,

2016)。该研究脉络主要关注地方气候和低碳规划的制定情况,但是对于规划执行以及后续政策变化未及关注。委托代理框架假设中央和地方政府都是单一行为体,然而现实中的中央政府和地方政府构成均较为复杂,不同层级的政府部门和官员的介入往往深刻影响地方低碳转型的方式和程度(公维拉,2019)。委托代理框架的关注重点在于中央—地方政府关系,忽视了非政府行为体的参与和影响。

从治理框架研究中国地方气候政策的文献在一定程度上跳出了央地政府二元关系,注意到不同政策行为体之间的互动,以及由此产生的种种气候治理创新。其中大部分文献仍主要关注正式权威,即地方政府机构或者官员推动的治理创新,譬如地方领导组建专人执行小组、结成行动联盟推动低碳转型(公维拉,2019),通过领导小组协调和官员考核等方式完成低碳政策各项指标(Guan & Delman,2017,Gilley,2017),通过规划、领导小组和设立专项资金等方式促进低碳治理创新(Peng & Bai,2018),以及其他在低碳融资方面的创新机制(Zhan & de Jong,2018,Zhan,de Jong & de Brujin,2018)。至于非政府组织的角色及其影响尚未有共识。一方面,Mai 和 Francesch-Huidobro 合作的两项研究发现,在珠三角地区,政府智库、国际组织、当地社会组织结成气候倡议联盟,比较积极地介入了气候政策过程(Francesch-Huidobro & Mai,2012,Mai & Francesch-Huidobro,2015)。Lo 和同事(2018)发现很多非政府组织,譬如行业协会、咨询公司、研究机构、社会组织介入到广东省碳交易管理网络中并发挥了相当重要的作用(p.543)。另一方面,Westman(2017)针对山东省日照市规划过程的研究发现,尽管政府智库和外地研究机构能够使当地规划考虑长期可持续发展和生态容量等因素(p.123),但是当地的政治和经济精英往往才具有决定性的权力。在当地的低碳政策网络中,政策行为体的权力并不平等。强势部门譬如发改委等机构强调经济增长和技术进步,在一定程度上阻碍了环保部门和其他秉持可持续发展观念的非政府组织发挥影响,从而使日照继续沿着高碳路径发展(Westman,2017)。并不是所有非政府组织都可以参与政策过程,它们能否发挥影响往往取决于与当地政府机构的互动,以及如何利用政策机会(Westman & Broto,2018)。

总体而言,目前对中国地方气候政策的研究往往忽视了非政府组织的参与和作用,特别是它们的能动性和影响没有得到足够的关注(Hart et al.,2017,p.3),这将限制我们理解气候政策的影响因素。

（二）倡议联盟框架

20世纪80年代,Sabatier和Jenkins-Smith提出了"倡议联盟框架",当时主要用于分析美国的环境政策变迁。经过几十年的发展,该理论框架已被各国学者用于分析不同领域的政策变迁(Pierce et al.,2017)。

倡议联盟框架的核心概念包括:信念、倡议联盟、政策子系统等。信念往往分为不同层级,譬如根本信念、政策核心信念以及政策工具信念(Weible & Sabatier,2017,p.145)。根本信念涉及价值观取向,非常难以更改。政策核心信念涉及对政策领域的根本看法,比如对人类行为是否影响气候变化的不同看法。政策工具信念则涉及具体应对方式,较为容易变化。倡议联盟包括秉持共同信念的政策行为体,他们能够相互协调,推动其信念主导政策制定(Weible & Sabatier,2017,p.148)。不同的倡议联盟共同组成政策子系统,政策子系统往往具有地域属性。

倡议联盟框架提出两种解释政策变迁的主要因素,一是外部震荡(external turbulence),比如科学技术进步、社会观念变迁、巨大的灾难、上级政府干预等;二是倡议联盟之间的政策学习(policy learning),倡议联盟之间有可能通过政策学习改变其信念,从而带来政策变迁(Weible & Sabatier,2017,pp.145—147)。

倡议联盟框架适合分析争议较大的政策领域,特别是在科学、伦理等方面仍存在不确定性的政策领域。尽管中国的政治领导和中央政府已将应对气候变化置于政策议程,但是气候变化对中国各个地区的影响、不同地区的温室气体排放情况等还存在不确定性(Liu et al.,2015,Wu et al.,2018)。气候变化议题对很多地方政府而言是一个全新的领域,地方主管部门和官员如何看待气候变化和当地的关系、如何获得气候变化相关的知识有待探讨。倡议联盟框架对信念、倡议联盟和政策机会的关注可以帮助我们理解中国地方气候政策的动态变化。

（三）中国情境

倡议联盟假定政策子系统一般而言较为稳定、政策少有急剧变动，因为所处的环境，譬如政治体制往往处于较为稳定的状态。政治体制的基本方面会深刻影响政策子系统的结构。越来越多应用倡议联盟框架的实证研究也都注意到更广泛的政治发展和利益考量对于理解政策变迁的重要性（Nohrstedt 2005，p.1055）。

将倡议联盟框架应用于分析中国案例时，需要关注中国特定的政治情境。首先，在中国，非政府组织参与政策过程的渠道和影响均较为有限。国务院于 1989 年发布《社会团体等级管理条例》，为社会组织创造了一定的活动空间。即便如此，能够参与政策过程的往往也是拥有特定资源的非政府组织，譬如媒体、科研人员和社会组织（Mertha，2009）。其次，条块体系是理解中国政治结构非常重要的概念。条块体系重要的特征之一是政府部门之间的利益并不一定协调，甚至可能存在竞争和冲突，这有可能为非政府组织的参与政策倡导提供机会（黄晓春、周黎安，2017，Mertha，2009，Teets，2014，2017）。中国政治体制的这些特征既为非政府组织创造了参与政策的机会，也设置了阻碍。

三、研究设计

（一）多案例研究

本文采取多案例研究分析中国地方气候政策过程，主要有三个原因。首先，中国城市如何应对气候变化正受到越来越多的关注，但是学术界对地方温室气体排放信息和城市气候政策过程的重要方面却了解有限（Bai et al.，2019，Peng & Bai，2018）。由于大部分中国城市是在 2010 年之后才开始出台气候政策，无论是清单编制还是政策举措都处于初级阶段。其次，案例研究能够提供翔实的信息，特别是关于地方政策过程和具体情境的信息,这是统计分析和实验方法无法提供的。最后,多案例研究相较于单案例研究能够提供更充分的证据,从而使论证更可信(Yin,2009,p.53)。多案例研究能够帮助研究人员理解不同情境下的地方气候政策过程,也有助于总结不同案例中的共通和不同之处,从而更全面理解中国的地方气候政策过程。

本文选取了四个城市:A城、B城、C城和D城进行案例分析。A城位于华北,B城地处西南,C城和D城为东部沿海城市①。这四个城市政府均较早将气候变化和低碳转型置于当地政治议程并发布地方规划,A城、B城和C城参与了国家发改委的低碳省市试点,D城于2011年申报成为所属省份发改委的低碳城市试点,这四个城市都在2011年左右就发布了低碳规划或者应对气候变化规划。同时这四个城市2010年的碳排放量都位列中国主要城市前三十(Shan et al.,2018),对于中国实现其2030年碳达峰、2060年碳中和目标具有重要意义。

(二)数据搜集和分析

本文搜集的研究数据主要分为一手和二手数据。二手数据主要来自相关研究报告和论文文献。一手数据主要源于地方政府网站发布的政策文件和专家访谈数据。其中政策文件主要包括当地政府发布的"十二五"低碳/气候规划和"十三五"低碳/气候规划,以及其他相关政策文件。专家访谈包括作者于2015—2019年间对4位地方政府官员以及28家非政府组织进行的访谈,具体访谈信息见附录1访谈列表。访谈主要采取滚雪球的方式,通过已有的访谈对象介绍相关人员,直至最后介绍的人员出现大量重叠,共采访到四市参与地方低碳和气候规划和碳排放交易的主要政策参与者,以及经常与地方政府就气候变化和可持续发展进行合作的国际机构和社会组织等。访谈对象为低碳和气候政策领域的专家,他们有些是负责应对气候变化事务的地方官员,

---

① 文中的城市名称均为化名,引用访谈内容时也充分尊重访谈对象意愿对其身份进行匿名。

有些是与地方政府来往或合作过的政府智库、科研机构、境外非政府组织、社会组织、政府间组织等机构的工作人员。本文主要采取半结构访谈的方式,附录2罗列了访谈提纲,由于访谈机构的类别各异,其推动低碳转型和应对气候变化的方式也不同,因此在具体访谈时有所变通。大部分访谈在中国的各个城市通过面谈进行,持续时间半小时至一小时,也有少部分是通过邮件和电话沟通。大部分访谈以中文为交流语言,仅有个别针对国际机构或者外国政府机构的访谈以英文进行。

为了总结非政府组织参与地方气候政策的模式,本文首先通过访谈、政策文件和其他二手数据描摹每个城市案例中政府机构和非政府机构的互动过程,之后再汇总并分析是否存在相似模式。同时,本文也将访谈内容和其他数据来源,譬如政策文件、研究报告和科研论文进行比较和印证,提高数据的可信度。

四、地方气候政策子系统

(一)中国气候政策演变及影响因素

中国政府自20世纪80年代以来,主要将气候变化作为科学问题委以国家气象局管辖,一直到90年代末才划归国家发展计划委员会(国家发改委前身)负责(Lewis,2008)。2007年之前,中国政府在气候变化谈判中强调发达国家和发展中国家之间"共同但有区别的责任",避免承担约束性的温室气体减排责任。由于2006年中国的年度碳排放量首次超过美国、成为全球最大的碳排放国[1],同时也考虑到气候变化对中国的实际影响越来越显著,2007年国家发改委设立了专门应对

---

① The Netherlands Environmental Assessment Agency(2007,June 19). China now no. 1 in CO_2 emissions:USA in second position. https://www.pbl.nl/en/news/newsitems/2007/20070619Chinanowno1inCO2emissionsUSAinsecondposition. Accessed in January,2022.

气候变化的气候司,逐步开始推动国内气候政策的制定和执行,这一职能在 2018 年国务院机构改革之后划归生态环境部。中国气候政策的演变有两个重要的趋势值得关注。首先,中国政府对气候变化问题越来越关注,针对应对气候变化的承诺也逐步提升,最新体现为 2020 年习近平主席宣布中国将于 2030 年碳达峰、2060 年碳中和。其次,中国的气候规管机构以行政机关为主,国内气候政策从以自愿性为主逐步加强指挥和控制的力度(command and control,Sun & Baker,2021)。中国虽然已经开始起草气候变化法,但是还未经全国人大审议通过。

已有研究显示,国内和国际因素都对中国气候政策的演变具有影响,并不是非此即彼的关系。Gippner(2020)将影响中国政府气候谈判立场的因素归结为以下几点:国家形象、经济发展、主权和民族主义情绪(p.8),影响国内气候政策目标和落实的因素则包括经济发展、国内稳定和执政合法性等(p.9)。越来越多的研究人员注意到中国政府将应对气候变化作为提升执政合法性的途径,因而更为积极地应对气候变化(Teng & Wang P.,2020,Wang A.,2019,Zhang & Orbie,2020)。气候变化对中国本土的实际影响和风险也正受到越来越多的关注,可以预见将会对中国的气候政策产生更为深刻的影响(Gippner,2020,pp.8—9)。

由于中国的气候政策具有很强的外溢性,关乎全球应对气候变化挑战的效果,很多国际政策行为体也参与推动了中国气候政策的演变,但是他们的角色、作用和影响不一。Gippner(2020)通过对关于中国气候政策的三个案例(2 度目标、碳排放权交易、碳捕捉和封存)进行比较研究发现,尽管欧盟在议程设置和政策框架设计方面有一定影响,但是中国的气候政策制定最终仍取决于中国的政府。Heggelund 及其同事(2019)通过对中国碳排放权交易政策进行分阶段研究发现,中国国内需求及关切自始至终主导了碳排放交易的制定和设计。国际机构自始至终也参与其中,其作用主要在于提供学习机会和政策想法,它们在政策制定初期的作用最为显著。总体而言,国际机构深度介入了中国气候政策过程,至于其影响则需要具体情况具体分析。

（二）地方政府与气候变化

中国地方政府在探索低碳和气候政策的过程中,面临来自上级政府的激励。中央政府主要通过两种方式推动地方气候政策变化:指标考核和试点引导。首先,国家发改委 2011 年发布的《"十二五"控制温室气体排放工作方案》提出到 2015 年全国单位国内生产总值二氧化碳排放比 2010 年下降17%的目标,并将指标分解至各省级政府,2014 年开始对省级政府指标完成情况进行考核,这一做法在"十三五"期间(2016—2020 年)得到延续。其次,国家发改委推出了一系列的低碳试点项目和气候适应项目,鼓励地方政府申报加入和进行应对气候变化政策实验。

尽管中央政府向地方政府摊派碳强度减排指标、鼓励进行低碳试点,但是在资源分配方面并没有跟进。中央政府自 2015 年始将"应对气候变化"纳入财政预算,其中用于地方开支的决算额为 0.39 亿元(国家财政部,2016),2018 年气候变化事务转隶之前该项开支达到2.54亿元(国家财政部,2019)。对多个气候政策领域的专家访谈也显示发改委气候司的低碳城市试点项目少有资金拨付给地方政府(20180201—A 城—境外非政府组织)。气候变化是一个崭新的问题领域,无论地方政治领导,还是主管部门均对气候变化缺乏相应的知识资源和资金,也不了解具体政策措施。一位曾经与多个地方政府在气候政策领域合作过的访谈对象表示,"中国的应对气候变化,除了最高领导层表态了,其实政府内部还是没有达成共识,还是有争议,对于推不推,推到什么程度,执行层面还没达成共识。可能城市其实还没有到气候治理的层面。"(20180428—G 城—境外非政府组织—第 2 次)。

先行先试地区需要依靠自身汇集资源来推动低碳转型。地方政府在推动低碳转型的过程中,与非政府组织保持了密切的关联。2008 年世界自然基金会(World Wildlife Fund,WWF)和上海市、保定市开展合作,启动"中国低碳城市发展项目"。与地方官员的访谈显示,地方政府总体上鼓励第三方的参与,但同时也表示需要加强管理这些机构。譬如,A 城官员表示,"节能补给,我们是按照节能量来计算的,这个节能量多少是委托给第三方来核算的。我们现在强调依法治国,让企业自己来找第三方资质的单位来核算,验证,那么这个责任就是企业的,如果出现做假等问题责任是企业的。以前我们会推荐几家有资质的,比较好的机构,但是后来为了防止权力寻租,所以就放开了,不会推荐机构了,比如碳市场、合同能源管理、核查机构、清洁生产审核、节能量审核等。第三方有很多种类,市场化的咨询机构、事业单位的技术支撑单位、社团、跟老百姓打交道的机构等"(20180313—A 城—政府机构)。D 城官员也认为,(除了政府和企业)当然还是需要(其他第三方机构)的,但是如何管理这些机构,让他们做到他们应该做的工作(也是需要考虑的)(20180305—D 城—政府机构—第 1 次)。总体而言,地方主管部门在具体工作中确实需要第三方的支持,也会接触和利用第三方机构推动相关工作。

至于国际机构,地方政府的态度有所不同,有些地方政府相对较为戒备,有一些则非常欢迎,但都希望通过国际合作获得一些经验或者基础能力建设。作为应对气候变化问题的主管部门(2018 年国务院机构改革之前),国家发改委气候司于 2010 年发布《应对气候变化领域对外合作管理暂行办法》,用于管理地方政府与境外组织在气候变化领域的合作,《暂行办法》在一定程度上约束了地方政府在气候变化方面的国际合作行为。A 城官员曾表示,"至于国际机构,我们也有国际合作的,非洲的,中美两次低碳峰会,韩国(培训交流),日本(培训交流、技术推荐)。横纵两条线,国家下来的,还有就是市政府那边的,比如友谊城市这种。但是合作比较浅,只是开会,交流,不会那么深入……我们对于国际合作是很谨慎的,政府机构做事情是很谨慎的"(20180313—A 城—政府机构)。也有地方政府表示虽然国际合作需要谨慎,但是只要遵循程序,还是希望能够有机会进行合作,"国际合作的敏感度这一方面,外事无小事,很谨慎,但是也希望能够通过国际合作得到经验等,只要程序走到位,遵循原则,审批和上报,一些数据不能给就不给,这样还是可以开展国际合作的"(20180319—J 城—政府机构)。D 城对待国际合作的态度较为积极,"我们的国际合作,主要是……当时想要找我们合作,但是省里要求备案,上级有要求,国际合作需要往上备案,所以我们就推荐他们和低碳城市研究中心合作,也是我们……牵头的,当时他们有一些研究性的工作和调研……"(20180305—D城—政府机构—第1次)。"国际合作是有影响的,有启迪作用的,了解德国能源利用和新能源技术,(了解到)他们是很重视的,随着他们的要求提高,对产业要求提高,企业和产品的竞争力是要让去的,发达国家也是有这个门槛的。他们一直在自设目标,我们也要做。当时后来……也想要对接的,但是也没有继续。(但)当时印象很深刻的"(20181018—D城—政府机构—第2次)。

总体而言,地方政府在推动气候政策的过程中,对待其他非政府机构,乃至国际机构都相对较为开放。其中一个重要的原因是地方主管部门难以获得来自上级政府的资源支持,而非政府组织能够提供相关的资金、知识等资源,能够帮助地方主管部门推进其工作。下一部分将罗列各市气候政策子系统具体成员并介绍他们之间的关系。

(三)地方气候政策子系统成员

政策子系统是指某一地区所有关注某一政策议题的组织和个人(Sabatier, 1993, p.17)。表1列举了四个城市气候政策子系统的主要成员。除了地方党政领导,地方主管机构,重点排放单位,参与地方气候政策过程的既有本地非政府机构,也有外地各类非政府机构。本地机构主要以地方政府智库为主,本地科研机构和咨询公司也比较活跃。外地机构中境外非政府组织、外国政府智库、研究机构居多,也有部分其他地区的社会组织,以及中央、省级政府智库。

根据访谈和二手文献提供的信息,案例城市的本地和外地非政府机构均关注气候变化问题,并且往往共同进行政策研究、工具开发、经验分享等活动。因此本文所指的气候倡议联盟是指对气候变化持审慎态度、介入地方气候政策领域,并且彼此之间有互动和交往的组织和个人集合(Sabatier 1993,Schlager 1995)。非政府组织与地方政府或者当地政府智库往往发展一种相对长期的合作关系。比如与B城本地机构有过合作的社会组织工作人员称:

表1 A城、B城、C城和D城气候政策子系统（2007—2018）

城市	平城	山城	林城	梁城
地方党政领导	市长	副市长	党委书记	市长
地方主管部门	平城发改委	山城发改委	林城发改委	梁城发改委
重点排放单位	直接和间接排放总量5000吨（含）以上，且在中国境内注册的企业、事业单位、国家机关及其他单位	电力等6大行业，2011—2014年任一年度综合能源消费总量达到5000吨标煤以上（含）的独立法人	电力等8大行业，年度综合能源消费总量10000吨标煤以上企业或者2.6万吨碳排放企业纳入碳交易管理	发电等行业，年度综合能源消费总量5000吨标煤以上，共三百家企业直接纳入碳排放直报体系
气候倡议联盟：本地机构				
地方政府智库	平城经济信息中心、平城工程咨询中心、平城气候变化研究中心、平城城市规划研究院	山城经济信息中心、山城社科院、山城公共资源交易中心	林城信息中心、林城社科院、林城科学技术协会、林城低碳城博物馆	梁城信息中心
本地科研机构	平城大学—碳交易中心	山城大学、山城工商大学、山城交通大学	/	梁城大学—低碳城市研究中心
咨询公司	平城环交所	山城国际投资咨询公司、环境资源和管理公司	林城工程咨询中心	和碳咨询公司

续表

城市	平城	山城	林城	梁城
社会组织	/	山城低碳协会、全球环境研究所		梁城众惠绿色发展中心（已解散）
核查机构	26家	13家	6家	4家
气候倡议联盟：外地机构				
中央或省级政府智库	国家气候战略中心	国家发改委国际合作中心	所属省份应对气候变化和低碳发展合作中心	/
政府间组织/外国政府/智库	世界银行、全球环境基金	英国外交和联邦事务部	/	德国国际合作组织
外地研究机构	/	/	中国社科院—城市发展与环境研究所	伍珀塔尔研究所
境外非政府组织	C40、能源基金会	能源基金会	C40、世界自然基金、世界资源研究所、交通与发展政策研究所、自然资源保护委员会	墨卡基会

注：本文主要探讨 2019 年之前的情况。由于 2018 年 3 月国务院机构改革将气候事务划归生态环境局，各地方政府也启动转隶工作；在一些地区一直持续至 2019 年才完成转隶，因此并未将地方生态环境局列入表内。

资料来源：各市政府网站和访谈。

我们主要还是两条腿走路,始终都是要依托于当地的技术单位来做这个事情的……我们跟他们(本地机构)的合作不是建立在你一时有需求我们就提供一次培训。我们都是战略合作,我们都是签署合作备忘录的,或是一种长期的合作。只要两方在低碳的领域或者政策上有什么需求,两方商量就会合作。你说你们有什么需求,我们作为 NGO 帮一下忙这个是没有什么问题的,这也是我们和别人合作不一样的地方(20171124—A城—国内社会组织)。

在四个案例城市中,比较活跃的气候倡议联盟成员往往是政府智库和境外非政府组织,科研机构也有一定参与,而中国本土社会组织则较少参与地方气候政策过程,上表列举的地方气候倡议联盟中仅有 B城低碳协会和全球环境研究所属于中国本土社会组织。这一发现与Westman 和 Broto 于 2018 年发表的研究发现非常吻合,即地方气候政策过程中往往仅包含拥有资金和技术等资源的机构,较少包括缺乏此类资源的机构或者个人。

五、为什么非政府组织参与中国地方气候政策过程?

该部分通过分析访谈数据,理解非政府组织参与地方气候政策过程的动力、机会和策略。非政府组织参与地方气候政策过程往往是为了推动地方政府更有效的应对气候变化。非政府组织面对地方政府应对气候变化能力不足的情况,普遍采取了灵活策略、识别并抓住机会,通过与地方政府主管部门及政府智库进行合作,构建政策网络,获得参与地方气候政策过程的机会。

(一)参与动机

已有的研究发现,气候变化和低碳发展领域的非政府组织往往比较活跃,这些非政府组织包括科研机构、境外非政府组织、国内社会组织、媒体等(Moe,2013,Stensdal,2014,Schroeder,2008,王春婷、蓝煜昕,2016)。王春婷和蓝煜昕(2016)通过对境外非政府组织和国内社会组织的研究发现,它们介入并推动低碳议题的动机有三:对低碳和可持续发展的信念,社会需求以及相关资源的可得性,以及低碳议题比较能够得到政府支持(p.16)。Moe(2013)通过对青年应对气候变化行动网络和中国民间气候变化行动网络两个非政府组织进行案例研究发现,它们的议程独立于政府议程,希望向政府传递对气候变化问题的关切(p.41),但是它们的议程并没有超过国家的气候政策目标、因此并未挑战国家的气候政策(p.44)。Stensdal(2014)认为中国的气候倡议联盟关切气候变化的现实后果,希望政府在追求经济发展目标的同时给予气候变化更多关注(p.114)。总体而言,非政府组织希望推动政府更为积极地应对气候变化,但并没有挑战政府的立场(郇庆治,2013)。

本文发现关注低碳和气候议题的非政府组织不仅包含国内社会组织,智库、境外非政府组织、科研机构、咨询公司等也参与了地方气候政策的制定和执行过程。尽管它们都对气候变化问题持审慎态度,其参与政策过程的动机并不完全相同。对于境外非政府组织、国内社会组织和科研机构而言,它们都对气候变化及其环境和社会影响非常关切,其中境外非政府组织和科研机构在气候变化议题方面有更深的专业积淀。它们与地方政府产生交集,往往是为了探索应对气候变化的路径和具体措施。一家受访的境外非政府机构和中央政府和地方政府都有过合作:

> 我们的工作就是要影响政策……如果不影响政策,我们就不要工作了。途径是做研究,发研究报告,还有很重要的一点,就是和中央和地方政府的合作。我们大家共同做这个项目,潜移默化把一些我们的 input(意见)放进去了,而且不是生硬的,而是面临一个具体的问题,一起来实践一起来结合中国的实际情况。而且中国的情况很复杂……政策总是有各种各样的问题,我们的作用就是在跟中央政府的合作中推进政策。跟地方是合作,保持良好

的合作关系,是作为资源,知道政策实施是什么样子的。我们做培训,是因为发现有很好的法律、规章和政策,但是就根本没有落实下去。我们培训,就是希望政策能够更好地落实和落地,这个是非常重要的……我们的作用,一个是提政策。还有就是政策出来了,怎么来很好地不改初心,怎么来执行……(20171201—A城—境外非政府组织)。

对于政府智库和咨询公司来说,由于应对气候变化逐步成为政府的职责之一,政府机构需要相关的知识支持和咨询服务,智库和咨询公司能够满足政府职能需求,并以此获得经济利益和政策影响力。总体来说,这些非政府组织都在气候变化议题方面具备一定专业知识,并希望通过和地方政府的互动影响气候政策的制定和执行,但是境外非政府组织、国内社会组织和科研机构相比于政府智库和咨询公司更独立于政府议程,并且在气候变化议题方面也更具前瞻性。很多境外非政府组织、部分国内社会组织要比咨询公司和政府智库更早介入应对气候变化议题。一些关注低碳发展和气候变化的国内咨询公司,譬如中创碳投与和碳公司均成立于 2010 年①,B 城投资咨询公司负责低碳咨询业务的团队 2011 年才创设,而大部分境外非政府组织在 2007 年之前就已经关注气候问题。值得注意的是,2010 年之前,境外非政府组织和国内社会组织主要是从促进城市可持续发展的角度与地方政府进行互动,之后考虑到资助方和政府都越来越关注气候变化和低碳发展议题,一些非政府组织将其可持续发展项目打包为低碳转型或者低碳城市项目(20180309—A城—境外非政府组织)。

(二)识别政策机会

受访对象对中央政府和地方政府在应对气候变化方面的能力有不同观察。多位访谈对象表示,中央主管部门国家发改委气候司对非政

---

① 北京中创碳投科技有限公司,http://www.sinocarbon.cn/6。北京和碳环境技术有限公司,http://peacecarbon.com。

府组织较为开放（20160311—A城—政府智库，20180315—A城—国内社会组织，20180409—G城—国内社会组织—第3次，20171201—A城—境外非政府组织），对气候变化问题也比较了解（20180201—A城—境外非政府组织）。但是多个受访对象也谈到，气候司作为新成立的部门，其权威性不足，譬如，"只有牌子，没有资金"（20181105—B城—咨询公司—第2次），"话语权和影响力不够，在权重上投资司和规划司起决定作用，气候司就是提建议。成立早（否）、掌握财政资金数量、领导游说能力（决定部门影响力），部门的配备决定部门的权威"（20160311—A城—政府智库）。或者囿于繁杂程序而难以有效推动气候议程。"（国家）发改委的课题，资金比较少量，再加上树立一个课题，政府的手续繁杂……行政太繁杂，（相比较）我们快速启动和运作效率比较高，政府体系就比较庞杂……"（20171201—A城—境外非政府组织），"有一些政策不太稳定，比如低碳社区政策，发个文以后就没有了，这种不稳定性其实是不好的，政策的过度变化其实是不利的"（20181017—D城—政府智库—第2次），"（气候司）工作做得不够到位，推碳市场推得不行，本来说2017年初（开启）全国碳市场，但是最后还是12月最后一天（访谈后查证实际是12月19日①）以开电话会议的这种方式（启动）"（20180428—G城—境外非政府组织—第2次）。多个机构均提及气候变化相关法律缺位带来的种种问题，譬如，"现在也没有相关的法规，只有北京和深圳是通过了立法的，这在以后可能也会有一些行政诉讼方面的问题"（20181105—B城—咨询公司—第2次），"（比如）立法没有通过，《碳交易管理办法》没有在国务院法制办通过，没有法律依据，能不能推下去成问题②"（20170926—Z城—咨询公司），"这是一个新工作，碳是一个什么东西？大家可能并不了解，没有

---

① 顾阳：《全国碳排放交易体系正式启动》，中华人民共和国中央人民政府网站，http://www.gov.cn/xinwen/2017-12/20/content_5248687.htm，2017年12月20日发布。

② 2014年12月，国家发展改革委印发《碳排放权交易管理暂行办法》。2018年3月机构改革之后，应对气候变化及减排职能调整至生态环境部，2020年12月，生态环境部发布《碳排放权交易管理办法（试行）》，以部级规章形式发布实施。

一个法律强制填报，企业是没有义务来填报的，我们也在等碳交易的相关法规，最新出（台）的碳市场交易的法规是一个部门法规的性质，级别不够高”（20180306—D城—政府智库—第1次）。

受访对象普遍认识到地方政府应对气候变化的能力和意识都较为薄弱。譬如一位访谈对象提及：

> 因为世界银行在支持N城进行餐厨废弃物处理，他们推荐我们与N城进行合作，世界银行和N城政府都把我们当作中立的技术支持伙伴……世界银行把我们拉到这儿是因为他们看到N城政府很感兴趣，但他们也意识到急需对当地官员进行培训和能力建设，以及为政府采购提供建议。世界银行提供资金，然后很多企业都来推销他们的解决方案，那么地方政府就处于一个比较被动的地位，他应该信任谁的信息？世界银行已经提供资金了，所以你没法再期待更多，而企业都在争相兜售他们的技术。世界银行需要一个可信赖的机构提供好的信息，分享最佳实践。这就是我们的工作（20171205—A城—外国政府）。

地方政府官员的意愿对非政府组织能否参与气候政策过程至关重要。其中，多个访谈对象认为，地方党政领导是最重要的因素（20180202—A城—境外非政府组织，20180309—A城—境外非政府组织，20180201—A城—境外非政府组织，20171201—A城—境外非政府组织，20180202—A城—境外非政府组织，20180123—电话访谈—科研机构）。由于低碳和气候变化是新议题且往往涉及多个部门，地方党政领导的关注对于跨部门协调以及安排专项资金非常重要（Peng & Bai，2018），而且市长办公室对于规划方向也有重要影响力（Westman，2017，pp.114—115）。此外，地方主管单位也非常重要，他们往往直接起草气候规划，也能够指导下属智库或者安排资金购买咨询公司的服务。但是地方政府不一定拥有相关的资金或者知识进行低碳转型，非政府组织往往抓住这一机会。一位国际机构工作人员认为：

地方工作和国家工作差距特别大,跟国家政府(中央政府)的工作有时候比较国际化的,中央政府对于气候变化接受程度比较大,国际合作比较多,没有太多问题。跟地方,认可度还需要提升,就需要从他们认可的角度和语言来包装我的项目……技术能力,地方技术团队比中央国家队要弱很多,要做基本的工作,有些地方都没有能源平衡表,提供不出基本的数据基础,地方团队是从来没有做过这些工作,要培训和考核,甚至是没有做低碳规划的人,能力建设要有一个过程……长远来看,(从)2009年、2010年到现在,(地方政府)是越来越开放。这三四年,是波动的过程,取决于地方领导一把手心态……(20180201—A城—境外非政府组织)。

但是和地方政府的沟通并不总是顺利。其中一项挑战就是频繁的人事变动。"地方政治变化和意愿挺不确定,不是持久的状态,换一个处长,甚至交接的科员,可能都会中断合作。我们得再联系,分管的副市长,分管的主任和副主任,资源环境副处长,对接科员,都可能黄了,一旦要做地方项目,得对地方人员变动比较清楚"(20180201—A城—境外非政府组织)。

(三)采取合作策略

多个机构提及能力建设和政策咨询的重要性。非政府机构主要采取合作策略,譬如与主管机构建立关系,为主管官员提供政策咨询,让他们了解气候变化对当地自然、居民和经济的影响,从而提高关注度;参与政府工作小组、参与能力建设;邀请政府官员进行参观和学习;邀请相关专家为地方官员和相关工作人员提供培训等。

鉴于地方政府在应对气候变化的能力有待提升,非政府组织往往将自己塑造为技术专家的角色。其中国内政府智库、外国政府以及境外非政府组织最为活跃。这些组织往往在推动可持续发展方面有多年经验,因此在专业知识、人脉和资金方面都拥有丰富资源。一些国内社会组织和基金会也开始介入气候变化议题,但多数仍在学习阶段。除了与地方政府直接接触,一些国内社会组织和境外非政府组织也开始与企业接触，为其提供能力建设和培训。无论是国内还是国际 NGO，都意识到彼此协调、合作的重要性，2014 年一些国际 NGO 组成了"城市碳排放达峰国际技术支持平台"（International Technical Supporting Platform for City Emissions Peaking），以一种松散的方式保持交流。一些国内 NGO 也组成了"中国民间气候变化行动网络"（China Climate Action Network），提升国内 NGO 应对气候变化的能力。

很多非政府机构希望参与地方气候政策过程，因此需要考虑到地方政府的需求，譬如经济转型、产业转型以及技术升级的需求。一些机构会从地方认可的角度来包装项目，或者提供政策工具、技术支持、咨询、分享信息，将自己塑造为地方政府机构的伙伴，能够帮助其学习国际先进经验，提高其应对气候变化能力，促进低碳政策实施，以及获取国际认可。强调专业度以及技术专家的角色，能够提升非政府组织的合法性和权威。很多非政府机构强调与地方政府保持良好关系的重要性，这不仅关乎他们的声誉，也关乎之后的项目能否落地和发展（20171123—A 城—境外非政府组织—第 1 次，20171124—A 城—国内社会组织，20171117—A 城—外国智库）。

非政府组织广泛参与了气候议程设置和政策工具开发。譬如有些智库和研究机构向政府官员介绍城市低碳发展政策选择工具①，一些机构为地方的政策研究提供资金（20180309—A 城—境外非政府组织，20171201—A 城—境外非政府组织），一些机构彼此合作共同进行气候政策研究（20171117—A 城—境外智库，20160311—A 城—政府智库，20180201—A 城—境外非政府组织，20180202—A 城—境外非政府组织），还有一些机构获得政府资金为政府提供咨询和促进政策执行（20170926—Z 城—咨询公司，20181105—B 城—咨询公司—第 2 次，20181017—D 城—政府智库—第 2 次）。非政府机构很少直接批评政

---

① 其中一项具有代表性的例子是 BEST-Cities 政策工具，该工具由伯克利能源研究所开发，《低碳城市政策库（Benchmarking and Energy Saving Tool for Low Carbon Cities）：城市低碳发展政策选择工具的 72 项政策建议》为市政机构评估了 70 多项节能减排政策的适宜性，可以帮助地方政府制定与本地情况最契合的政策。

府行为,所访谈的机构中仅有两家机构直接提到公众对环境信息的知情权,并且希望敦促政府提高透明度和信息披露(20151027—G城—境外非政府组织—第1次,20160316—A城—国内社会组织)。

六、气候倡议联盟如何推动政策学习?

该部分通过对四个地方城市进行案例分析,总结非政府组织推动气候政策变化的机制、探讨其影响。气候倡议联盟成员一方面争取各种资源来推动地方气候规划出台,一方面也通过政策研究和培训等方式影响政府议程、促进地方气候政策框架变化。

(一)争取多种资源推动低碳规划出台

在地方政府开始进行低碳政策试点时,很多地方主管部门既没有安排专项资金、也缺乏相关专业资源。本地政府智库和科研机构往往与地方主管部门保持较好关系,同时他们也拥有与外地机构,包括国际组织进行合作的基础和经验。在这种情况下,各市的本土倡议联盟成员往往积极利用来自国际机构的资金、专业知识支持进行政策研究,为主管部门提供政策咨询,推动当地气候和低碳规划出台。

以A城为例,本地气候倡议联盟成员积极参加气候政策研究,利用来自世界银行和全球环境基金的资金进行当地低碳路径研究,其研究结果递交给A城发改委,促进了当地"十二五"低碳规划的出台。B城倡议联盟也积极利用国际资源,包括英国领事馆的资金用于政策研究和培训、提升当地应对气候变化的能力。英国外交和联邦事务部资助环境管理咨询公司为B城政府提供了低碳发展方面的咨询,也资助了B城低碳协会和B城投资咨询公司组织的多次培训。B城的气候倡议联盟成员还和能源基金会合作研究当地的绿色建筑标准和规划等。B城科学院的专家与全球环境研究所、美国气候战略中心合作开展"十二五"低碳规划研究,之后仍与能源基金会合作开展"十三五"气候规划研究。C城的倡议联盟主要利用与中国社会科学院—城市发展与环境研究所的合作关系,共同探讨地方温室气体清单编制方法,不仅促进当地机构的能力提升,其研究成果也推广和应用于其他地方城市。D 城大学的低碳城市研究中心不仅直接起草了 D 城市"十二五"低碳规划,该研究中心的研究人员还通过与伍珀塔尔研究所的合作研究,进一步明晰了当地的碳排放来源,同时也了解到气候适应的必要性,这些研究成果在 D 城"十三五"气候规划中有所体现。来自德国的合作伙伴还邀请当地发改委官员和低碳城市研究所专家访问德国、了解德国经验,也得到了 D 城官员的肯定(20181018—D 城—政府机构—第 2 次)。在这四个先行先试的地方城市,都可见国际机构和科研机构的参与和作用,而国际机构、科研机构、社会组织与当地政府智库之间的合作可以表明,在地方城市已经逐渐形成能够促进当地气候议程的倡议联盟,他们的参与对于当地的气候和低碳规划出台起到了重要的作用。

(二)推动政策框架聚焦气候变化问题

气候和低碳规划出台后,气候倡议联盟主要介入两方面的工作:一是试图改变地方政府对气候变化问题的认知,二是帮助地方政府促进低碳和气候政策落实。

地方政府主管部门发改委在推动低碳转型之初,对于当地气候变化事实和影响、温室气体排放情况并不了解。气候倡议联盟通过气候政策的研究和咨询工作,帮助地方主管部门了解地方温室气体排放的情况和制定低碳发展路线图。以 C 城为例,气候倡议联盟成员凭借其专业知识帮助地方官员了解清单编制方法、积累当地温室气体排放数据,从而能够更有效地制定 C 城低碳转型路线图。当地政府官员也表示,国际合作主要在基础能力建设方面发挥着作用(20181019—C 城—政府机构)。在 D 城,当地的低碳城市研究中心和伍珀塔尔研究所合作进行的研究使决策者更为明了气候变化对 D 城的影响,以及采取气候适应措施的必要性。对比 D 城的"十二五"低碳规划和"十三五"气候规划,可以发现当地气候变化的事实、对当地的影响以及气候适应战略已经被纳入最新的规划中,在一定程度上改变了当地的气候政策框架(framing)。《D 城"十二五"低碳城市建设规划》只提及六次"气候变化",分别是"积极应对气候变化,统筹经济发展和生态环境建设""动员全社会关注气候变化、节约资源""积极顺应国内外应对气候变化的新形势、创新机制体制""成立 D 城市应对气候专家咨询委员会""建立专家咨询制度……政府做……可能对气候变化产生影响的决策前要首先开展专家咨询和评估论证……",主要的施政逻辑其实是推进 D 城市可持续发展,较少专门进行气候减缓或者适应。而《D 城"十三五"应对气候规划》则提及"气候变化"213 次,"温室气体"78 次,"气候适应"53 次,气候减缓和气候适应均得到强调。

倡议联盟也参与到政策执行和政策工具开发当中。譬如 A 城倡议联盟在碳排放权交易试点工作中发挥了重要作用,参与了政策起草、推动立法等工作。B 城的气候倡议联盟帮助地方发改委推动企业碳排放权交易培训、清单编制、数据核查等工作,深度参与了《低碳产品认证标准》的起草工作。D 城的气候倡议联盟与发改委共同负责企业培训、清单编制和数据核查工作,促进政策实施。

总体而言,在推动地方气候议程的过程中,外地非政府组织逐步与地方主管机构和政府智库建立了联系,这不仅有利于它们进一步的倡导工作,也能够加强它们对中国地方本土情况的了解。但是本文也发现,本地倡议联盟成员,比如政府智库有赖于两种资源:当地政府资源和外部资源,其中外部资源通常无法持续,如果地方政府重视程度没有跟进并安排人员和资金,当地气候政策也难以获得实质性进展。总之,能否取得实质性政策变化仍然取决于当地政府机构的态度。

(三)气候倡议联盟策略的局限性

气候倡议联盟在与地方政府互动的过程中,往往选取合作策略,几乎没有反对和异议。虽然倡议联盟成员为地方政府提供咨询、帮助其发展应对气候变化能力,在这一过程中为地方政府提供政策框架、清单编制方法等,但是访谈显示,只有地方政府主管部门及政府智库有机会接触地方温室气体排放数据,很多国际机构和社会组织出于多种原因并未主动寻求了解数据的渠道,譬如觉得接触数据过于敏感、核算非常复杂等(20171124—A 城—国内社会组织,20180201—A 城—境外非政府组织,20180309—A城—境外非政府组织)。而且,由于地方能源平衡表等数据缺乏、地方政府编制温室气体清单经验有限,很多地区的温室气体排放数据缺乏,结果非政府组织难以有效监管气候渐缓政策的执行效果。目前这一状况正在逐步发生变化。根据生态环境部2020年底发布的《碳排放权交易管理办法(试行)》第九条规定,"省级生态环境主管部门应当按照生态环境部的有关规定,确定本行政区域重点排放单位名录,向生态环境部报告,并向社会公开",目前已有1/4省份完全公开温室气体重点排放单位名录①。一些国内社会组织也开始着手推动气候变化政策领域的信息公开,譬如青悦环保和公众环境研究中心发布的一系列数据库。

此外,在本文研究的过程中,只有少量非政府组织关注气候变化对不同人群的影响,以及气候适应的必要性(创绿研究院,2015,乐施会,2015)。各市的气候规划普遍对气候适应重视不足,即使将气候适应纳入总体规划,在具体执行中气候减缓仍然相对更受重视。这与 Hart 和同事梳理中国气候政策后的发现吻合,"气候适应往往是气候变化政策中得到最少关注的部分"(Hart et al., 2017, p.34)。

七、结　论

通过多案例研究探讨了非政府组织参与中国地方气候政策过程的动机、条件、策略和影响。中国的地方气候政策过程显示,不同类型的非政府组织对气候变化问题普遍抱持谨慎的态度,希望推动政府采取更为积极有效的气候政策。地方政府主管部门在气候变化议题方面缺乏经验和资金等资源为非政府组织的参与创造了政策机会。非政府组织面对这一机会时灵活应对,采取了合作策略,通过与地方政府、当地

---

① 上海青悦环保:《全国碳交易已启动,却仅有1/4省份完全公开温室气体重点排放单位名录》,碳交易网,http://www.tanjiaoyi.com/article-35869-3.html,2022年1月4日发布。

智库或科研机构等建立关系,促进地方气候政策的制定和实施。在地方政府刚开始应对气候变化问题时,非政府组织积极实施气候政策研究、促进当地低碳和气候规划出台,在一定程度上参与了气候变化议程设置。在气候变化被提上政治议程之后,气候倡议联盟继续通过政策研究等方式提升当地官员对于气候变化的认知,使政策框架更加聚焦气候变化。同时,在地方政府尝试推行碳交易政策过程中,非政府组织也积极为企业提供培训和数据核查服务、推动提升数据质量,促进政策的落实。总体而言,非政府组织塑造其作为技术专家的身份,通过为地方政府提供专业知识等资源介入政策过程,努力与地方政府建立政策网络,为地方气候政策变化创造条件和机会。中国地方气候政策过程的多元化现象得到地方政府的默许和认可,实际上增进了地方政府应对气候变化的管制能力(van Rooji et al., 2014)。

非政府组织能够作为技术专家参与气候政策过程,与气候变化政策制定和执行需要大量能源和气候相关的专业知识有很大关系。本文的研究发现与 Froissart(2019)关于非政府组织通过环境专业知识获得参与环保法修订的发现相互印证,可见非政府组织通过专业技能得到国家机构的认可,从而获得参与政策过程的机会是理解中国政策过程多元化的重要机制。在这种情况下,非政府组织能够获得参与和影响政策的途径、国家也能够提升相关方面的规管能力。但是我们也需要注意到这种政策过程多元化机制有可能忽视缺乏资源的群体及其利益。以气候变化领域为例,最有可能受到气候变化影响的弱势群体往往难以参与政策过程,居民的健康和福利在气候规划中很少被提及。由于地方的气候数据薄弱以及公开有限,也很难有效监督气候政策的落实。这很有可能带来其他问题,比如招致对气候政策合法性的怀疑、加剧社会冲突等(Westman & Broto,2018,p.15)。

本文提出了解释中国地方气候政策变化的政策学习机制并提供了多重证据。通过对地方官员和非政府组织的访谈进行分析,勾勒和讨论了气候倡议联盟推动地方政府进行政策学习的策略、重要步骤以及实际影响。非政府组织往往对气候变化问题持审慎态度,积极参与气候政策研究,彼此结成倡议联盟,共同提高地方主管部门对气候变化问题的认识。他们的倡导行动与来自中央的考核和试点等激励耦合,共同促进地方官员意识到气候变化与本地利益密切相关,从而为地方气候政策变化创造机会。当然,本文的研究发现主要适用于在低碳转型和应对气候变化方面先行先试的地区,后续研究也应该关注相对滞后的地区如何应对气候变化挑战。而且本文的分析重点是地方气候议程设置和政策制定阶段,至于建筑、交通等政策具体执行时,非政府组织如何与政府机构互动还需要进一步研究。

附录1　访谈列表

序号	访谈编号	时间	地点	机构类别
1	20151027—G 城—境外非政府组织—第 1 次	20151027	G 城	境外非政府组织
2	20180115—A 城—境外非政府组织—第 2 次	20180115	A 城	境外非政府组织
3	20171201—A 城—境外非政府组织	20171201	A 城	境外非政府组织
4	20171123—A 城—境外非政府组织—第 1 次	20171123	A 城	境外非政府组织
5	20180428—G 城—境外非政府组织—第 2 次	20180428	G 城	境外非政府组织
6	20180130—电话—境外非政府组织	20180130	电话	境外非政府组织
7	20180201—A 城—境外非政府组织	20180201	A 城	境外非政府组织
8	20180202—A 城—境外非政府组织	20180202	A 城	境外非政府组织
9	20180202—A 城—境外非政府组织	20180202	A 城	境外非政府组织
10	20180309—A 城—境外非政府组织	20180309	A 城	境外非政府组织

序号	访谈编号	时间	地点	机构类别
11	20170917—G 城—境外智库	20170917	G 城	境外智库
12	20171205—A 城—外国政府	20171205	A 城	外国政府
13	20151223—A 城—境外智库—第 1 次	20151223	A 城	境外智库
14	20171117—63—A 城—境外智库—第 2 次	20171117	A 城	境外智库
15	20180308—A 城—境外智库—第 3 次	20180308	A 城	境外智库
16	20180316—电邮—境外智库—第 4 次	20180316	电邮	境外智库
17	20160316—A 城—国内社会组织	20160316	A 城	国内社会组织
18	20160322—A 城—国内社会组织—第 1 次	20160322	A 城	国内社会组织
19	20171130—A 城—国内社会组织—第 2 次	20171130	A 城	国内社会组织
20	20180115—A 城—国内社会组织—第 3 次	20180115	A 城	国内社会组织
21	20160324—A 城—国内社会组织—第 1 次	20160324	A 城	国内社会组织
22	20171130—A 城—国内社会组织—第 2 次	20171130	A 城	国内社会组织
23	20180409—G 城—国内社会组织—第 3 次	20180409	G 城	国内社会组织
24	20171122—A 城—国内社会组织	20171122	A 城	国内社会组织
25	20171124—A 城—国内社会组织	20171124	A 城	国内社会组织

续表

序号	访谈编号	时间	地点	机构类别
26	20180313—A 城—国内社会组织	20180313	A 城	国内社会组织
27	20180315—A 城—国内社会组织	20180315	A 城	国内社会组织
28	20180126—A 城—国内社会组织	20180126	A 城	国内社会组织
29	20191019—G 城—国内社会组织	20191019	G 城	国内社会组织
30	20161230—B 城—国内社会组织—第 1 次	20161230	B 城	国内社会组织
31	20180316—B 城—国内社会组织—第 2 次	20180316	B 城	国内社会组织
32	20181106—B 城—国内社会组织—第 3 次	20181106	B 城	国内社会组织/行业协会
33	20180123—电话—科研机构	20180123	电话	科研机构
34	20180306—电话—科研机构	20180306	电话	科研机构
35	20181105—B 城—科研机构	20181105	B 城	科研机构
36	20170926—Z 城—咨询公司	20170926	Z 城	咨询公司
37	20180316—B 城—咨询公司—第 1 次	20180316	B 城	咨询公司
38	20181105—B 城—咨询公司—第 2 次	20181105	B 城	咨询公司
39	20181106—B 城—咨询公司—第 3 次	20181106	B 城	咨询公司
40	20160311—A 城—政府智库	20160311	A 城	政府智库

序号	访谈编号	时间	地点	机构类别
41	20180306—D城—政府智库—第1次	20180306	D城	政府智库
42	20181017—D城—政府智库—第2次	20181017	D城	政府智库
43	20180305—D城—政府机构—第1次	20180305	D城	政府机构
44	20181018—D城—政府机构—第2次	20181018	D城	政府机构
45	20180313—A城—政府机构	20180313	A城	政府机构
46	20180319—J城—政府机构	20180319	J城	政府机构
47	20181019—C城—政府机构	20181019	C城	政府机构

附录2 访谈提纲

针对政府组织的访谈提纲如下：

1. 当地应对气候变化工作由哪些机构和人员负责？

2. 当地是否设立应对气候变化相关的专项资金？

3. 您了解当地提出低碳转型/应对气候变化的背景吗？动力何在？当地气候政策有变化吗？

4. 当地如何进行温室气体清单编制？

5. 上级政府如何考察当地应对气候变化工作？本级政府开展了相关试点工作吗？

6. 当地政府在应对气候变化方面和哪些非政府机构有过互动或合作？是否有相关国际合作？

7. 是否可以介绍其他参与当地气候政策制定和执行的相关机构？

针对非政府组织的访谈提纲如下：

1. 就应对气候变化而言，您工作的机构和哪些地方政府存在交流或合作，和地方政府的哪些部门沟通？

2. 通过什么方式和地方政府在哪些方面进行沟通？

3. 从您的观察来看，哪些因素会促进地方政府在应对气候变化方面更为积极？

4. 您所在的机构影响应对气候变化政策吗？ 如果是，如何影响中国的应对气候变化政策？ 您如何看待机构的影响力？

5. 在与地方政府沟通过程中，是否存在什么挑战和困难？

6. 您可以推荐在应对气候变化行动方面比较有代表性的地方政府吗？

7. 您可以推荐其他和地方政府在低碳转型方面互动或合作较多的机构吗？

参考文献

创绿研究院：《2014 广东省生态宜居城市发展环境和气候韧性表现与评价》(2015 年 4 月发表)，https://www.ghub.org.cn/wp-content/uploads/2014/12/celc-report.pdf，2015 年 4 月发表，2023 年 3 月 30 日访问。

公维拉：《地方领导力与中国低碳政策实验》，《复旦公共行政评论》2019 年第 2 期。

国务院：《中国应对气候变化国家方案》(国发〔2007〕17 号)。

国务院：《"十二五"控制温室气体排放工作方案》(国发〔2011〕41 号)。

国务院：《"十三五"控制温室气体排放工作方案》(国发〔2016〕61 号)。

国家发展和改革委员会：《应对气候变化领域对外合作管理暂行办法》(发改气候〔2010〕328 号)。

国家财政部：《2015 年地方一般公共预算支出决算表》(2016 年 7 月发布)，http://yss.mof.gov.cn/2015js/201607/t20160720_2365025.htm。

国家财政部：《2018 年地方一般公共预算支出决算表》(2019 年 7 月发布)，http://yss.mof.gov.cn/2018czjs/201907/t20190718_3303317.htm。

郇庆治：《"共同但有区别的责任"原则的再阐释与落实困境：一种基于对

中国环境非政府组织作用的考察》,《国际社会科学》2013 年第 2 期。

黄晓春、周黎安:《政府治理机制转型与社会组织发展》,《中国社会科学》2017 年第 11 期。

乐施会:《气候变化与精准扶贫:中国 11 个集中连片特困区气候脆弱性、适应能力及贫困程度评估报告》(2015 年 8 月发表),https://www.oxfam. org.cn/uploads/2019/12/051503486064.pdf。

李昕蕾、王彬彬:《国际非政府组织与全球气候治理》,《国际展望》2018 年第 5 期。

Price L.等:《低碳城市政策库(Benchmarking and Energy Saving Tool for Low Carbon Cities):城市低碳发展政策选择工具的 72 项政策建议》,LBNL 1006326, https://china. lbl. gov/sites/default/files/lbnl-1006326-cn. pdf, 2016 年 7 月发布。

生态环境部:《碳排放权交易管理办法(试行)》(2020 年 12 月 31 日生态环境部令第 19 号公布)。

王春婷、蓝煜昕:《中国低碳发展中 NGO 的参与:现状、影响因素及未来创新之路》,《南京工业大学学报》(社会科学版)2016 年(第 15 卷)第 3 期。

Aamodt, S., & Stensdal, I.(2017). Seizing policy windows: Policy influence of climate advocacy coalitions in Brazil, China, and India, 2000—2015. *Global Environmental Change-Human and Policy Dimensions*, 46, 114—125.

Bai, X. M., Dawson, R. J., Urge-Vorsatz, D., Delgado, G. C., Barau, A. S., Dhakal, S., ... Schultz, S.(2018). Six research priorities for cities and climate change. *Nature*, 555(7694), 19—21.

Francesch-Huidobro, M., & Mai, Q. Q.(2012). Climate Advocacy Coalitions in Guangdong, China. *Administration & Society*, 44(6), 43—64.

Froissart C.(2019). From outsiders to insiders: the rise of China ENGOs as new experts in the law-making process and the building of a technocratic representation. *Journal of Chinese Governance*, 1—26. DOI: 10. 1080/23812346.2019.1638686.

Gilley, B.(2012). Authoritarian environmentalism and China's response to climate change. *Environmental Politics*, 21(2), 287—307.

Gippner O.(2020). *Creating China's Climate Change Policy: Internal Competition And External Diplomacy*. Cheltenham: Edward Elgar Publishing.

Guan T. & Delman J.(2017). Energy policy design and China's local climate governance: energy efficiency and renewable energy policies in Hangzhou. *Journal of Chinese Governance*, 68—90.

Guttman et al.(2018). Environmental governance in China: Interactions between the state and "non-state actors". *Journal of Environmental Management*, 220, 126—135.

Han, H. J., Swedlow, B., & Unger, D.(2014). Policy Advocacy Coalitions as Causes of Policy Change in China? Analysing Evidence from Contemporary Environmental Politics. *Journal of Comparative Policy Analysis*, 16 (4), 313—334.

Harrison, T., & Kostka, G.(2014). Balancing Priorities, Aligning Interests: Developing Mitigation Capacity in China and India. *Comparative Political Studies*, 47(3), 450—480.

Harrison, T., & Kostka, G.(2018). Bureaucratic manoeuvres and the local politics of climate change mitigation in China and India. *Development Policy Review*, 37, 68—84.

Hart G., Zhu J. & Yang J.(2017). Mapping China's Climate Policies. Development Technologies International & China Carbon Forum.

Hasmath R., Hildebrandt T. & Hsu J.(2019). Conceptualizing government-organized non-governmental organizations. *Journal of Civil Society*, 15(3), 267—284.

Heggelund et al.(2019). China's Development of ETS as a GHG Mitigating Policy Tool: A Case of Policy Diffusion or Domestic Drivers? *Review of Policy Research*, 36(2), 168—194.

Jenkins-Smith H. C., Nohrstedt D., Weible C. M. & Ingold K. (2017). Chapter 4: The Advocacy Coalition Framework: An Overview of the Research Program(pp. 135—171). In Weible, C. M., & Sabatier, P. A.

ed.(2017). *Theories of the policy process*（4th edition）, Boulder, CO: Westview Press.

Lewis, J. I.(2008). China's Strategic Priorities in International Climate Change Negotiations. *The Washington Quarterly*, 31(1), 155—174. DOI: 10.1162/wash.2007.31.1.155.

Li, C. S., & Song, Y.(2016). Government response to climate change in China: a study of provincial and municipal plans. *Journal of Environmental Planning and Management*, 59(9), 1679—1710.

Liu Z. et al.(2015). Reduced carbon emission estimates from fossil fuel combustion and cement production in China. Nature. 524. 335—338. https://www.nature.com/articles/nature14677.

Lo, A. Y., Mai, L. Q. Q., Lee, A. K. Y., Francesch-Huidobro, M., Pei, Q., Cong, R., & Chen, K.(2018). Towards network governance? The case of emission trading in Guangdong, China. *Land Use Policy*, 75, 538—548.

Mai, Q. & Francesch-Huidobro M.(2015). *Climate Change Governance in Chinese Cities*. Abingdon, Oxon, New York: Routledge.

Mertha, A.(2009). "Fragmented Authoritarianism 2.0": Political Pluralization in the Chinese Policy Process. *The China Quarterly*, 200, 995—1012.

Miao, B., & Li, Y. W. V.(2017). Local Climate Governance under the Shadow of Hierarchy: Evidence from China's Yangtze River Delta. *Urban Policy and Research*, 35(3), 298—311.

Moe I.(2013). Setting the Agenda: Chinese NGOs' Scope for Action on Climate Change. *Fridtjof Nansen Institute Report*, 5/2013.

Naumann J.(2013). China Civil Climate Action Network(CCAN) Evaluation. http://www.cango.org/showProject.aspx?id=726, accessed in December 2021.

Nohrstedt, D.(2005). External shocks and policy change: Three Mile Island and Swedish nuclear energy policy. *Journal of European Public Policy*, 12(6), 1041—1059.

Peng, Y., & Bai, X. M.(2018). Experimenting towards a low-carbon city: Policy evolution and nested structure of innovation. *Journal of Cleaner Production*, 174, 201—212.

Pierce, J. J., Peterson, H. L., Jones, M. D., Garrard, S. P. and Vu, T.(2017), There and Back Again: A Tale of the Advocacy Coalition Framework. *Policy Studies Journal*, 45, ss.13—46. doi: 10.1111/psj.12197.

Sabatier P.(1993). Policy change over a decade or more. In Sabatier P. & Jinkins-Smith H. ed. *Policy Change And Learning: An Advocacy Coalition Approach*. CO: Westview Press, 13—40.

Sabatier P.(ed.)(2007). *Theories of the policy process (2nd edition)*, Boulder, CO: Westview Press.

Schlager, E.(1995). Policy making and collective action: Defining coalitions within the advocacy coalition framework. *Policy Sciences*, 28(3), 243—270. https://doi.org/10.1007/BF01000289.

Schreurs, M.(2017). Multi-level Climate Governance in China. *Environmental Policy and Governance*, 27(2), 163—174.

Schroeder M.(2008). The construction of China's climate politics: transnational NGOs and the spiral model of international relations. *Cambridge Review of International Affairs*, 21(4), 505—525.

Shan, Y. L., Guan, D. B., Liu, J. H., Mi, Z. F., Liu, Z., Liu, J. R., ... Zhang, Q.(2017). Methodology and applications of city level CO_2 emission accounts in China. *Journal of Cleaner Production*, 161, 1215—1225.

Shin, K.(2014). An Emerging Architecture of Local Experimentalist Governance in China: A Study of Local Innovations in Baoding, 1992—2012. [Doctoral dissertation, Massachusetts Institute of Technology]. MIT Libraries: https://dspace.mit.edu/handle/1721.1/95550.

Shin, K.(2017). Neither Centre nor Local: Community-Driven Experimentalist Governance in China. *The China Quarterly*, 231, 607—633.

Shin, K.(2018). Environmental policy innovations in China: a critical analysis from a low-carbon city. *Environmental Politics*, 27(5), 830—851.

Sun B. & Baker M.(2021). Towards an analytical governance framework within the policy dimension in China: the evolution of national climate policies since 1978. *Journal of Environmental Planning and Management*, 64(2), 202—223, DOI: 10.1080/09640568.2020.1760800.

Stensdal, I.(2014). Chinese Climate-Change Policy, 1988—2013: Moving On Up. *Asian Perspective*, 38(1), 111—135.

Teets, J. C.(2014). *Civil Society under Authoritarianism: The China Model*, Cambridge: University Press.

Teets, J. C.(2015). The Evolution of Civil Society in Yunnan Province: contending models of civil society management in China. *Journal of Contemporary China*, 24, 91, 158—175. DOI: 10.1080/10670564.2014.918417.

Teets, J. C.(2017). The power of policy networks in authoritarian regimes: Changing environmental policy in China. *Governance*, 31(1), 125—141. https://doi.org/10.1111/gove.12280.

Teng F. & Wang P.(2021). The evolution of climate governance in China: drivers, features, and effectiveness. *Environmental Politics*, 30: sup1, 141—161, DOI: 10.1080/09644016.2021.1985221.

Van Rooij B., Stern R. & Furst K.(2014). The authoritarian logic of regulatory pluralism: Understanding China's new environmental actors. *Regulation & Governance*, 10, 3—13. doi: 10.1111/rego.12074.

Wang A.(2019). Symbolic Legitimacy and Chinese Environmental Reform. *Environmental Law*, 48, 699—760.

Weible, C. M., & Sabatier, P. A. ed.(2017). *Theories of the policy process(4th edition)*, Boulder, CO: Westview Press.

Westman, L. K.(2017). Urban climate governance in China: Policy networks, partnerships, and trends in participation. [Doctoral dissertation, University College London (UCL)]. UCL Discovery: https://discovery.ucl.ac.uk/id/eprint/1571877/.

Westman L. K. & Castán Broto C.(2018). Techno-economic rationalities as a political practice in urban environmental politics in China. *Environment and Planning C: Politics and Space*, 37, 2, 277—297. https://doi.org/10.1177/2399654418783750.

Wu F.(2004). New Partners or Old Brothers? GONGOs in Transnational Environmental Advocacy in China. *China Environment Series*, 5, 45—58.

Wu F.(2017). China: Climate Justice without a Social Movement? In J. Foran(Eds.). *Climate Future: Re-imagining Global Climate Justice*, University of California Press.

Wu J., Han G., Zhou H., Li H.(2018). Economic development and declining vulnerability to climate-related disasters in China. *Environmental Research Letters*, 13, 034013.

Wübbeke J.(2013). China's Climate Change Expert Community—principles, mechanisms and influence. *Journal of Contemporary China*, 22(82), 712—731.

Yin R.(2009). *Case Study Research Design and Methods*, Sage Publication.

Zhan C. & de Jong M.(2018). Financing eco cities and low carbon cities: The case of Shenzhen International Low Carbon City. *Journal of Cleaner Production*, 180, 116—125.

Zhan C., de Jong M. & de Brujin(2018). Funding Sustainable Cities: A Comparative Study of Sino-Singapore Tianjin Eco-City and Shenzhen International Low-Carbon City. *Sustainability*, 10, 42—56.

Zhang Y. & Orbie J. (2021). Strategic narratives in China's climate policy: analysing three phases in China's discourse coalition. *The Pacific Review*, 34, 1, 1—28, DOI: 10.1080/09512748.2019.1637366.

Zhao, H., Zhu, X. F., & Qi, Y.(2016). Fostering Local Entrepreneurship through Regional Environmental Pilot Schemes: The Low-Carbon Development Path of China. *China-an International Journal*, 14(3), 107—130.

地区人士与政府官员的角力：官僚组织和地区要求对兴建厌恶性设施的影响

陈浩燊 *

[内容提要] 香港特区政府一直在推行不同的行动计划来解决问题，制定各类型的减废、增效目标，也为未来项目订下了时间表及路线图，尝试梳理垃圾管理在各个层次的不同问题，化解"垃圾围城"的危机。为了长远解决问题，除了继续积极推行减废和回收计划，政府计划在香港各处设立更多垃圾处理设施，包括兴建一个大型垃圾焚化设施，同时扩建现有的三个填埋场。可是，在社区兴建新的厌恶性设施，往往会遇到地区阻力。由于邻避效应，普遍居民一般对自己社区附近的垃圾处理设施的存在和运作感到不安而作出反对。政府以理性和务实的态度，让利益相关者和社会各界共同参与有关垃圾处理设施的讨论与规划工作，通过持续的公众参与，让新建项目从选址到开发，从落成到运作的每一个阶段都获得公众的认可和支持。通过"委托代理理论"（principal-agent theory）和"资源依赖理论"（resource dependence theory）的应用，本文旨在利用香港近年几个最具争议的选址案例来研究两个理论是如何各自影响官僚组织的反应，从而一窥如何扭转政策结果。

[关键词] 废物管理；公众参与；政府机构；地区要求；委托代理；资源依赖

[Abstract] The administration has been mapping out different targets, action plans, and timetables to resolve the waste management problems. The administration proposed to have more waste facilities sited in various parts of Hong Kong, including the extension of existing landfills and the Integrated Waste Management Facilities. Over the years, the administration understood that the proposed waste facilities are extremely controversial due to their unpleasant and sensitive nature, and clearly knew that the lawmakers and local communities will have divided opinions against them. In light of this, the government wished to engage various stakeholders and different sectors of the community in a rational and pragmatic manner, so as to gain legitimacy and public acceptance before the siting was materialised. This research examines bureaucratic responsiveness by making use of the most recent and controversial siting cases. The core question of the study would therefore be the understanding on how bureaucrats responded to the public and the underlying factors that affected their responsiveness. Through applying the principal agent theory and resource dependence theory, a conceptual framework was proposed by the author to study how the attributes affected bureaucratic responsiveness as well as the policy outcomes. The research can then help explain the responsiveness from both endogenous and exogenous dimensions.

[Key Words] Waste Management, Public Participation, Bureaucracy, Community Demand, Principal-Agent, Resource Dependence

---

＊ 陈浩燊，中国香港特别行政区政府环境保护署环境保护主任，香港城市大学人文社会科学院公共政策学系博士。

一、引　　言

随着香港在过去数十年的经济发展和人口增长，垃圾量也与日俱增。一直以来，填埋是香港处理垃圾的主要方法。位于香港边陲的三个垃圾填埋场，自 20 世纪 90 年代初便肩负起处理整个城市的垃圾的重要责任，可是填埋空间并非无限，总会有用尽的一天。因此，为了长远地解决垃圾带来的问题，除了继续积极推行各种减废和回收计划，政府计划在香港各处设立更多垃圾处理设施，包括兴建一个大型垃圾焚化设施，也同时为现有的三个填埋场进行扩建。

环境保护是近年来香港最受公众注目的问题之一，在讨论和研究垃圾的处理问题时，往往会引起社会公众的关注和反对，选址附近的居民会针对垃圾处理设施的设计和运营提出一连串对环境和健康的潜在影响（例如：臭味、有毒废气等）。

香港在 1997 年回归后，不论是政治环境和社会发展都遇到不同的挑战。环境形势变得严峻，政府在各个环境治理范畴的压力不断增加，面对地区层面的种种阻力和社会公众对环境的认识不断提升，情况慢慢变得不利于政府官员向社会公众作出回应，官员在推行政策时也举步维艰。负责香港各种环境保护工作的环境局和环境保护署也明白回应公众要求的重要性、必要性和多元性，但如何更好和更有效回应这些要求以得到支持，却是政府部门内部一个亟待解决和改善的问题。

一直以来，学者在探讨政府的"反应性"（responsiveness）时，往往只聚焦某一起社会事件以单一角度去作出观察和分析，或者主要是从政府与公众等多元主体之间的互动展开分析，但是从理论的角度分析政府的"反应性"仍有待更多的研究。因此，本文通过对香港的几个垃圾处理设施的选址和建造案例，从公共行政理论的角度看政府部门与社会公众的互动，试图回答在"委托代理理论"和"资源依赖理论"的共同影响下，政府在争取社会对邻避设施支持时的"反应性"到底会受什么因素的影响而产生不同的变化和效应。

具体来说,本文提出了一个"概念框架"去理解邻避问题的核心,及其所涉及的其他问题和相关属性如何影响官员反应以及政策制定的结果。此外,希望这起研究可以分别以"委托代理理论"和"资源依赖理论"同时从内源性和外源性的维度去理解官员的不同反应和分析他们之后的策略。本文将以 20 世纪头十年香港的四个垃圾处理设施计划案例为背景,通过采访政府部门的代表而收集定性数据,比对公开数据库中现存的信息(例如讨论文件、新闻稿和录制的节目),并进行三角测量,本文可以一窥两个理论在不同阶段所发挥的作用,并为将来的垃圾处理设施或其他厌恶性设施的规划提供一种新的理论参照。

二、香港的垃圾处理设施和政策

香港一直倚赖三个位于边陲的填埋场来处置垃圾,它们分别是新界东南填埋场(将军澳)、新界西填埋场(屯门)和新界东北填埋场(打鼓岭)。以前,香港大部分的"都市固体废物"(包括家居废物和一般来自办公室、商店、餐厅、菜市场等的工商业废物)会由七个废物转运站收集、压缩、装箱,然后经海路或陆路送到堆填场进行填埋。这种运送的方式沿用至今,一来可以运载大量的废物降低整体运输的费用,同时也可以大大减少车辆的数量,降低对交通和环境造成的滋扰。

至于建筑废物,顾名思义是源自建筑、挖掘、装修、拆卸及道路工程的废物。当中可以重用的部分如岩石、混凝土、沥青、瓦砾、砖块、碎石和泥土等(又称惰性建筑废物),会用作"公众填料",适用于填海或工地平整工程。另外,一些掺有部分惰性建筑废物的建筑废物,由于它可以回收再用的机会较少,一般都需要送到填埋场处置。

根据环境保护署的最新公布的官方数字,香港在 2019 年一共弃置了超过 570 万公吨的废物,当中"都市固体废物"占 71%,建筑废物占

25％。由此可见，在土地资源极为有限的前提下，政府开始认为填埋场是废物管理系统里的一项珍贵资产，在未来的日子里必须适当地使用余下的空间。

善待香港稀有的填埋场容量，就必须多管齐下减少倚赖以填埋技术去处理垃圾。近年，政府相继推出各类型的回收计划（如计算机和通讯产品、节能灯和日光灯管、废旧电器、充电电池等等）、积极发展社区回收网络（包括委托非营利团体在香港各区营办"回收环保站"和"回收便利点"，以及在特定时间在各区街道上设立"回收流动点"）和落实发展各项垃圾处理设施［包括以焚化为核心技术的"综合废物管理设施"（Integrated Waste Management Facilities）、扩建现有三个策略性填埋场、兴建"污泥处理设施"（又名"源·区"/T·Park）、"废电器电子产品处理及回收设施"（WEEE·Park）和"有机资源回收中心"（O·Park)分别处理污泥、废电器和电子产品和厨余］，以及实施按"污染者自付"原则对产生的垃圾按量征费，希望借收费去改变市民丢弃垃圾的习惯，也推动社会各界去改变产生垃圾的行为，从而减少整体垃圾的弃置量。

三、"三堆一炉"案例

上文提到，香港未来需要扩建三个策略性填埋场（"三堆"）和一座"综合废物管理设施"（"一炉"），以化解"垃圾围城"的危机。这些设施的规划在过去数十载徘徊在摸索、讨论和案头研究（desktop study）之间，一直在酝酿着而没有进一步的落实。在 2014 年，政府决定要为这四个工程项目进行前期工作，包括向公众解释项目的必要性、向受影响的居民进行游说工作等，期望得到社会公众的支持后，可以进一步在区议会得到本区整体的支持，进而促使立法会辖下的财务委员会通过工程及相关顾问费用开支的拨款。

现在，香港的三个策略性填埋场负责接收和处理每年超过五百万公吨的废物。这三个堆填场分别位于香港西部近后海湾的"新界西填埋场"、北部打鼓岭的"新界东北填埋场"和东南部将军澳的"新界东南填埋场"。为了满足香港未来对填埋废物的需求,政府在20世纪头十年初开始为三个填埋场扩建工程进行规划,并陆续开展与社区公众交换意见和了解他们对工程的关注。在这段时间,环境保护署署长按《环境评估条例》的法律规定,为"三堆一炉"一众"指定工程项目"批出环境许可证。工程项目的负责人必须根据许可证的条件去落实各种措施来减缓建造和营运期间的影响(见表1)。

表1 环境许可证批出情况

批出日期	"指定工程项目"环境许可证
2007年11月26日	新界东北填埋场扩建部分
2008年8月5日	新界东南填埋场扩建部分
2010年6月3日	新界西填埋场扩建部分
2012年1月19日	综合废物管理设施第一期

其间,政府为了释出善意争取公众对"三堆一炉"的支持,环境局在2013年5月发布《香港资源循环蓝图2013—2022》的政策文件,勾勒一个全面的废物管理策略,为未来定下目标、政策和行动计划,把人均弃置废物量减少百分之四十。希望推展不同的减废工作,让市民明白政府其实有长远的目标和善用填埋的空间,例如:落实都市固体废物按量收费计划、推动"惜食香港运动"减少厨余、鼓励回收已清洗干净的物品、为垃圾处理设施引入"转废为能"的元素、提升运载和处理废物时的卫生水平,改善社区的环境。

可是,由于香港土地资源紧缺,单靠填埋来处理固废终究不是一种长远解决问题的方法,而且也会阻碍香港去保持成为一个现代化世界级的城市。因此,政府在1998年在《减少废物纲要计划》政策文件中初次提到兴建废物焚化设施的构思,估计设施在2025年投入运作后,可以每日处理三千公吨固体废物,而最后的灰烬会运到填埋场处理。经过多年的规划,"综合废物管理设施"的选址定在香港南部的石鼓州旁,预料设施会全日二十四小时运作，在焚化过程中产生的热能会被回收，经过发电机组产生电力。焚化时产生的烟会经过严格处理，才排放至大气中。整个焚化的过程采用顶尖的技术、环保和管理水平，将对周边环境的影响降到最低。

四、方法说明

本研究主要采用深度访谈（in-depth interview）配合大量的历史资料搜集（data collection）来分析官员对坚持落实政策时的反应和转变。

根据 Babbie 的主张，深度访谈是针对个人、团体或社会所进行的表意式检视。作者先根据研究的预定目标，拟好访谈会涉及的问题及发问的次序，在作者亲身参与访谈期间，透过观察受访者的反应和记录对方的描述，当接触到一些始料未及的话题时可以灵活地调节访问方式和控制交流的节奏和探讨的深度。另外，受访者能够主动提供第一手数据，作者可以试着进一步了解受访者对题目的解读与他对过往工作的独特见解。

在研究角度来看，深度访谈有其局限性。首先，除了研究的题目外，作者必须对受访对象的背景和工作有一定的了解，以及对调研范围的专业有基本的知识，并且在访谈期间保持开放态度和客观性，使访问者在不受干扰或是在没有预设条件的情况下表达自己的想法。

对"三堆一炉"的案例，作者邀请了若干主要负责推行的环境局和环境保护署的官员进行深度访谈（见表2），了解在推行"三堆一炉"项目期间，他们如何争取市民的支持，如何让市民明白这些项目的重要性等等。也尝试在对话中，找出官员在不同阶段如何调整内部策略来应对社区层面的各种和多变的要求，还有如何善用外界的因素和力量，例如传媒、社交平台等等，来推广政策和回应市民对项目的种种质疑。

表 2 深度访谈编号情况

序号	访谈编号（年—月—次数）	面对面访谈对象
1	2015—07—01	环境保护署环境基建科现任官员
2	2015—07—02	环境保护署环境基建科退休官员
3	2015—07—03	环境保护署环境基建科现任官员
4	2015—07—04	环境保护署环境基建科现任官员
5	2015—07—05	环境保护署环境基建科退休官员
6	2015—08—01	环境保护署环境基建科现任官员
7	2015—08—02	环境保护署环境基建科退休官员
8	2015—08—03	环境局首长级官员
9	2015—08—04	环境保护署环境基建科退休官员
10	2015—08—05	环境保护署减废及回收科现任官员
11	2015—08—06	环境保护署减废及回收科现任官员
12	2015—08—07	环境保护署减废及回收科现任官员
13	2015—09—01	环境局首长级官员
14	2015—09—02	环境保护署环境基建科现任官员
15	2015—09—03	环境保护署废物基建规划科现任官员
16	2015—09—04	环境保护署废物基建规划科现任官员
17	2015—09—05	环境保护署废物基建规划科现任官员
18	2015—09—06	环境保护署环境基建科退休官员
19	2015—10—01	环境保护署环境基建科退休官员
20	2015—10—02	环境保护署环境基建科现任官员
21	2015—10—03	环境保护署环境基建科现任官员
22	2015—10—04	环境保护署环境基建科现任官员
23	2015—10—05	环境保护署环境基建科现任官员
24	2015—10—06	环境保护署环境基建科现任官员
25	2015—10—07	环境保护署环境基建科现任官员

在访谈完毕后,作者应尽快将访谈的声音档案转化成文本档案,将

对话逐字转化成文字，然后按受访者的个人见解、描述、解释等进行分类、校对和编码，方便日后作出整理和归纳。

最后，以相关文献等数据与访谈内容作出比对，亦即"三角验证"（triangulation）。作者对于受访的对象、话题和情景，所获得的观察和诠释能更精准地呈现真实的情况。因为作者可以提出很多支持论点的证据，一般的研究者会采用同侪探询（peer debriefing）、三角交叉验证（triangulation）或自我反思（self-reflexivity）来提高研究结果的可信度。本研究所用的方法亦是 Denzin 主张多重检核方法的其中一种——数据的多重检核（data triangulation），即以多重复核和确定的受访者提供的资料和数据是可信可靠的，避免研究者在探究过程出现偏误。相关文献包括文件、档案、电邮、会议记录、电视及电台访问等。换句话说，"三角验证"的目的是加强研究结果的"内在效度"。

谈到"内在效度"，是意指研究中的自变量（independent variables）和因变量（dependent variables）之间的关系，也就是说因变量是如何被自变量的变化而影响。两种变量的因果关系和关联越高，内在效度越高，研究的分析结果的可信度会越高。以下部分介绍的概念框架会列出六个自变量，作者分别试从"委托代理理论"和"资源依赖理论"来建立它们跟官员反应这个因变量的关系有多密切。也就是说，这起研究是要尝试找出究竟是内源性因素还是外源性因素，或是两类因素共同影响着官员的反应。

五、概念框架

我从不同的研究发现，绝大部分对邻避设施的研究都会集中讨论公众提出反对的情况和什么原因导致他们持反对的意见，一般来说很少会从政府部门或官员的角度来看同一个故事。就算研究者是从第三方的"局外人"角度去看和作出分析，对于一些影响内源性的因素未必能够完全掌握。因此，作者希望用自己的观察和经验，利用两个南辕北辙的理论去同时客观地透析内在和外在的因素是如何影响官员的反应。

在引言部分曾提到了一个概念框架,这部分会介绍这起研究所建立的概念框架,可为读者对这起研究提供一个理论基础,方便理解与理论有关的属性是如何影响官僚反应以及政策制定的结果。

以下从两个理论的角度,提出数个与"三堆一炉"案例有极大关系的属性。我尝试视这些属性为自变量去探究与官员回应(因变量)的关系,然后建构自变量和因变量之间关系的逻辑,再以"三堆一炉"案例为实证来验证所建构的逻辑是否正确(见图1官僚组织回应地区要求的概念框架)。这些属性(自变量)包括:(1)信息不对称(information asymmetry);(2)政府关注及激励;(3)官僚资源和权力;(4)官僚感知及认识;(5)外部资源和(6)与外部团体的相互依存。

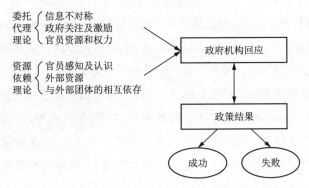

图1 政府机构回应地区要求的概念框架

若这个逻辑和研究方向是正确的,我希望凭借这个研究方法去探讨其他与"邻避"有关的案例,甚至是延伸至研究一些未来政府与社会各阶层互动的政策案例,以进一步检证两个不同理论对官员回应的影响。

六、"委托代理"与官员回应的关系

这部分先从"委托代理"的角度去作出分析。

据现今社会的理解，国家主权的拥有者应为全体人民。但实际情况是，人民不可能每一个都能直接参与国家各式各样的管理事务。因此，人民会把公共管理的权力交给政府，政府便成为受委托的一个机构去管理国家。从政策制定的角度而言，政府和决策者都会被视作代理人，而一般市民都会被视作委托人。政府和人民的委托和代理关系，油然而生。

"委托代理理论"的主张和核心是，一般情况下，委托人和代理人会同时追求最大的自身利益。其间，自然会损害到对方的利益而令关系出现矛盾。尤其在利益相互冲突和信息不对称的情况下，委托人和代理人可能不会共享相同的利益和目标，有时候代理人更会采取有损委托人利益的行动或决定，这些行动或决定很多时候都是隐蔽或不能被察觉的。

在这部分的研究，我选取了三个与"委托代理理论"有关的属性来分析它们对政府机构回应地区要求的关联，包括：（1）信息不对称；（2）政府关注及激励；（3）官员资源和权力。

（1）信息不对称

对于"三堆"的案例，市民一直不满政府官员自 2002 年起不断重复和强调垃圾填埋空间即将耗尽，香港迫切需要扩建三个填埋场。然而，这个所谓迫在眉睫的问题在往后的十多年来一直挂在历届负责环境事务的局长的嘴边，但他们都会将预计填埋场堆满的时间一再推迟，如时任环境运输及工务局局长廖秀冬在进入 21 世纪时称填埋场在 2011 年会堆满、时任环境局局长邱腾华在几年后说 2014 年会堆满，然后现任环境局局长黄锦星说三个填埋场在 21 世纪 20 年代相继饱和。对于将填埋场的寿命一改再改，填埋场余下空间和垃圾产生的预测机制和方法一直没有向公众交代。就算政府官员被要求公开计算方法时，有关资料一直无法及时提供。政府机构就此问题的反应和态度使市民慢慢对扩建填埋场的必要性开始感到疑惑。

据作者的观察和记录，事实上，填埋场的承办商会定期评估三个填埋场的剩余空间，评估是完全基于科学方法来进行，例如实地测量和估算垃圾的沉降速度等。政府人员获得数据后会作出审视，并考虑当时的都市固体废物弃置量的变化、各个新垃圾处理设施的运作日期和预计都市固体废物征费的实施日期而作出调整。

由此可见，公众不能知道政府内部的一套评估机制和分析结果，他们无法相信政府的解释是可信的。直至黄锦星在2012年接任环境局局长时，为了减少信息不对称带来的不良影响全力争取市民对"三堆"项目的支持，重申过往官员的表述纯粹是预测而不是向任何人作出承诺，并建议市民参考政府一直以来所提供的数据，以实事求是的态度去看待"三堆"的需要。

在访谈期间，官员们（访谈编号：2015—07—01，2015—07—02和2015—07—03）表示自此之后，政府没有公布填埋场余下空间的数据，而是经过专业人员计算后只对外公布填埋场余下的寿命。一方面是不想引起公众不必要的误会，另一方面认为有限度地公布数据，不完全反映实际情况，反而会面对较少的误会、反对和阻力。

由于委托人和代理人之间存在信息鸿沟，政府可以利用信息不对称这个条件在推行政策时获得一些优势，但"三堆"的案例却显示，信息不对称反而令政府人员改变了日常回应的方法，发布一些有效和真实的数据，令政策得到市民支持，早日落实。

至于"一炉"的案例，公众在讨论项目规划阶段时已极力反对，他们大多数担心有毒气体的排放（如二噁英）会影响他们的健康。再加上一些环保团体在地区层面不断鼓吹政府应放弃建造垃圾焚化炉，重新审视回收垃圾的方案，令反对力量与日俱增，政府推行以焚化技术来处理垃圾变得举步维艰。

为回应市民和团体的担忧，当时的环保署助理署长区伟光在不同场合积极回应公众和传媒的查询，并提供数据作出澄清，包括根据法例进行的环境评估过程和结果。环境评估结果指出，拟议的焚化炉符合欧盟最新的废气排放标准，预计不会对附近环境和公共健康造成负面影响。可是，有关环评、选址分析皆由代理人及其工程顾问团队编制，委托人在没有机会参与其中的情况下，依然质疑报告的真实性和合理性。

为了消除信息不对称对"一炉"造成负面影响，政府采取不同策略向市民介绍项目细节和澄清有关废物处理和烟气洁净技术的误解。其中，政府邀请教授和专家等推广现代的焚化技术，分享他们的专业知识和意见，并拍成一系列广告和短片在电视和网络媒体播放，当中有香港浸会大学环境与公共卫生管理学理学硕士课程主任钟珊珊博士和生物系系主任黄焕忠教授。

一退休官员（访谈编号：2015—10—01）在面谈时表示，市民实在对项目和相关技术不太理解，这是正常不过的事。通过官员在不同场合与市民互动，再加上宣传等工作，官员没有太多的必要去隐瞒，而且也争取机会向市民传递更多数据，信息不对称的影响已不复存在。另外，借助"技术官僚"（technocracy）主义，以学者、专家和政府内部的专业人士的帮助，有力地帮助排解公众对焚化炉的担忧，这也证明"技术官僚"能有效地向委托人提供更多事实和真实信息，而不是信息不对称局面的制造者。

（2）政府关注及激励

政府有配置社会资源的责任，合理的激励可让政府对个别政策作出关注和配置资源。在废物管理方面，香港特区政府在面对"垃圾围城"的挑战时，要激励"三堆一炉"的推进，从而令社会渐渐明白项目的重要性，争取支持。

自90年代起，政府已开始在一些环保政策文件（如《减少废物纲要计划》）指出香港长远来说是有必要倚赖填埋场来处置一些无法回收或处理的废物。往后二十年的各份政策计划和大纲，政府对填埋场的看法并没有太大的改变，并不断重申填埋场是有必要的。另外，随着科技的日新月异，又借鉴不少国家排除地区的阻力成功引进了焚化技术来处理垃圾，香港特区政府也开始激励"一炉"的需要以大幅减轻填埋场的压力，并邀请市场上的利益相关者递交"意向书"（Expression of Interest），为将来的项目投标工作迈出一步。

这个说法和其中一些受访者的回应一致（访谈编号：2015—07—

05，2015—09—03，2015—09—04 和 2015—09—05）。他们都认为政府是清楚明白单靠填埋场不是一个可持续的方法。纵使香港会不断改革其废物管理方针，如加强力度推行回收计划、扩大填埋场和引进焚化技术都是不可避免的，因为每个地方都要不同的技术来更有效地处理各种垃圾。

综合以上的观察，我们可以理解政府一直有关注垃圾问题并为相关的工程项目进行正向激励以应对问题。代理人的关注和激励都发挥推动"三堆一炉"的核心作用，让委托人理解和支持。

（3）官员资源和权力

为更好发挥政府官员在日常管理中的作用和配合新政策的实际需要，调配政府部门内的人力资源及重新审视各人的权力会提高政策推行的效率和成功实施政策的机会。这部分将探讨官员资源的变化如何影响官僚反应。

2014 年环境保护署进行内部重组和扩充，针对性地重新分配项目和职责，例如分别负责"三堆一炉"及周遭地区的规划、小区联络、监督现有垃圾处理设施运作、修改法例等工作。另一方面又进行招聘以增加专业人员的数目。扩充后，新增了 39 名专业人员，大大提高了上述各种工作的效率（见表 3 和表 4）。

例如，各小组的指定专业人员会负责地区联络会议和小区各种改善工程。在面谈期间，他们认为部门的重组和扩充说明政府希望投放更多资源让公众可以在不同场合多了解"三堆一炉"项目的细节和平衡

表 3　专业人员数目的变化

相关组别		专业人员
重组前	废物设施组	20
	基建规划组	10
重组后	堆填及发展组	32
	废物转运及发展组	15
	策略性设施发展及规划	22

表4 相关组别工作上的转变

相关组别	相关的新工作	负责的专业人员数目
堆填及发展组	1. 地区联络小组及工作小组 2. 地区的优化工程 3. 扩建部分的合约管理	
废物转运及发展组	1. 废物分流计划的实施 2. 优化及改装垃圾收集车 3. 连接新界西填埋场的稔湾路的扩阔工程	27
策略性设施发展及规划	1. 公众咨询及传媒联络 2. 地区联络小组 3. 地区的优化工程 综合废物管理设施的招标工作及合约管理 技术报告的审批	12

社会各方的意见。收集的意见会在日后跟进，在切实可行的情况下在地区层面作出纠正和改善。再一次证明，代理人以行动来回应委托人的要求和意见，争取支持。以下是一些实例来验证以上的观点：

（1）规管所有进出填埋场和废物转运站的垃圾车，必须配备合适的装置收集污水和妥善运载垃圾。

（2）打击违法的垃圾车（如超载、超速、垃圾被抛出车外），保障附近民众使用道路时的安全和改善填埋场周遭的环境卫生状况。

（3）在地区落实一系列缓解和补偿措施，改善受影响民众的生活素质，例如绿化社区、确保农耕用水的稳定供应、定期清洁进出填埋场的道路、为受影响的村民安装灭蚊装置、举办导赏团和兴建活动中心介绍香港各个废物管理设施等。

（4）制定"废物分流计划"，尽快修改法例，指定位于将军澳的新界东南填埋场在2016年开始，只接收建筑废物，以减低因填埋家居和工商业废物对将军澳居民的影响。

根据一些受访者的回应（访谈编号：2015—10—06 和 2015—10—07），为了维持市民的生活质量免受工程和将来营运的影响，环境保护署在过去几年确实做了很多工作，让官员可以更快响应市民的要求，让市民明白政府有决心去解决一连串的问题。但是,一些金钱上的直接补偿既不是政府所愿,也不是最合适的方法,因为观感上也对其他未受影响的市民有不妥之处,造成不公平的现象。反之,政府用一些反馈的政策和措施来改善小区,让大家可以实实在在地看到政府的用意,才能更有效地争取支持(见表5)。

表 5 过去实施的优化措施

优化措施	受惠群体
地区绿化工程,包括植树	北区打鼓岭一带的偏僻村落
环保生态游,包括介绍香港废物处理设施的日常运作	受影响的村民、学生和团体
食水供应,包括作灌溉用途	受影响的农民
加强清洗主要运输道路	将军澳居民
优化村落环境,包括竖立"牌楼"、兴建"村公所"、铺设水管和电视讯号接收器、安装蚊网和灭蚊灯等	北区打鼓岭和屯门一带的偏僻村落

从委托代理的角度来看,研究发现三个属性当中,"政府关注及激励"和"官员资源和权力"对"三堆一炉"的推行有更大的影响力,对争取市民的支持有更正面的作用。研究期间虽发现"信息不对称"是存在的,但政府未有借助此属性为代理人带来不公平的情况,反之,当遇到公众对"三堆一炉"的必要性和迫切性心存怀疑时,政府的回应一直公开透明而资料无讹,得到市民的理解和支持。

七、"资源依赖"与官员回应的关系

"概念框架"的另一部分会从"资源依赖"的角度作出分析。

"资源依赖理论"提倡的是组织与环境的关联。正如英国诗人约翰·多恩的名作《没有人是一座孤岛》(No Man Is An Island)的意境一样,世上没有一个人能够单独面对所有困难和挑战,每一个人都需要其他人的帮忙，每一个个体都是群体的一分子。

"资源依赖理论"的核心和前提是，假设组织为了维持营运和生存，都必须获得环境中的要素和资源，所有组织都必须通过跟其他组织进行交换所需的资源，才可以维持下去。因此，组织会向其他人索取要素来落实政策，从而在过程中作出不一样的决定和反应。

在这部分的研究，我选取了三个与"资源依赖理论"有关的属性来分析它们对官员组织回应地区要求的关联，包括：(1)官员感知及认识；(2)外部资源；(3)与外部团体的相互依存。

1. 官员感知及认识

作为"资源依赖"角度分析的起点，有趣的是，在访谈期间多位受访的官员（访谈编号：2015—08—03、2015—08—04、2015—08—07、2015—09—01和2015—09—06）都按着自己的经验和观察，不约而同地意识到，若香港的废物设施网络要进一步改善，政府必须认清其他因素对新工程项目的影响，如土地资源、经济效益、法律诉讼等。

跟其他厌恶性设施的命运一样，"三堆一炉"正是近期一个最佳例证。"三堆一炉"在展开讨论之时面临土地争议、被质疑阻碍经济发展、司法复核等多边的挑战。

第一，土地方面，在研究扩建新界东南填埋场的范围时，政府曾一度被社会质疑是否有需要涉及收回五公顷郊野公园的用地。据官方在立法会的解释，有关决定是基于岩土工程的因素，并可将扩建的范围扩至最大。一官员在访谈时补充（访谈编号：2015—08—03），当时的管理层受到顾问团队的建议，技术上应使用该五公顷土地，因该处没有远足径或正式的人行道，主要是灌木丛、草地和悬崖，没有生态价值。

公众普遍视郊野公园为宝贵资源，因此极力反对政府征用郊野公园用地作扩建填埋场之用，渐渐演变成一个政治危机，项目亦开始失去市民的信任和支持。经过一番争论后，政府希望继续得到市民对"三堆"的支持而不想得不偿失，决定把其中"一堆"将部分郊野公园纳入扩建规划的方案放弃。在2014年，环境保护署对新界东南填埋区扩建计划作出检讨，并表明不再将一些受到公众高度关注的土地纳入项目范围。就此,市民的反对声音消退不少。

另一方面,政府根据环评报告的建议,决定将"一炉"建在香港南部水域的一个人工岛屿之上。当中一位受访者解释(访谈编号:2015—08—01),虽然环评报告亦建议另一个适合的地点——屯门曾咀,但考虑到那区已经有很多"不受欢迎的设施",如新界西填埋场、污泥处理设施(又名"源·区"/T·Park)、发电厂、货柜码头,该区的反对声音一定比填海建人工岛屿强烈得多,预料会以失败收场。反之,人工岛的方案预料只会涉及因填海对渔民造成影响而需要作出补偿,其反对声音比屯门曾咀的方案少。该受访者补充,政府现时有一套建立已久的赔偿制度,若有渔民因为受到填海工程而影响捕鱼及其收入,可由制度计算出赔偿的金额,令双方都能在公平的原则下解决因发展而造成的民生问题。

"三堆一炉"的事例证明了在土地资源有限的前提下,政府需要仔细地作出全盘考虑和取舍,平衡不同受影响的人的利益后,对有较少反对声音的民众作出合适的响应和补偿,让废物管理政策和项目变得可持续。

第二,经济发展方面,基础设施的发展是对社会的重大投资,所以有序地规划及兴建废物基础设施,是支持城市长远的经济发展。事实上,政府在2013年发布的《香港资源循环蓝图2013—2022》开始使用"投资"一词,证明政府明白到建设项目的重要性和对社会有正面的影响,而该等计划也会创造更多就业机会。时任财政司司长曾俊华承诺在2014—2015财政年度投资约300亿港元建设废物回收及处理设施,以提升废物管理效能和改善市民的生活质素。受访的官员指出(访谈编号:2015—08—07),近年的垃圾处理设施都是超大型工程(mega projects),涉及填海造地、工地平整、基建等等,需要大大小小的承办商和工程公司参与其中,创造数千个工作岗位(见表6),所需开支都是由政府从公帑中支付。这些支出对往后几年的本地生产总值(GDP)有正面作用。政府打出经济牌来告诉公众这种大型工程项目也有它的好处,让公众可以多用一个角度去思考未来。

表 6 预计"三堆一炉"创造的就业机会

项　　目	职位空缺
新界东南填埋场(扩建部分)	351
新界东北填埋场(扩建部分)	682
新界西填埋场(扩建部分)—顾问服务及勘探	12
综合废物管理设施	4150
合　　计	5195

第三,法律方面,政府近年就一些对社会影响深远的政策受到"司法复核"的挑战。社会渐渐意识到"司法复核"可敦促政府就个别政策或行政决定重新作出考虑。当中,个别受访官员认为"司法复核"已被政治化(访谈编号:2015—10—04、2015—10—05、2015—10—06 和2015—10—07),它只是议员和市民用来宣泄不满或故意拖延项目进度的工具。

在司法复核期间,项目的进度必然受到阻延,因为进入了司法程序,仍有待判决结果,很多工作要被搁置一旁。虽然团队没有量化因延误而引致的经济损失,但一方面政府需要额外的资源去处理诉讼,另一方面随着时间过去,被延误的项目的造价必然因物价上涨而受到影响。"三堆一炉"在 2013 年和 2015 年遭到市民的司法复核,一是质疑环境保护署署长于处理"一炉"的环境评估时有角色冲突的嫌疑,而没有公正和中立地批出环境评估许可;二是质疑环境保护署过往向立法会提供过时的资料,如分析填埋场的剩余寿命不仅不实,还有误导之嫌。

受访者表示(访谈编号:2015—10—04),当时在处理司法复核时,官员和律师团队都非常谨慎地研究当中的法律观点和细节,避免项目因被法庭裁定败诉而令整个香港的废物处理陷入困境。最后,政府在"三堆一炉"司法复核期间作出一系列的澄清,并指出原告人起诉的理据实际上是误导公众。在这场法律挑战完结后,项目的余下工作重新展开。

就以上的真实情况,政府寻求外部资源来争取"三堆一炉"的落实确实花费不菲,但官员依然会根据不同的程序作出相应的反应来争取不同资源。

2. 外部资源

这部分会评估外部资源如何在"三堆一炉"选址案例中发挥作用。社会合法性(social legitimacy)和公众接受度(public acceptance)都是制定政策的元素和核心,这种想法普遍得到学术界和政治家的支持。因此,要获得两者,公众参与是公共政策制定过程中不可缺少的一部分。

受访官员普遍认为,在推行"三堆一炉"的政策时,公众一直希望能够与政府部门直接沟通和协商。他们当时曾经考虑不同方案来推动公众参与,以便获得选址的合法性和平衡不同利益相关者的利益。这些方案包括:与民众对话、公开听证会、参观各个废物管理设施、工作坊等等,希望在过程中让公众了解最新的废物管理政策方针,还有让大家明白"垃圾围城"的危机和"三堆一炉"的必要性。

(1)咨询区议会及地区组织

自 2004 年以来,政府官员不断出席香港各区的区议会会议,与该区的议员和居民团体就"三堆一炉"进行讨论和交换意见。官员听到的以反对意见居多,而他们的回应总是以最大的耐性作出解释和承诺展开一系列地区工作,如加强回收力度,以寻求地区的支持和谅解。

有官员认为(访谈编号:2015—09—02 和 2015—09—04),多个小区偏向接受政府以一些"礼物"来回应他们对"三堆一炉"的关注和反对,包括美化小区环境项目、清洁街道,为偏远乡郊展开改善工程。当这些"礼物"反馈到小区后,反对声音相对地减弱,亦最后得到区议会的支持。

(2)外展和公众参与

政府十分清楚小区的力量对推行废物管理政策成功与否有很大的影响,因此多年来政府在各个小区举办不同类型的活动,让市民了解废物管理的最新信息和兴建新设施的必要,包括巡回展览、"路演"(road-show)、学校讲座和研讨会等。某些官员说,自 1997 年香港主权回归后,为满足公众对政府越来越高的期望,多项政策在推行时会包括公众参与的部分,市民可以有更多机会与官员会见表达想法和要求,官员可以更切实地了解市民的心声,从而降低官民之间的摩擦和误会。

3. 与外部团体的相互依存

信任与合法性有着密切的关系。市民的信任被视为对政府必不可少的无形资源,因它有助于维持社会安定。目前关于信任对政策结果影响的研究很少,特别是环境项目和政策的结果,因此借此机会对这个自变量作出研究。

(1) 公众对政府的信任

关于市民的信任如何影响垃圾处理设施或其他厌恶性设施选址的研究很少。虽然香港在推行政策时都实施了公众参与,但真正有机会让公众表达他们的意见和给政府意见的不多。

在香港的政治氛围越趋复杂下,香港市民对政府的信任度普遍较低,他们认为政府处理事情不灵活、治理不一致、思维方式过时以及不愿与公众沟通等。因此,除了政府的内在因素外,获得公众信任的灵丹妙药是更认真地接受社会的意见,从而加强政策的合法性。

我在研究期间约见大大小小的官员进行二十五次访谈,受访者在讨论如何在垃圾处理设施选址时获得公众的信任,曾经提到三个关键词,分别是"公众参与""主动"和"可靠"。这个结果不令人意外,亦表明政府一直在积极回应市民的意见,在环境治理中发挥带头作用。这些回应是一个好兆头,表明政府已经承认公众信任的重要性,并一直试图采取不同的步骤来广泛解决信任对选址案件合法性的影响。

(2) 媒体的使用

媒体以多种形式存在,包括报纸杂志、广播、电视、网站与社交媒体等。现代各地政府都需要各类媒体来推广和传播公共政策。本节将"媒体"视为一种政策工具和外部资源,让政府可以随时回应公众。本案例研究注意到在解释为什么必须设置新的垃圾处理设施时,政府一直在各个平台(即传统和社交媒体渠道)增强对公众的回应,并建立不同宣传政策的攻势,以下是一些具体例子:

"三堆"一例中,环境局局长黄锦星首次向将军澳居民发出公开信(题为《实事求是共同解决废物危机 地区诉求政府业界合力回应》),通过多个印刷媒体刊登这类"社论式广告"(advertorial)解释政府为解决本地对拟议垃圾处理设施的关注而采取的多管齐下改善措施,特别是将军澳新界东南填埋场的扩建工程。公开信还向整个社区传达信息,希望社会以宽容和合作的态度解决危机。

另一方面,和印刷媒体不同之处是,出席电视和电台的广播节目以现场口头方式来回应公众的关注,通过与主持人的即时互动和交流,更能提高政府官员对推行政策的反应能力,更能令官员更清晰和主动地传达有关废物管理和新设施选址的原因,更能鼓励公众前来参与和官员直接对话(见表7)。

表7 环境局局长出席的现场节目

日　期	传媒和节目名称	环境局局长部分语录
2013年5月12日	商业电台"政好星期天"	政府会发表废物管理政策文件来唤醒公众对固废问题的关注和兴建更多处理设施来处理各类废物的需要。
2013年6月22日	商业电台"政经星期六"	政府要有前瞻性来推展可持续发展,就此政府会不断优化本地各种废物回收计划和修改法例以改善环境质量,例如"废物分流计划"。 参考外国的经验(如韩国首尔),兴建更多处理设施来处理各类废物是必要的。 为配合各项新工程,政府会加强和地区人士沟通了解各区的需要。
2014年3月23日	无线电视"讲清讲楚"	政府留意到市民普遍支持香港需要更多处理设施来处理各类废物。 参考外国的经验,填埋场和焚化炉是废物管理的重要部分。 学者和环保团体偏向支持香港需要填埋场和焚化炉来处理固体废物。 政府一直和地区各界保持紧密沟通,并会了解各种反对意见,并制定措施来作出响应,当中包括征费和回收计划来降低固体废物数量、地区优化计划来改善受影响市民的生活环境等等

近年社交媒体已成为市民表达意见的渠道，政府从而响应潮流，使用不同的社交媒体来公布信息和回应市民在虚拟世界的意见。最佳的例子是，环境局于 2013 年 5 月开始起用"大嘥鬼"（Big Waster，注："嘥"为粤语常用字，读 sāi，有浪费的意思）为官方的吉祥物和各个环保政策的代言人。虽然政府在过去数十年已多次启用吉祥物，但"大嘥鬼"是首个以动画角色身份在各个社交媒体开设户口，及时与网民互动，分享它对各个环保政策的看法。

从资源依赖的角度来看，研究发现三个属性，即"官僚感知及认识""外部资源"和"与外部团体的相互依存"对官僚反应都各有不同程度、不同角度和在不同范畴的影响，而令"三堆一炉"的选址成功落实。简单地说，这部分研究考察了政策过程中对政府的外生影响以及官员专业知识的反应。

八、结论和讨论

把政府和社会公众当作一种关系，不难理解在落实一个政策时会有双方互动的过程。若市民持反对意见，政府官员确实需要做出相应的行动去回应来获得支持，才能通过为民的方案，落实为民的政策。当然，除了政府机构对地区要求的回应，政策的落实和结果的成败一定有其他因素的影响。但这起研究，希望聚焦在"政府响应"这单一因素，让我们能够更集中地分析它和落实政策的关系。

在推进垃圾处理设施项目的过程中，政府往往都会面对着"邻避"和其他因素的挑战而未能及时落实政策和方案。本文以香港近年的四个有关案例为主轴（市民反对填埋场、焚化炉等（"三堆一炉"）对环境有影响的邻避设施），通过"委托代理"和"资源依赖"两个不同角度作出观察和分析，从政府内部和各种外界因素的角度研究和分析官员在此期间的不同回应。

有别于其他多数研究公众对政策的响应，"委托代理"和"资源依赖"给我们提供了研究政府机构对政策落实的一个新而平衡的视角,也可以让我们有机会看到政府内部对同一事情的想法。然而,两者都会有其局限之处,也同时有互补之处。因为"委托代理"重视内在因素,"资源依赖"重视外在因素。两者虽然方向不同,但过于偏重某一个理论而忽略了另一个,有关的政策或决定会因偏见和忽略而未能有效地落实和得到社会各方的支持。所以,这起研究的目的是希望通过两个截然不同的理论,以不同的视角来相互融合,以加强两者对政府反应性的解释力和说服力。

最后,我相信,这项研究能够丰富有关官僚主义对厌恶性设施的反应的实证文献,同时研究过程为这类设施进行了深入的了解,为日后同类的研究提供了参考材料,我也希望通过这起研究,可以帮助各级政府官员适当地准备应对措施,并制定可行的计划以实现预期的政策结果。

参考文献

环境保护署:《香港废物处理及处置的统计数字》,https://www.epd.gov.hk/epd/tc_chi/environmentinhk/waste/data/stat_treat.html。

Babbie, E.(2001). *The practice of social research*. 9th(*Eds*.), CA: Wadsworth.

Denzin, N.(1978). *Sociological Methods: A Sourcebook*. NY: McGraw Hill.

靳凤林:《公权委托代理理论视角下的干群矛盾》,《桂海论丛》2015年(第31卷)第1期。

刘有贵、蒋年云:《委托代理理论述评》,《学术界》2006年第1期。

吴磊、俞祖成:《多重逻辑、响应式困境与政策变迁——以中国社会组织政策为例》,《江苏社会科学》2018年第3期。

邓锁:《开放组织的权力与合法性——对资源依赖与新制度主义组织理论的比较》,《华中科技大学学报》2004年第4期。

中国环境治理的"三重"逻辑*

王文琪　包存宽**

[内容提要]　第一次全国环境保护大会至今,尤其是"十三五"以来,我国环境治理制度优势转化为治理效能初步显现。为何如此短暂时间发生这一变化?与其他治理一样,环境治理中"为何治理""谁来治理""治理什么""怎样治理"四个问题至关重要。本文试图阐释我国环境治理的历史逻辑、实践逻辑、理论逻辑以回答上述四个问题,并提出坚定环境治理的理论自信、道路自信、制度自信、文化自信以推进环境治理现代化。

[关键词]　环境治理;理论逻辑;历史逻辑;实践逻辑;四个自信

[Abstract] Since the First National Environmental Protection Conference, especially during "the 13th Five-Year" period, China's environmental governance institutional advantages have been transformed into the initial appearance of environmental governance effectiveness. How to explain these changes in such a short time? Like other governance, the four issues of "why do we need governance", "who will govern", "What is the object of governance" and "How to govern" are significant in environmental governance. This paper attempts to explain the historical logic, the practical logic and the theoretical logic in environmental governance to answer above four questions, and propose strengthening the theoretical self-confidence, road self-confidence, institutional self-confidence and cultural self-confidence of environmental governance to promote the modernization of environmental governance.

[Key Words] Environmental Governance, Theoretical Logic, Historical Logic, Practical Logic, Four Self-confidence

---

*　本文系国家社会科学基金"国家治理与全球治理"重大研究专项(项目编号:18VZL013)的阶段性成果。

**　王文琪,复旦大学环境科学与工程系博士研究生;包存宽,复旦大学环境科学与工程系教授,城市环境管理研究中心主任,上海市生态环境治理政策模拟与评估重点实验室主任。

一、引　言

1973 年第一次环境保护大会召开以来,尤其是"十三五"时期,从全面建成小康社会、打赢污染防治攻坚战到开启现代化国家新征程、建设美丽中国,我国环境治理从制度到体系逐步完善,厚植了全面建成小康社会的绿色底色和质量成色(毛佩瑾,2020)。以《环境保护法》修订为引领,《大气污染防治法》《水污染防治法》陆续修订,《土壤污染防治法》《环境保护税法》先后出台,环境法治迈入新阶段;中央生态环保督察制度实施,环境监管和环境执法日趋严格,环境违法成本提升,形成"不敢违法、不能违法、不想违法"的长效机制;以环境保护税、"三线一单"等制度举措建立为核心,以环境影响评价、排污许可、总量控制改革为重点,环境治理的制度体系逐步完善,环境保护助推经济高质量发展、高品质生活的能力明显提升;政府环保投资逐年提升,环境保护部门出台多个关于第三方治理、公众参与的文件,环境治理市场得到持续优化,公众参与规范化程度逐年提高,各类环境治理主体取得长足进步,环境治理多元共治格局体系逐步形成。

与此同时,根据 2021 年发布的《2020 年中国生态环境状况公报》,2015 年到 2020 年期间,我国生态环境质量得到显著改善。全国地级及以上城市优良天数比例从 76.7% 提高到 87%,PM$_{2.5}$ 未达标地级及以上城市平均浓度下降 28.8%,远超于《"十三五"生态环境保护规划》设定的 18% 目标;全国地表水优良水质断面比例从 66% 提高到 83.4%,劣 V 类水质断面比例从 9.7% 下降到 0.6%,地级及以上城市建成区黑臭水体消除比例达 98.2%;受污染耕地安全利用率从 70.6% 提升到 90% 左右,污染地块安全利用率完成《土壤污染防治行动计划》90% 以上的目标;单位国内生产总值二氧化碳排放强度下降 18.8%,超额完成"十三五"下降 18% 的目标;森林覆盖率从 21.66% 提升到 23.04%,森林蓄积量从 151 亿立方米提升到 165 亿立方米,草原综合植被盖度从

54%升至56.1%,生物多样性下降势头得到基本控制,生态系统稳定性明显增强,生态安全屏障基本形成。

为何在如此短的时间内,我国环境保护形势得到极大改善,环境治理取得如此成就,环境治理的制度优势初步转化为了治理效能? 如何解释这一现象? 想要解释清楚这背后的根本原因,并在此基础上继续做好环境治理工作,实现环境质量持续全面改善与建设美丽中国的有效衔接,需要厘清我国环境治理的几个基本问题。治理是基于对客观规律的驾驭,任何治理都需要回答"为什么治理""谁来治理""治理什么""怎样治理"四个问题。作为环境保护的具体实践,也作为环境保护秩序与结构的提供者(刘凤义,2019),环境治理同样需要回答"为什么进行环境治理""谁来进行环境治理""环境治理的对象是什么""怎样进行环境治理"四个问题。它们分别解释了环境治理的充足动力、明确主体、适宜对象与合理途径,确保了"制度优势转化为治理效能"这一机制转换的长久性、高效性、层次性与科学性。因此,为深入探究环境治理的制度优势转化为治理效能的具体原因,剖析环境治理的四个问题,本研究论述了我国环境治理的"三重"逻辑——历史逻辑、实践逻辑、理论逻辑。任何时期的环境治理都是在具体的历史环境和条件下演进的,因此,历史逻辑是实践逻辑和理论逻辑产生和发展的现实基础(马怀德,2021)。环境治理的生命力在于实践,在环境治理的历史中,扎实的实践根基、鲜明的实践品格和磅礴的实践伟力得以形成,实践逻辑也因此得以展现。与当下的"实践"、发展了的"实践"相结合,历史逻辑与理论逻辑才能更好地发挥效应(张雷声,2019)。在党领导人民进行环境治理的历史进程中,在新时代推动环境治理的伟大实践中,作为历史演进的必然结果,习近平生态文明思想逐步成型,超越了现代西方环境理论的同时,丰富了、提升了、拔高了我国环境治理的理论。由于环境治理的理论逻辑统一于历史逻辑和实践逻辑,理论逻辑在环境治理的历史进程与实践中又进一步发展、发挥作用。"三重"逻辑充分彰显了我国环境制度与实践的有效性和生命力,全方位、多角度诠释了我国环境治理取得成效之因,有助于在污染防治任重道远、环保工作进入"深水区"的形势下,更好地贯彻落实《关于构建现代环境治理体系的指导意见》①,系统科学、扎实有效推进环境治理体系和治理能力现代化的建设,形成导向清晰、决策科学、执行有力、激励有效、多元参与、良性互动的环境治理体系,进而提升生态文明建设质量和效益,更好地践行"绿水青山"转化为"金山银山"(方世南,2020)。

二、我国环境治理的历史逻辑

由于时代的局限性和特殊性,我国长期认为污染是资本主义的痼疾,社会主义与此无缘。不同于西方国家环境保护始于"八大公害"事件之后公众的环境抗议活动、选举政治下迫使政府治理污染,我国环境保护始于党和政府的自觉性。

1972 年 6 月参与斯德哥尔摩联合国人类环境会议之后,我国政府自我革新、自我批判与自我改进,自上而下主动发现了生态环境存在的问题,逐步认识到污染与政治意识形态无关,社会主义国家同样也存在着严重的环境问题。1973 年 8 月召开了第一次全国环境保护会议,确定了环保 32 字方针——"全面规划、合理布局、综合利用、化害为利、依靠群众、大家动手、保护环境、造福人民",自此开启了环境治理。这一时期,环境保护机构建设也开始启动,1974 年 10 月,国务院环境保护领导小组正式成立,地方各级人民政府也相应设立了环境保护办公室。改革开放后首次修订的《中华人民共和国宪法》就对环境保护作出规定,"国家保护环境和自然资源,防治污染和其他公害",为我国环境保护法制建设奠定了基础。同时,1979 年《环境保护法(试行)》的出台开启了"合理地利用自然环境,防治环境污染和生态破坏"的征程,结束了中国环境保护无专门法律可依的局面。

---

① 中共中央办公厅、国务院办公厅:《关于构建现代环境治理体系的指导意见》,2020 年 3 月印发。

进入 80 年代,环境保护被确立为我国的基本国策,成为继"计划生育"后第二个被确立的基本国策。此后,我国逐步确立了"预防为主,防治结合""谁污染谁治理""强化环境管理"三项政策,"三同步、三统一"的方针及以环境影响评价、"三同时"、排污收费、环境保护目标责任、城市环境综合整治定量考核、排污许可证、污染集中控制、污染限期治理等环境管理"八项制度"为核心的一系列制度安排。这一时期,环境保护初步纳入国家和地方的五年计划之中,并开始得到贯彻执行。制度体系发展的同时,企业也尝试参与环境治理,但参与治理的自主性、积极性不强(唐任伍、李澄,2014)。此时人民群众的温饱才刚得以解决,环境意识及对优美环境的需求处于萌芽阶段,鲜见公众参与环境治理。

90 年代,面对严峻的污染形势,在修订法律、继续加强法制建设的同时,我国推出了"一控双达标"政策和"33211"重大污染治理工程,即到 2000 年底,各省、自治区、直辖市要使本辖区主要污染物的排放量控制在国家规定的排放总量指标内,工业污染源要达到国家或地方规定的污染物排放标准,空气和地面水按功能区达到国家规定的环境质量标准,重点治理"三河、三湖、两区、一市、一海"的污染。随着 1992 年建立社会主义市场经济体制,环境保护的计划经济色彩也逐渐消退,原有环境管理制度体系的实施条件已发生巨大变化,现实问题需求倒逼环境治理重构与优化。企业作为市场主体,逐步成为污染者责任原则下的环境治理的责任主体。这一时期,市场手段作用逐渐强化,排污权交易应运而生。1994 年,包头、太原、开远、柳州、平顶山、贵阳 6 个重污染城市对大气排污权交易的试点示范工作,使得企业参与环境治理的积极性得到增强(聂国良、张成福,2020)。排污权交易的实践表明,企业在排污权交易中的压力,已转化为关注环保、投资环保的动力。同年,中国第一个草根 NGO——"自然之友"成立,之后得到快速发展,推动公众环境保护的自觉意识得到提高,并使得公众参与环境治理有了更多的渠道。

进入 21 世纪,以《环境保护法》为主体,以环境保护专门法及相关资源法、环境保护行政法规、环境保护行政规章、环境保护地方性法规为主要内容的环境法律体系更加层次分明、和谐自治(洪大用,2008)。2006 年,从"十一五"时期开始,包括环境保护计划在内的整个五年计划改为了"规划",二字之差体现了由计划经济体制真正走向市场经济体制的深刻转变。与此同时,长期以来环境规划过于迁就甚至屡屡"让位"于经济和城镇发展规划的弊病愈加凸显(包存宽,2018);项目环评存在利益输送链条与腐败现象,规划环评执行率低、建议不落地;环评中公众参与不到位、群体性事件频发(郝就笑、孙瑜晨,2019)。2000 年后,我国环境治理也开始对接全球,企业在制定自身环境目标时,参照国际标准,改革生产技术或引进绿色技术,降低原材料消耗,推动清洁能源的开发,开展清洁生产和循环经济,全面推广环境标志产品认证、ISO14000 环境管理体系认证。加入世贸组织以来,全民环境教育行动计划的实施,绿色创建活动的推进,绿色生产、生活方式的倡导,开始形成全社会参与环境保护的氛围,社会舆论、风俗习惯、内心信念等的正面引导使我国环境治理在"法治"的基础上,走上了"德治"的道路。但随着社会经济的发展,个别环境治理制度体系"空转",环境治理产生虚假效能,使公众对环境制度的刚性约束和权威性产生怀疑,甚至对政府的组织力、公信力等产生质疑(方世南,2020)。为了使公众合法、合理表达自己的诉求,《环境影响评价法》、《环境影响评价公众参与暂行办法》、《环境保护行政许可听证暂行办法》和《环境信息公开办法(试行)》的发布为公民、法人和其他组织获取环境信息的权益提供了具体的指导,也为公众参与环境治理拓宽了渠道。

党的"十八大"以来,随着生态文明建设上升为国家战略,多元共治的现代环境治理理念逐步形成。2014 年,修订后的《环境保护法》改变了以往主要依靠政府和部门单打独斗的传统方式,首次体现了多元共治、社会参与的现代环境治理理念。2015 年,《生态文明体制改革总体方案》进一步提出"到 2020 年,构建起包括环境治理体系、自然资源资产产权制度等八项制度构成的产权清晰、多元参与、激励约束并重、系统完整的生态文明制度体系,推进生态文明领域国家治理体系和治理能力现代化。"同年 10 月,党的十八届五中全会提出构建"政府、企业、公众共治的环境治理体系"。在此期间,环境管理从"看数据"到"重感受",不仅看排放总量削减了多少、污染物浓度下降了多少,更从人民的角度,看蓝天数有多少、繁星有多少;发布了大气、水、土壤三大行动计划,治污重点更关注与人民切身利益相关的"心肺之患"——水源地保护、黑臭水体治理、雾霾治理等,法律法规修订中"保障公众健康"也成为新的关键词;《"十三五"生态环境保护规划》强调把环境保护纳入本地区国民经济和社会发展规划,环境保护进一步与经济和社会发展挂钩,并从以解决环境问题为核心转为以改善环境质量为核心;在"大部制"改革与"放管服"的背景下,生态环境部组建成立,"党政同责""一岗双责"持续贯彻落实,省以下环保机构实现垂直监管,生态环境质量监测事权上收,环境监管体制不断完善(陈健鹏,2018);以中央环保督察制度的实施为标志,环境保护行政责任体系和问责体系逐步形成。企业绿色竞争力不断提升,节能环保、清洁生产、清洁能源产业规模不断扩大,多元环境治理融资渠道逐步形成;分布式光伏发电补贴、黄标车及老旧车淘汰补贴、新能源汽车推广应用财政补贴等财政政策,燃煤发电机组环保电价、可再生能源电价等价格政策,环境保护税等税收政策,绿色信贷、环境污染强制责任保险、绿色债券等绿色金融政策,碳排放权交易、环保"领跑者"制度等综合政策的出台使企业环境治理激励性政策体系框架逐步形成,企业环境治理的效率和专业化水平大幅提升,更具现代化特征。第三方尤其是公众对政府、企业的监督作用日益加强,环境知识和信息的传播以及环境法规政策的宣传力度加大,非官方环保组织的发展日益迅猛;《环境保护公众参与办法》施行,公众参与环境治理规范性增强,环境信息公开与公众参与制度纳入法治化轨道,环境公益诉讼制度得到发展,信息公开水平明显提升,公众参与广度和深度得到改善。如今,步入"十四五"时期,面对 2035 年基本实现现代化、美丽中国基本建成的重要目标,如何构建现代环境治理体系,如何让环境治理助力经济高质量发展成为新时期环境治理的重点。新形势下,随着我国社会主要矛盾转化为人民日益增长的美好生活需要和不平衡不充分的发展之间的矛盾,我国正结合"2030 碳达峰,2060 碳中和"目标的实现与人民群众对优美生态环境与美好生活的需要,"法治""德治""自治"三治结合,让公众真正从环境治理"对象"走向环境治理"主体",在环境治理中实现人的全面自由发展,创造中国环境治理的"新奇迹"。

历经近五十年,我国环境治理发生了巨大转变:治理主体——从单一(政府)到二元(政府、企业)再到多元(政府主导、企业主体、社会组织和公众参与);治理手段——从人治到法治,再到人治、德治、自治综合治理;治理制度——从法律到法律、规划、政策并行;治理目的——从解决环境问题到改善环境质量、恢复和完善生态功能,再到提供更多更优的生态产品与生态服务;治理领域——从以污染防治为核心,到污染防治和生态保护并重,再到同时关注污染防治、生态保护、资源能源利用;治理流程——从末端治理和浓度控制,到全过程控制、浓度与总量并行控制;治理维度——从简单的点源治理到点源、面源、线源、体源综合治理,再到跨流域、区域综合协同治理;政府环境治理——从最初只有环境保护部门关注环境保护,到整个国家宪法确立环境保护地位;企业作为环境治理对象——从政府只重视企业污染治理,到从产业结构及产业布局调整、提高资源能源利用效率的角度解决环境问题;公众作为环境治理的对象——从只关注公众诉求表达到既关注公众意见,又积极动员公众在治理中贡献智慧和力量再到回归"为了谁和依靠谁"的环保初心。

三、我国环境治理的实践逻辑

评判一种制度是否行得通、有效率、真管用,实践最有说服力。我国环境制度具有四大优势:党坚定领导下的"政府—企业—社会"多元治理体系、"法律+规划+政策"治理手段、"问题+目标+结果"治理导向、"纵向+横向"治理机制。在实践过程中,这四大优势科学管用,具有合实际(依据实际情况动态调整,符合时代特征)、合规律(对规律的认识持续深化)、合目的(以人民利益为中心)的制度逻辑,均转化为了环境治理效能。

党坚定领导下的"政府—企业—社会"多元治理体系。中国共产党作为环境治理的领导者,同时也是重要组织者,为推动环境治理制度优势转化为治理效能提供了强大支持力量(董史烈,2021)。一是将环境治理融入生态文明建设,为环境治理指出了发展的方向;二是作为先进政党以及长期执政党,长期执政为治理效能的转化提供了持久动力,保证了转化的稳定性与持续性(李宏,2021);三是一脉相承的科学理论为环境治理的发展及其现代化提供了指引;四是具有集中力量办大事的优势,在其领导下,各主体"劲往一处使"、"上下一盘棋",高效推进环境治理任务与资源调配(文宏等,2021)。在党的坚定领导下,环境治理"自上而下"与"自下而上"两种途径同时进行。中央政府、地方政府及其基层组织在环境治理中扮演领导者、组织者、规划者、监管者和指导者多重身份,完成信息沟通、资源配置、协商合作等过程,并根据环境治理中出现的问题进行评估反馈及动态调整(胡洪彬,2021)。公众和企业采用"自下而上"的方式自发推动环境治理,使环境治理体系更有效、更规范化,同时也使得转化效率进一步提升。公众向环境治理体系输入制度运行的优势因素,政府通过政治吸纳和内部整合实现治理产出,从而达到强化环境治理效能的根本目的(胡洪彬,2020)。企业通过自身行为满足环境制度,如通过制定企业环境目标,改革生产技术或引进绿色技术,降低原材料消耗等方式,从而保障环境制度组织执行优势,提高环境治理效能。

"法律+规划+政策"治理手段。制度想要释放力量,需要同时满足以下条件:一是科学制定和有效实施;二是单个制度有力和制度之间协同;三是软(导向性)硬(约束性)有机结合;四是顶层设计与地方试验有效互动;五是法律的稳定性、规划的周期性与政策的灵活性充分融合。法律具有强制性,是国家治理的基石。相对于西方国家,我国环境治理的制度手段更为丰富,还包括环境规划与环境政策。作为我国政策过程的核心机制,规划是在"党委主张+国家意志+政府职能+人民利益"下形成的,确保了国家发展政策的稳定性和连贯性。长期规划的传统和战略规划的定力,有利于上下左右各方协作达成共识,有利于促进我国经济持续健康发展、推动社会全面进步。环境规划是环境治理体系现代化建设的一部分,反之,环境治理能力与治理体系的建设与提升也需要通过环境规划来确保实现。由于我国幅员辽阔,南北差异、东西差异、城乡差异巨大,生态环境问题较为复杂,法律及规划无法保证环境治理的灵活性,因此需要环境政策的差异化。我国将"法律""规划"与"政策"多种手段相互结合,互为补充,法律法规的"底线"与刚性、规划的"周期保证"与目标性加上政策的"点对点"与精准性,既解释了我国长期发展、长期稳定的"密码",也是创造我国环境治理"新奇迹"的要诀(张明军、杨帆,2020)。

"问题 + 目标 + 结果"治理导向。环境保护伊始,我国就始终坚持"问题导向",并具有层层递进的特点。20 世纪七八十年代,工业三废污染突出,便以"三废"污染治理为重点;90 年代以来,流域污染严重,便开展了"33211"工程,重点治理"三河"、"三湖";21 世纪初,科学利用自然资源、节约能源成为当务之急,便发展了循环经济、"资源节约型、环境友好型社会";近年来,随着雾霾、黑臭水体、"毒地"成为时下热点,又陆续发布了"气十条""水十条""土十条"。目标导向,是环境治理系统性、完整性和内在规律的要求,以顶层设计的形式贯穿于环境治理的全过程,为环境治理提供"三定"——定方向、定目标、定原则,属于"治本",主要体现在党中央、国务院、环境保护部门下达的各类文件中。在以环境治理能力与治理体系现代化为目标的当下,陆续体现在《关于构建现代环境治理体系的指导意见》《关于深入打好污染防治攻坚战的意见》等顶层设计之中。在"目标导向"治本和"问题导向"治标的基础上,我国环境治理还具有"结果导向"。"结果导向"即考察环境治理是否管用,治本是否有道和治标是否有效,如环保督察"回头看"与官员领导干部的环保考核等,希望以结果倒逼生态环境治理,从而切实提高生态环境治理效能。总体而言,我国在环境治理中的"问题 + 目标 + 结果"导向,确保了环境保护的科学性、精准性与实效性。

"纵向＋横向"治理机制。在传统科层制的治理模式下,在权力与权威的主导下,环境治理在纵向上呈现自上而下的治理机制,建立了问责机制、激励机制与规制机制,以命令控制型为主,通常表现为行政命令、法规执行、正式流程,确保了从中央至地方各级政府的高行政效率与强执行力(熊烨,2017)。近年来,党政主要领导政治责任和完善各级党政领导班子及主要领导干部考核体系的强调,更是抓住了我国环境治理垂直管理机制的"神经中枢",优化了中央和地方省市的关系。环境治理的横向机制则在资源依赖与信任的主导力量下,更偏向于水平的网络治理,往往体现为横向之间的区域协同协作(熊烨,2017)。通过部际联席会议、公私伙伴关系、行政契约、共同行政协议、第三方协调等方式,涵盖信息共享机制、参与机制、协作机制等具体机制,使得区域间环境治理从明显的边界感到一体化,从"与邻为壑"到与邻为善。此外,各部门之间在环境治理中各负其责,各展其能,在重大项目和重要议题上通力合作。如此,纵向上从党中央到省市,再到基层的机制,横向上各层级部门之间、各区域之间协调合作、资源共享的机制构成了我国环境治理的另一重要优势——纵向与横向治理机制的交叠,保证了"纵向到底、横向到边、条块结合"模式的顺利运行,使得治理机制趋于高效完善。

四、我国环境治理的理论逻辑

任何国家制度和国家治理实践都必须有理论基础和理论依据,否则就如同没有灵魂的躯壳。我国环境治理也不例外,始终将人与自然、环境保护与经济发展、环境保护与人民群众、环境保护与系统治理、环境保护与依法治理、环境保护与全球治理的关系等理论基础放在首位,并经过多年的发展,形成了习近平生态文明思想。2018 年,习近平总书记在全国生态环境保护大会上科学概括了新时代推进生态文明建设必须遵循的"六个坚持"——坚持人与自然和谐共生、坚持绿水青山就是金山银山、坚持良好生态环境是最普惠的民生福祉、坚持山水林田湖草是生命共同体、坚持用最严格制度最严密法治保护生态环境、坚持共谋全球生态文明建设。这"六个坚持"不仅是推进环境治理能力和治理体系现代化的根本遵循，也从理论上解释了我国环境治理取得良好成效的原因。

"坚持人与自然和谐共生"。人类与自然之间的关系是人类社会最基本的关系之一，也是人类社会和人类文明的永恒话题和历史命题。实现人类与自然的和谐共生不仅体现了环境治理的价值取向，也是环境治理的终极目的。但由于时代的局限性，不同时期对人类与自然的关系理解不同。原始文明时期，人类依存自然、被动地适应自然，与自然的关系处于一种原始的"和谐"状态；农业文明时期，人类开始开发自然，但尚未对自然造成较大的破坏；工业文明时期，人类掠夺自然、征服自然、统治自然，开始对自然造成破坏性的灾难。之后，生态文明时代的到来开启了重塑人与自然关系的道路，从两者对立对抗到和谐共生的"生命共同体"。作为对可持续发展理论的进一步发展，生态文明思想理论体系秉持发展经济不应该以破坏人类赖以生存的环境为代价，其核心要义是尊重自然、顺应自然、保护自然即尊重自然是对待自然的基本态度，顺应自然是人与自然和谐相处的基本原则，保护自然是人类共同的责任。坚持人与自然和谐共生，关键是管好"人"，基于自然规律、生态保护要求，管控好"人"的社会经济活动，以生态给发展定规矩，形成有利环境保护和资源节约与高效利用的生产方式、生活方式、空间结构、产业结构。

"坚持绿水青山就是金山银山"。环境保护与经济发展的关系，是当今世界尤其是发展中国家面临的时代命题，对两者关系的看法决定着环境治理的方式与途径。历经几十年的发展，我国对环境保护与经济发展关系的看法，已从先污染后治理、先发展后保护的"两张皮"发展为低碳绿色的高质量发展、高品质生活、高水平保护的协同。"两山论"的提出，更是从关注优美环境的物质性功能到侧重其服务功能，超越了西方的经济发展与环境保护非此即彼、二元对立的观点，同时对"技术中心论"和"自然中心论"进行了反思与批判。从"宁要绿水青山,不要金山银山"到"既要绿水青山,也要金山银山"再到"绿水青山就是金山银山",在既矛盾又辩证统一的两者之间,我国不以牺牲环境为代价推动经济增长,善于选择,学会扬弃,有所为、有所不为,从"可持续发展"到"科学发展观"再到"资源节约型、环境友好型社会建设",始终坚定方向,把环境保护与经济发展放在对等的位置,创造条件,让绿水青山源源不断地带来金山银山,让生态优势转变成发展优势,实现生态产品价值,走向生态产业化、产业生态化(吴舜泽等,2018)。诚然,目前仍离生态文明实现有一定差距,但只要始终坚持生态现代化理论,在国家现代化动力(经济)与生态的长期发展(环境)之间架起桥梁,坚持经济发展和环境保护的辩证统一,即坚持经济发展和环境保护的目的统一(为了满足人民的美好生活需要)、内容统一(经济发展与环境保护相辅相成、相互转化),一方面贯彻新发展理念,加快产业结构调整,改造升级传统高耗能高污染产业,培育壮大环境友好的新兴产业,另一方面加大环境治理力度、不断改善环境质量,为经济发展提供更大空间,终能实现两者的有机融合与良性互动,最终实现绿色、可持续的高质量发展。

"坚持良好生态环境是最普惠的民生福祉"。人民至上是环境治理的出发点与立足点,是环境治理"为了谁"和"依靠谁"的根本答案,体现了环境治理的目的与动力。习近平生态文明思想在继承了马克思恩格斯人与自然观的基础上,传承并发展了中华文明中的生态智慧,批判性地吸收了西方生态学理论成果与环境治理的实践经验与教训,更具逻辑性与指导性(陆卫明、冯晔,2021)。一方面,我国坚持满足人民群众对包括优美环境在内的美好生活的需要,将增进人民福祉、促进人的全面发展作为环境治理的出发点和落脚点,始终强调全心全意为人民服务,环境保护为了人民、环境保护成果由人民共享;另一方面,从动力角度来看,认为优美生态环境需要每个人的参与、奉献与努力。人民群众是历史创造者,是美丽中国建设者,也是包括优美环境在内生态产品、生态服务的"生产者""提供者""享用者"。人民群众在积极、主动参与环境治理中贡献自己的智慧,在社会动员中形成环境治理的合力,是环境保护发展和进步的主体力量。在对优美生态环境的不断追求中,人力资本的客观要求也不断提高。这一过程的交互,就促进了人类社会甚至是人类文明的不断进步。

"坚持山水林田湖草是生命共同体"。"山水林田湖"理念的出现,将辩证唯物主义和历史唯物主义相结合,超越了"人类中心主义"与"非人类中心主义"的观点藩篱,发展了系统治理、整体性治理、一体化治理的思想理论(王鹏伟、贺兰英,2021)。之后,从"山水林田湖"到"山水林田湖草"再到"山水林田湖草沙",生态系统及生命共同体的外延不断扩展,对要素治理与系统治理关系的认知愈加深入,但其相互依存、紧密联系的实质无法改变,无一不体现了环境治理的系统性、整体性与协同性。此外,我国的系统治理还体现在环境治理的方方面面:从城乡"二元结构"到城乡统筹环境治理,从区域割据到区域一体化环境治理,从传统分割式、碎片化的"九龙治水"到2018年生态环境部整合了相关要素部门污染防治职能,实行大部制改革,环境治理的"地上"与"地下"、"岸上"与"水里"、"陆地"和"海洋"、"城市"和"农村"、"区域"与"区域"、"一氧化碳"与"二氧化碳"被打通,污染防治和生态保护职责实现了统一。

"坚持用最严格制度最严密法治保护生态环境"。制度是指一系列规则,是对客观规律的反映。法律是规范国家治理的根本依据和基本方式,也是政府、人与社会组织的行为规范。法治是全面依法治国在国家治理领域的具体体现,可以为推进国家治理的有效进行提供有力的法律支撑和基本保障(侯衍社、刘大正,2019)。制度与治理相伴而生,相互支撑(丁素,2021),制度是治理的表现形态,决定着治理的立场、原则和方向,治理是制度实施的最终体现,也是环境保护的根基(岳奎、王心,2021)。治理奠定在制度基础上,法治围绕治理展开,法治是制度的核心要义,制度、法治与治理一起构成一个完整的逻辑体系(肖金明,2020)。只有法治与制度相统一、与治理相结合,才能促进环境治理的制度优势更好、更快转变为治理效能。"推动绿色发展,建设生态文明,重在建章立制,用最严格的制度、最严密的法治保护生态环境"。从

1979年确立《环境保护法（试行）》以来，我国环境保护牢牢依据依法治理的根本理念，科学制定多项制度并有效实施，从立法、执法、司法和法律监督等各方面、全流程保证了环境治理的基础性、规范性和先进性，使依法治理真正成为"硬约束"，不再是一句口号，保证了我国公民享受良好生活环境的权利。

"坚持共谋全球生态文明建设"。在全球环境治理的历史进程中，中国始终坚持生物圈理论，认为环境治理需要世界各国联合起来，从参与者到主导者，从跟随者到引领者，从全球环境治理这一世界舞台的边缘走向舞台中央。不同时期，我国都在全球环境治理中扮演着重要角色，体现着大国的责任担当。从参加斯德哥尔摩人类环境会议开始，中国的环境治理就与全球治理紧密相融，多次向国际社会宣示了我国的国际环境政策和相关立场。2000年以后，我国一直将环保国际合作作为国家和平发展道路的重要组成部分，在党的"十七大"报告中提出"相互帮助、协力推进、共同呵护人类赖以生存的地球家园"。近年来，更是通过"人类命运共同体""'一带一路'建设""2030碳达峰，2060碳中和"的倡导构建，积极引导应对气候变化国际合作，成为全球生态文明建设的重要参与者、贡献者和引领者，将绿色作为国际合作的底色，将全球治理融入环境保护，将环境保护从家国视野扩展到全球视野，打破了西方的环境霸权主义、生态帝国主义，在推进中国环境治理实践的同时，为全球环境治理乃至全球治理贡献中国方案，提供中国样板，讲好"中国故事"。

五、树立环境治理"四个自信"，助推环境治理现代化建设

党的十九大报告提出"全党要更加自觉地增强道路自信、理论自信、制度自信、文化自信，继续沿着党和人民开辟的正确道路前进，不断推进国家治理体系和治理能力现代化"。"四个自信"是国家现代化建

设的政治密码,提升"四个自信",可以激发建设社会主义现代化强国的内生动力。作为现代化强国建设的重要组成部分,环境治理现代化建设也深受"四个自信"的深远影响。环境治理现代化是通过环境治理制度体系的构建、完善和运作,使制度理性、多元共治、环境正义、环境民主等理念渗透到环境治理实践中并引起整个社会思想观念、组织方式、行为方式等的深刻变化,进而实现由传统环境监管向现代环境治理转变的过程(刘建伟,2014)。同属习近平新时代中国特色社会主义思想基本内涵的重要内容和组成部分,"四个自信"为环境治理现代化建设提供了强大的动力支撑:道路自信可为环境治理现代化建设指明正确方向,进而使环境管理走向党领导下的多元环境治理;理论自信可为环境治理现代化建设筑牢思想根基,进而在马克思主义自然观的引导下,巩固完善习近平生态文明思想;制度自信可为环境治理现代化建设提供制度保障,进而通过制度安排和内在机制的建立,保证环境治理的连续性和稳定性;文化自信可为环境治理现代化建设提供精神力量,进而在广大民众中树立环境保护的思想观念、行为方式。

因此,在充满机遇与挑战的"十四五"时期,面对"坚决打好污染防治攻坚战"、"建设美丽中国"的宏伟目标,面对进一步加快环境治理能力与治理体系现代化建设、贯彻落实《关于构建现代环境治理体系的指导意见》的要求,应以习近平生态文明思想为引领,牢固树立中国环境治理的四个自信——道路自信、理论自信、制度自信、文化自信(包存宽、王丽萍,2017)。

坚定环境治理的道路自信。道路自信,是过去和现在、历史和现实、理论和实践的和谐统一,是对发展方向和未来命运的信心,是对所走道路客观和清醒的自我认识,也是对国家治理实践逻辑的经验总结。在"四个自信"中,道路自信来源于文化自信,根植于理论自信,从属并直接服务于制度自信,是其他三个自信的表征,其实质和核心是过程自信、手段自信,体现了方向自信。我国的环境治理道路,是既有别于西方"先污染后治理""边污染边治理"的老路,又超越中国传统环保模式的绿色发展道路,是绝不容许"吃祖宗饭、断子孙路"的绿色、低碳、可持续发展之路。中国环境治理的道路自信,须以生态文明价值理念为指导,以建设美丽中国、实现中华民族永续发展为目标,以影响群众健康的突出问题、人民群众强烈的环境关切与诉求、制约中国发展的资源环境与生态短板、亟须应对的全球性环境问题为着力点,促进环境质量持续性与整体性改善,增强人民群众向往美好环境的获得感,开创人类生态文明新时代、引领全球生态文明建设,进而为全世界破解保护与发展难题,在环境治理过程中走出中国道路、贡献中国智慧、提供中国方案,以环境治理的信心定力,应对不确定的未来(包存宽,2021)。

坚定环境治理的理论自信。在我国,理论自信,是对马克思主义理论特别是中国特色社会主义理论体系的科学性、真理性的自信,根植于国家治理的理论逻辑中。在"四个自信"中,理论自信是制度自信、道路自信、文化自信的灵魂,体现了真理自信、价值自信和逻辑自信,同时也是其他三个自信的理性基石与价值支撑。习近平生态文明思想是历朝历代环境保护、环境治理思想的"集大成者",是对人类文明发展规律、自然规律、经济社会发展规律的最新认识。它的科学性和完整性,为新时代环境治理拟定了基本原则,为我们坚定不移走生产发展、生活富裕、生态良好的文明发展道路指出了方向。新时期新形势下,我们应坚持习近平生态文明思想不动摇,在环境治理现代化的建设中,逐步丰富其内涵。同时,应始终坚持三对关系:一是国家治理与环境治理的关系,即环境治理的改进与完善,必须牢牢跟进国家治理体系改革的大方向。二是环境治理和人民群众的关系,即环境治理无论怎样完善,都始终要符合最广大人民群众的利益。三是环境治理和经济发展的关系,即不能因为环境治理停滞经济的发展,环境治理也必须适应经济社会发展的需要。

坚定环境治理的制度自信。制度自信,简单地说,就是对自己国家社会制度的认同、坚守和捍卫,对国家治理实践逻辑中的制度运转可以起到支撑作用。在"四个自信"中,制度自信更具体、更显现、更刚性,可以说,制度自信是"四个自信"的根本,是增强"四个自信"的强大底气和有力支撑,其实质和核心是客体自信,体现了实践自信、创新自信和审美自信。制度优势是制度自信的基本依据,坚定制度自信必须鲜明认识到制度所内蕴的独特优势和鲜明特色。具体到环境治理中,应正确认识我国在环境制度建设方面的优势,围绕《生态文明体制改革总体方案》,基于时代特征和对未来发展趋势的科学判断,积极主动应对与谋划,推进环境制度改革与创新。树立高度的制度自信,既要靠实践经验的不断巩固,即依靠实践来检验,在实践中不断完善,也要靠理论阐释的不断强化,即以理论奠定制度制定的基础,以理论指导和支撑制度研究,并通过理论阐释制度。如此,坚定"用制度保护生态环境"的信心与决心,才能坚定人们对于以生态文明制度建设支撑中国生态环境治理的制度自信。

坚定环境治理的文化自信。文化自信,是民族自信之源,是一切自信的根基,厚植并传承于国家治理的历史逻辑中。在"四个自信"中,文化自信是制度自信、理论自信、道路自信的基础和源泉,也是它们的精神支撑与心理基石。环境治理体系是在我国环境保护历史传承、文化传统、经济社会发展的基础上长期发展、渐进改进、内生性演化的结果。从古代"天人合一"到抗日战争、解放战争时期"保护山林,严禁砍伐",从毛泽东时期"植树造林、绿化中国"到邓小平时期"提倡工业综合开发,重视优化能源结构",从江泽民时期"可持续发展"到胡锦涛时期"两型社会",环境治理的文化自信,根植于五千年的中华优秀文化,并为建设美丽中国、实现中华民族伟大复兴提供了强大而持久的动力(包存宽、王丽萍,2017)。作为中国环境治理的核心和根基,文化自信要加快建立健全以生态环境价值观念为准则的生态环境文化体系,依靠全民生态环境意识和绿色发展意识的觉醒,依靠公众参与生态文明建设以及环境治理的共同行动,养成勤俭节约、绿色低碳、文明健康的生活方式和消费观念,推动全社会形成绿色环保的新风尚(包存宽,2019)。

参考文献

包存宽、王丽萍:《以生态文明为引领牢固树立环保四个自信》,《中国环境报》2017 年 10 月 19 日,第 3 版。

包存宽:《生态文明视野下的空间规划体系》,《城乡规划》2018 年第 5 期。

包存宽主编:《当代中国生态发展的逻辑》,上海人民出版社 2019 年版,第 260 页。

包存宽主编:《生态兴则文明兴:党的生态文明思想探源与逻辑》,上海人民出版社 2021 年版,第 262 页。

陈健鹏:《我国环境治理 40 年回顾与展望》,《中国经济时报》2018 年 12 月 10 日,第 5 版。

丁素:《制度优势转化为治理效能的三重逻辑》,《学习论坛》2021 年第 2 期。

董史烈:《制度优势与生态环境治理现代化:嵌入逻辑及其实践》,《中州学刊》2021 年第 6 期。

杜楠、刘俊杰:《化制度优势为治理效能:探究"中国之治"的有效路径》,《广西社会科学》2021 年第 4 期。

方世南:《生态文明制度体系优势转化为生态治理效能研究》,《南通大学学报》(社会科学版)2020 年第 3 期。

郝就笑、孙瑜晨:《走向智慧型治理:环境治理模式的变迁研究》,《南京工业大学学报》(社会科学版)2019 年第 5 期。

洪大用:《试论改进中国环境治理的新方向》,《湖南社会科学》2008 年第 3 期。

侯衍社、刘大正:《把制度优势转化为治理效能的重要保证》,《红旗文稿》2019 年第 24 期。

胡洪彬:《制度优势转化为治理效能:内在机理与实现路径》,《探索》2020 年第 6 期。

胡洪彬:《制度优势转化为国家治理效能的政治系统分析》,《政治学研究》2021 年第 3 期。

李宏:《新时代生态文明建设的制度优势与治理效能》,《广西社会科学》2021 年第 3 期。

刘凤义:《发挥基本经济制度显著优势　推进国家治理体系和治理能力现代化》,《光明日报》2019 年 11 月 12 日,第 11 版。

刘建伟:《国家生态环境治理现代化的概念、必要性及对策研究》,《中共福建省委党校学报》2014 年第 9 期。

陆卫明、冯晔：《论新发展阶段生态文明建设的中国优势》，《西安交通大学学报》（社会科学版）2021 年第 4 期。

马怀德：《习近平法治思想的理论逻辑、历史逻辑与实践逻辑》，《光明日报》2021 年 8 月 25 日，第 11 版。

毛佩瑾：《进一步提升生态治理效能》，《学习时报》2020 年 3 月 9 日，第 5 版。

聂国良、张成福：《中国环境治理改革与创新》，《公共管理与政策评论》2020 年第 1 期。

唐任伍、李澄：《元治理视阈下中国环境治理的策略选择》，《中国人口·资源与环境》2014 年第 2 期。

王鹏伟、贺兰英：《习近平生态文明思想对现代西方环境理论的超越》，《人民日报》2021 年 10 月 18 日，第 9 版。

文宏、李玉玲、林仁镇：《从制度优势到治理效能：危机情境下推进国家治理现代化的实践探索》，《吉首大学学报》（社会科学版）2021 年第 2 期。

吴舜泽、黄德生、刘智超、沈晓悦、原庆丹：《中国环境保护与经济发展关系的 40 年演变》，《环境保护》2018 年第 20 期。

肖金明：《强化党的领导与法治的现实逻辑关系》，《中国社会科学报》2020 年 10 月 22 日，第 4 版。

熊烨：《跨域环境治理：一个"纵向——横向"机制的分析框架》，《北京社会科学》2017 年第 5 期。

岳奎、王心：《制度优势何以转化为治理效能》，《甘肃社会科学》2021 年第 1 期。

张雷声：《关于理论逻辑、历史逻辑、实践逻辑相统一的思考——兼论马克思主义整体性研究》，《马克思主义研究》2019 年第 9 期。

张明军、杨帆：《把中国特色社会主义制度优势转化为治理效能的实现逻辑》，《思想理论教育》2020 年第 7 期。

专题二 环境治理机制与成效

地方政府执行高冲突性政策的困境与路径
——基于J省A县秸秆禁烧政策执行的分析[*]

刘梦远　徐菁媛[**]

[内容提要] 本研究聚焦我国县级政府的秸秆禁烧政策执行过程,选取东北地区J省A县为研究对象,以模糊—冲突模型为理论视角,对政策执行的冲突性及缓解机制进行实证分析。研究发现,秸秆禁烧政策作为一项低模糊、高冲突的政策,权力在政策执行过程中发挥决定性作用。强力型强制权力、规范型强制权力、报偿型权力与信仰型权力分别作用于缓解纵向层级间、横向部门间和政策主客体间的冲突。研究为评估政策冲突性提供一个可操作化的分析框架,并阐释了决定性要素在缓解政策冲突过程中的运作逻辑和作用机制。

[关键词] 政策冲突;秸秆禁烧;政策执行;模糊—冲突模型;权力

[Abstract] This study researches the policy implementation of straw burning prohibition for local governments in China. The policy initiated in the 1990s with different provinces has varying performance so far; the three northeastern provinces are the most affected areas of straw burning. Based on a case study of Province J County A and the theoretical framework of the ambiguity-conflict model, this study empirically analyzed the policy conflicts in straw burning prohibition and mechanisms for conflicts resolution. The findings indicate power plays a decisive role in the implementation of straw burning prohibition policy with low ambiguity and high conflict. The forceful coercive power resolves the conflicts between hierarchy levels. The normative coercive power resolves the conflicts between horizontal departments, and the compensatory and the belief power resolves the conflicts between policy subjects and objects. This study provides an operational framework to evaluate the intensity of policy conflict and attempts to clarify the mechanism of power in conflicts resolution.

[Key Words] Policy Conflicts, Straw Burning Prohibition, Policy Implementation, Ambiguity-Conflict Model, Power

* 本文系国家自然科学基金青年科学基金项目"双碳"目标下地方政府气候政策采纳的影响因素及激励机制研究"(项目编号:72204054)的阶段性成果。本文在《复旦公共行政评论》"环境治理与绿色转型"会议上宣读,感谢与会专家和匿名评审人的意见。

** 刘梦远,北京大学政府管理学院博士研究生;徐菁媛(通讯作者),复旦大学全球公共政策研究院青年副研究员。

一、引　言

政策冲突是公共政策研究的经典议题。公共政策作为我国社会转型时期政府管理社会公共事务、解决社会问题的重要工具,涉及资源分配以及对各种利益关系进行调整。利益关系的复杂性、联系性、动态性导致政策冲突的产生。政策冲突可能出现在政策周期的任何环节,既有研究关注了政策执行过程中的冲突类别和影响机制,但对于缓解政策执行冲突的决定性因素有哪些,以及这些因素如何发挥作用关注仍有限。作为政策执行研究领域的经典理论,Matland (1995)构建的模糊—冲突模型为回答以上问题提供了思路。通过构建的 2 乘 2 矩阵,模糊—冲突模型以政策模糊性和冲突性为两个主要维度,区分了四种政策执行过程类型(行政性执行、政治性执行、试验性执行和象征性执行),并明确了影响不同类型政策执行的决定性因素(分别对应:资源、权力、情境和联盟力量)。但既有文献在利用模糊—冲突模型分析政策执行过程时,大多仅关注政策属性以及其对应的决定性要素是什么,鲜有研究对决定性要素的运作逻辑进行说明。基于此,本文试图通过回答以下问题:第一,基于模糊—冲突模型,政策执行的冲突性是否体现于多个维度,应如何衡量? 第二,基于特定的政策执行类型(如:政治性执行),决定性因素(如:权力)的运作机制为何? 第三,针对不同维度的冲突性,决定性因素的运作机制是否存在差异?

本文通过 J 省 A 县的秸秆禁烧政策的个案研究回应以上问题。秸秆禁烧政策始于 20 世纪 90 年代,迄今为止在各地的执行成效仍存在显著差异,其中东北三省属我国秸秆焚烧重灾区。研究选取东北地区 J 省 A 县为研究对象,以模糊—冲突模型为理论视角,分析秸秆禁烧政策作为一种高冲突性、低模糊性政策,在“政治性执行”的过程中,权力如何通过不同的机制缓解政策冲突。

二、文献回顾：冲突性政策的执行

学术界关于政策冲突的研究最早可以追溯到美国学者斯通，斯通提出政策产生于充满矛盾的政治情境，而人们却认为政策是基于客观的合理性而形成的，因此政策本身就包含着矛盾，政策的目标具有多种功能，如公平、效率、安全、自由等，它们之间也存在矛盾和冲突（吴锡泓、金荣枰，2005）。Matland（1995）认为政策的冲突性主要指政策过程的多个参与者存在政策目标认同上的不一致。Weible & Heikkila（2017）从政策行动者认知和行为特征出发来定义政策冲突，其中认知特征包括政策行为者之间的不同信念、对威胁的看法以及不愿与政府就相关的决定妥协等，行为特征包括旨在影响政策冲突结果的各种政治策略或战术，如游说、投票、组建联盟等。国内有部分学者将政策冲突视为政策文件间出现的对立、矛盾现象，称之为"文件打架"（袁明旭，2009；吴光芸、李培，2015；任鹏，2015），也有研究者指出公共政策从制定到执行的整个过程都充满冲突，将政策冲突定义为公共政策过程中不同的政策行动者（包括个人、群体或部门）之间由于价值观念、利益诉求和体制结构等方面的原因而产生的政策目标、政策内容和政策行为的矛盾现象（钱再见，2010）。

政策冲突可能发生在政策周期的任何环节，冲突危机隐藏于政策制定、实施、评估、终止和整合过程中。学术界重点关注政策制定与政策执行过程中的冲突。政策制定过程中，西方学者多关注利益集团间的冲突对游说成功的影响（Dür et al.，2015），Truijens & Hanegraaff（2021）通过多案例研究发现，较高程度的内部冲突和外部冲突会导致利益团体对政策结果影响力显著下降。国内学者毛丹（2017）以美国伊利诺伊州高等教育绩效拨款为案例，分析发现政策制定过程中的冲突主要表现为政策价值与目标的冲突、政策参与群体的冲突。王运锋（2016）则从理论层面探讨政策制定过程中部门冲突的原因，主要包括各部门自身对权力、利益、政绩和价值的追求。

关于政策执行过程中的冲突研究,Matland(1995)将政策冲突性作为决定政策结果的驱动性因素,但是并未对政策冲突的来源及其在政策过程中的表现予以详尽的探讨。国内研究者对政策执行过程中的冲突类型和表现形式予以探讨,李燕等人(2020)以政府组织运行的碎片化作为冲突根源并以此为逻辑起点构建公共政策冲突整合性分析框架,框架将政策冲突的类型分为:上下不齐、左右各异、新旧不一三种类型。章文光和刘志鹏(2020)指出政策冲突的表现形式包括:决策者与受众冲突、导向冲突、目标冲突、工具冲突。吴少微和杨忠(2017)指出冲突性是引发政策执行问题的主要原因,国内关于政策执行过程中的冲突主要有两类,上下级政府之间和同级政府之间。虽然学术界关于政策冲突的类型及其表现形式未达成一致,但总体而言,关于政策执行过程中的冲突主要可以分为三类:纵向层级间的冲突、横向部门间的冲突、政策主客体间的冲突。

纵向层级间的冲突既包括中央政府与地方政府间的冲突,也包括地方上下级政府间的冲突。来自中央政府或者上级政府的政策一统性与执行过程的灵活性间的悖论是上下级政府间冲突的深层次原因(周雪光,2008),在双方利益不一致时下级政府有时会选择违背执行上级制定的政策(丁煌、李晓飞,2010)。章文光和刘志鹏(2020)以精准扶贫多案例为基础,发现地方政府在面对由于上级政府各部门设立的不同政策目标以及不同导向而产生的冲突时,会有意识地规避上级政府的负面注意力,争取正面注意力。任鹏(2015)分析地方政府在面对"文件打架"现象时的行为选择,指出"回应型策略主义"能够帮助地方政府在政策行为的自主性和回应性之间找到较好的平衡。

横向部门间的冲突既包括政府职能部门间的冲突,也包括不同地区政府间的冲突。政府结构性的碎片化、体制性的碎片化、机制性碎片化与功能性的碎片化会导致同级别政府部门在政策的制定与执行过程中存在的不一致甚至是相互矛盾的现象(李燕等,2020)。政策执行过程中受到多个部门的牵制,部门主义是导致协同困难的重要原因。王正惠(2016)基于模糊—冲突模型对城乡义务教育一体化政策进行研究,指出政策在纵深推进阶段冲突程度高,政府及相关部门可以依赖权力运用和强制激励机制自上而下地全面推进政策的执行。区域合作议题研究中常涉及不同地区政府间的政策冲突,吴光芸和李培(2015)探讨区域合作中政策冲突产生的原因,主要包括区域内政策制定主体的多元性和非隶属性、区域竞争背景下的政策利益博弈、区域内政策信息不畅通、政策价值观的分歧、政策体制与机制的不合理等。李毅飞和易凌(2009)以长三角养老保险法规政策为研究对象,分析指出地方利益分割、信息不对称和缺少利益协调机制等导致政策法规间存在冲突。

政策主客体间的冲突同样会影响政策执行结果,目标群体对公共政策遵从与否直接决定着政策执行的成败。目标群体指政策划定出的特定群体,是政策行为调整的主要对象和政策利益分配的承担者(朱亚鹏、李斯旸,2017)。在信息不对称和激励不相容的条件下,政策目标群体基于自身利益的博弈行为产生逆向选择,将不可避免地影响政策的有效执行(丁煌、李晓飞,2010)。陈坚(2017)对易地扶贫搬迁政策进行分析发现政策目标群体的认知程度、收益感知等影响政策的执行。张璐和谭刚(2014)从博弈论视角出发对广州市垃圾分类政策的执行进行研究,分析指出目标群体与执行部门基于各自利益采取的占优策略导致政策执行阻滞。郭磊和周岩(2015)以 2008—2014 年 A 股上市公司为样本,运用混合回归分析研究发现承受更高用工成本的企业感知的冲突性越高,其基本养老保险实际缴费率越低。

上述研究为理解政策执行过程中冲突类别和影响机制构建了坚实的理论基础,但是既有研究未能充分阐明缓解政策执行冲突的决定性因素有哪些,以及这些因素将如何发挥作用。Matland(1995)构建的模糊—冲突模型为回答以上问题提供了思路。本文选取政策执模糊—冲突理论模型作为理论视角,一是鉴于它作为政策执行研究领域的经典研究理论,常用于分析冲突性程度不同的各类政策执行问题,学术界基于此模型对教育、社会保险、环境、住房等领域的政策执行过程进行研究,表明模型的解释力强。二是不同于其他复杂的政策执行模型,模型从政策自身的冲突性、模糊性两个属性出发,构建不同的政策执行过程类型,明确影响政策执行的决定性因素,以该模型为视角能为分析理解缓解政策冲突性的具体路径提供有力抓手。值得注意的是,既有文献在利用模糊—冲突模型分析政策执行时,多数研究关注政策属性以及政策执行过程中的决定性要素,但鲜有研究对决定性要素的运作逻辑进行说明。基于此,本文试图通过 J 省 A 县的秸秆禁烧政策的个案研究回答以下问题:第一,基于模糊—冲突模型,政策执行的冲突性是否体现于多个维度,应如何衡量? 第二,基于特定的政策执行类型(如:政治性执行),决定性因素(如:权力)的运作机制为何? 第三,针对不同维度的冲突性,决定性因素的运作机制是否存在差异?

三、案例选择:J 省 A 县的秸秆禁烧政策

秸秆作为农业生产过程中的废弃物,长期面临禁烧及循环利用难的问题。自上个世纪 90 年代以来,我国各级政府陆续出台一系列秸秆禁烧的相关政策。2008 年,国务院办公厅发布政策文件并明确提出"将各直辖市……所辖区域全部列入禁烧范围",2013 年,J 省出台关于对全境[全省(市)]实施全面禁烧的规定。此后,秸秆焚烧问题逐步受到省政府的重视,J 省人民政府、J 省生态环境保护厅等发布一系列政策文件,在全省范围禁止任何单位和个人露天焚烧农作物秸秆。2017 年,J 省人民代表大会常务委员会通过《关于农作物秸秆露天禁烧和综合利用的决定》,提出"秸秆露天禁烧和综合利用应当坚持疏堵结合的原则"。2018 年 J 省出台《J 省秸秆禁烧量化责任追究办法》(J 厅字〔2018〕32 号)、《J 省 2018 年秋冬季秸秆禁烧工作方案》(J 政办明电〔2018〕47 号)、《J 省秸秆禁烧区划定及管控规范(试行)》等政策文件,为切实推进秸秆禁烧和秸秆综合利用工作提供政策与制度保障。

禁烧政策的出台并未有效改善 J 省秸秆焚烧问题。与 2004—2005 年相比,2016—2017 年全国多个省份年均秸秆焚烧遥感火点数量

下降幅度超过90%，但部分地区秸秆火点数出现增加，其中J省年均火点数分别增加1082个，增长640.24%（覃诚等，2019）。2018年，《J省2018年秋冬季秸秆禁烧工作方案》出台，设定在禁烧区实现"零火点"的政策目标，并规定对出现火点的县实行财政扣款。截至2019年12月，生态环境保护厅统计应实施扣款额达4.62亿元。有鉴于此，本研究尝试从政策冲突性的视角解析秸秆禁烧政策的执行困境。

本文选取J省A县作为研究案例。A县总人口120万，其中农业人口90万，是J省耕地超过500万亩的唯一县份。作为农业大县，A县秸秆总量大，秸秆焚烧现象屡禁不止。为了获得研究数据，研究者于2019年4月—6月多次前往A县进行实地调研，通过访谈法和参与式观察获取一手资料，并在2019年到2021年通过电话等方式与调研对象保持持续追踪。选取的调研对象主要包括：J省生态环境保护厅工作人员、A县农业局工作人员、A县环保局工作人员、A县H镇农业办工作人员、H镇M屯村主任、M屯农民。二手资料主要是通过查阅会议纪要、工作简报、工作方案、新闻报道等方式获取。多样化的信息来源保证资料的可信度，为后续分析奠定基础。

四、秸秆禁烧政策的政策属性

如何精准识别政策属性是进行政策执行分析的基础。首先结合J省A县秸秆禁烧政策的相关政策文本以及实地访谈内容分析判别秸秆禁烧政策的模糊性与冲突性。

（一）秸秆禁烧政策的高冲突性

政策冲突性是政策执行过程中多个参与者在政策目标认定上存在差异的程度（Matland，1995）。J省A县秸秆禁烧政策的冲突性主要表现在纵向层级间、横向部门间、政策主客体间。

地方政府兼具代理人和自利者的双重角色，既代理上级政府指令和地方公共事务，也追求自身的政治和经济利益（赵静、陈玲、薛澜，

2013)。在秸秆禁烧工作中,冲突首先体现在 A 县政府与乡镇政府之间。"疏堵结合"是解决秸秆禁烧问题的重要策略,提高秸秆综合利用率是减少秸秆焚烧的关键。A 县将秸秆离田指标分配给各乡镇,秸秆打捆离田补贴经费由 A 县政府和乡镇政府财政共同负担。在财政资源匮乏的情况下,乡镇政府会选择瞒报、谎报秸秆离田数据,背离政策的初衷。此外,政策冲突也与"条块关系"不清晰相关。"条块关系"是我国政府间关系中的基础性关系,在"条条"关系下,上级政府职能部门通过发布实施办法、意见、通告等各种政策文件对下级政府职能部门开展业务指导。省级政府层面,秸秆禁烧工作由生态环境保护厅牵头;县级政府层面,2018 年 A 县政府机构改革,将秸秆禁烧工作的主管部门由环保局变更为农业局。不同层级政府间秸秆禁烧工作主管部门的差异不利于开展业务指导,也会影响政策执行效果。秸秆禁烧工作主管部门的变更,进一步加剧环保部门在地方政府中的弱势地位,影响其部门职能的履行。而农业局由于缺乏执法权限一定程度上弱化了农业局作为主要负责部门的地位。

> 我们部门的主要任务是和农业生产相关,烧秸秆污染空气也不是我们部门主要负责的事情。禁烧办只有两名工作人员,所以每年都需要临时从其他科室借调人员开展秸秆禁烧工作。(访谈记录:A 县农业局公务员 20190429)

横向部门间因部门利益不同导致政策执行中的多部门协同困难。我国政府组织的多属性特征加剧了决策执行问题的程度,"块块分割"导致多部门合作时的"孤岛现象"与合作困境(贺东航、孔繁斌,2015)。新一轮政府机构改革中,A 县秸秆禁烧工作的主管部门由环保部门转变为农业部门,而秸秆禁烧工作涉及环保部门、农业部门、公安部门等多个政府职能部门,不利于整合多部门资源。

> 农业局作为秸秆禁烧工作的牵头单位,主要负责综合调度、组

织协调其他部门开展秸秆禁烧工作。由于我们也没有执法权,所以每次去乡镇开展工作时,都会联合环保局、公安局以及督查室等部门。涉及的政府部门较多,所以综合协调是我们工作的重要组成部分。(访谈记录:A 县农业局公务员 20190429)

政策执行主体与客体(主要指政策目标群体)之间同样存在冲突。秸秆禁烧政策中,执行主体主要包括督导组及各行政村的巡逻小组、包保负责人等,目标群体即为农户。虽然政府采用"严防死守"策略,建立了省、县、乡、村四级全天候督导巡查机制,但农户为了避免秸秆影响下一季度的耕作,倾向于选择成本最小化的就地焚烧策略。此外,A 县政府和农民对秸秆综合利用工作的认知也存在差异。A 县在秸秆综合利用过程中,注重推动秸秆"燃料化"与"肥料化"等多元利用方式,主要包括秸秆发电、秸秆还田等,但农民并不完全认同秸秆综合利用的方式。

秸秆还田对我们来说成本太高了,我们地块小,还田的成本太高了,政府补贴也少,还有听说秸秆还田还可能减产,所以基本不会选择秸秆还田。(访谈记录:H 镇 M 屯农民 20190514)

(二)秸秆禁烧政策的低模糊性

明确的政策目标(如空气质量等级或污染物排放水平)以及实现目标的手段或工具是环境政策的基本构成要素(伯特尼、史蒂文斯,2004),因而政策目标与实现目标的手段是评估政策模糊性的重要指标。秸秆禁烧政策的模糊性程度较低,主要表现在政策目标、政策工具的界定都较为清晰。

政策目标是政策主体为了解决相关问题而采取的政策行为所要达到的目标、指标和效果,其明确性是政策有效实施的重要条件(Sabatier, 1986)。《J 省 2018 年秋冬季秸秆禁烧工作方案》规定的目标是在秸秆禁烧区,力争实现"零火点",做到"不燃一把火,不冒一处烟,不留一片黑"。A县在其秸秆禁烧工作方案中规定实现"零火点"。

> 秸秆禁烧工作与各行政村的村书记签订了目标责任书,要求
> 实现"零火点",同时让村支书动员各户签订"秸秆禁烧承诺书",要
> 求农户保证不露天焚烧秸秆,否则需要接受相关部门的处罚。(访
> 谈记录:A县H镇农业办公务员20190513)

清晰的可量化目标有利于上级政府对政策执行情况实施动态监
督,虽然利用卫星遥感监测焚烧火点数降低了目标量化评估的难度,但
是由于秸秆禁烧目标的设立未充分考虑实际,导致了政策目标群体往
往采取不合作的策略。

其次是政策工具的设计与选择。为了实现政策目标,J省建立自
上而下的秸秆禁烧工作机制,包括:网格化监管机制、五级包保责任制、
全天候检查机制、问责机制、预警约谈机制等,并且发布可量化的责任
追究办法。

> 秸秆禁烧工作总体上是"严防死守",召开全镇秸秆禁烧和综
> 合利用工作会议,向各个行政村下发实施方案、绩效考核方法等,
> 要求村干部签订秸秆禁烧目标责任书以及要求各村召开会议部署
> 落实村干部要求农民签订"秸秆禁烧承诺书";秸秆禁烧工作开展
> 期间,生态环境保护厅不定期巡查,县政府和乡镇全天候督查,各
> 级网络责任人深入包保村屯地块监管。(访谈记录:A县H镇农
> 业办公务员20190513)

基于上述分析,秸秆禁烧政策可被界定为一项低模糊、高冲突的政
策,其政策执行类型为政治性执行,权力在政治性政策执行过程中起决
定性作用。面对高冲突的秸秆禁烧政策,A县通过权力运作机制以缓
解政策冲突,但政策执行结果未能达到预期。

五、权力缓解政策执行冲突的三种机制

权力是缓解政策冲突的重要手段之一（Matland，1995），秸秆禁烧政策的执行过程反映了不同层级政府间权力关系及权力运作的结果。权力意味着在社会关系里，即使遇到反对仍能贯彻自己意志的机会，无论这种机会是建立在何种基础之上（韦伯，1997），因此权力通常被理解为支配与服从的关系，体现的是个人或群体将其意志强加于其他人的能力（布劳，2012）。根据权力的作用方式和手段，李景鹏（2008）将权力划分为强制性权力、奖酬性权力和规范性权力，彭斌（2011）将作为支配的权力的运用方式分为暴力、威慑、操纵、诱导与说服五种方式，周光辉、张贤明（1996）将权力分为强制型权力、报偿型权力和信仰型权力，强制型权力主要通过物理手段强行改变人的身体及生理需求，或通过惩罚性抑制来获得服从；报偿型权力关系中的服从是以提供一定的利益回报作为条件；信仰型权力一般是指通过说服或教育进行有意识的培养形成某种信仰，从而导致权力客体心甘情愿的服从。在强制型权力中，可以将其进一步划分为强力型强制和规范型强制，前者主要关注通过惩罚、威胁、制裁、暴力等手段获得服从，后者主要是通过社会价值和集体的共同规范形成一种社会强制力量使人服从（朗，2001），随着人类文明的发展（姜朝晖，2005）。

A县在执行政策过程中，面对纵向层级间冲突、横向部门间冲突、政策主客体间政策冲突，主要分别运用了强力型强制权力、规范型强制权力、报偿型权力和信仰型权力以解决政策冲突，其中强力型强制权力主要表现为建立目标责任制；规范型强制权力主要表现为建立跨部门协同机制；报偿型权力和信仰型权力主要表现为建立宣传激励机制。图1简述了J省A县的秸秆禁烧政策执行中面临的冲突类型和利用权力缓解政策执行冲突的三种机制，下文将结合一手研究数据对三种机制进行逐一阐释。

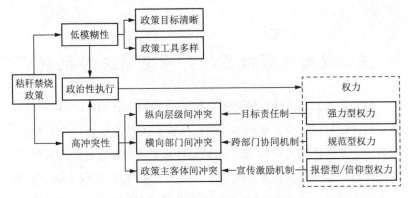

图 1　J 省 A 县的政策执行逻辑

资料来源:作者自制。

（一）强力型强制权力:目标责任制

压力型体制下,目标责任制的建立是强力型强制权力运行的结果,上级政府通过实施惩罚或者惩罚的威胁来获得服从(周光辉、张贤明,1996)。作为完成某项重要任务常用的政策手段,上级政府在接到任务后将任务进行量化分解,通过签订责任书的形式层层下派到下级组织以及个人,要求其在规定的时间内完成(杨雪冬,2012)。A 县在治理秸秆焚烧问题中将任务层层分解并建立了一定的考核评价体系。为了贯彻落实这一政策,A 县政府提出逐级落实秸秆禁烧目标责任制,将乡(镇)作为责任主体,乡镇主要领导担任第一责任人,同时将秸秆禁烧工作纳入全县年度绩效考核,由督查室跟踪督促检查,随时发现问题,随时督促整改,对工作不力的严肃追究责任。乡镇政府为了完成 A 县政府制定的秸秆禁烧目标,与村委会签订秸秆禁烧与综合利用工作目标责任书,要求农民签订秸秆禁烧承诺责任书,做到"零火点"。A 县政府通过目标责任制,自上而下地将秸秆综合利用与禁烧工作纳入整体的绩效考核体系。此外,A 县政府通过指标分配来推进秸秆综合利用工作,A 县政府将离田指标分配给各乡镇,并配有相应的资金,乡镇与各行政村签订了秸秆离田责任书,责任书中明确规定了各行政村秸秆离田的数量。

在秸秆禁烧工作开展期间,为了实时监测县域内秸秆焚烧火点情况,A县建立全天候检查机制与执法联动机制。县政府层面分别由县农业局、环保局、公安局和县委县政府督查室牵头,组建四个执法分队,实行全天候、全方位巡查。省生态环境保护厅利用卫星实时监测省域内秸秆焚烧火点情况,若发现火点,则及时通报给A县政府。乡镇政府沿袭A县政府建立的工作机制,H镇成立了以镇长、镇人大主席为领导的秸秆禁烧工作小组,小组下设办公室在农业办,负责组织协调与督导等工作。H镇的领导干部以及相关部门的工作人员组成两个乡镇级督导组,督导巡查各村的秸秆禁烧工作。在秸秆焚烧集中时期,督导组成员须全天开展巡查工作,若发现秸秆焚烧火点或者收到A县政府的火点通报,及时联系网格长与包保负责人进行灭火,并依照政策法规作出处罚。H镇要求村干部组成秸秆禁烧巡逻领导小组,小组下设巡逻分队负责秸秆禁烧的巡逻工作。若发现火点,及时扑灭并向乡镇督导组报告,督导组对违法农民按照法规作出处罚。

2018年出台的《J省秸秆禁烧量化责任追究办法》是进行问责的依据,对于秸秆焚烧问题严重的地区,对各级党委政府、相关部门、直接负责人等问责,一般是通报批评,如果秸秆焚烧现象比较严重,则会直接约谈地方政府的负责人。相关负责人一旦被问责,会取消年度考核评优和评选各类先进的资格。(访谈记录:J省生态环境保护厅公务员20190425)

上级政府进行问责的依据主要是目标责任书与火点监测报告。秸秆禁烧问题比较突出的县区,除通报批评以及约谈外,J省通过财政扣款的方式来实现对县级政府的经济惩罚。《J省秸秆禁烧量化责任追究办法》规定"禁烧区内分别发生第一个火点的,扣款50万元;再次出现火点的,每个火点扣款30万元"。A县也出台《A县秸秆禁烧量化责任追究办法》,明确秸秆禁烧工作问责对象、问责情形、问责方式,问责方式主要对乡镇党委政府、相关部门的相关责任人进行通报批评、诫勉谈话、责令公开道歉等,对于禁烧区内分别发生第一个火点的乡镇政府,扣款 50 万元;再次出现火点的乡镇政府,每个火点扣款 30 万元。H 镇依据 A 县的问责办法,规定在秸秆禁烧期间,被省市督查组或卫星遥感监测发现第一个火点的,扣村组干部绩效工资的 50%。再次出现火点的,扣村组干部绩效工资的 30%,镇纪委将依规依纪追责。

《量化责任追究办法》出台总体上还是降低秸秆焚烧火点数量,大部分县都按照规定的工作方案推进禁烧工作,有些县(区)他们的管控措施更严,把种植补贴和烧秸秆挂钩,这样老百姓烧秸秆的可能性更小。(访谈记录:J 省生态环境保护厅公务员 20190425)

目标责任书的签订、问责办法的出台为促进政策成功执行提供了一定的保障,但是由于秸秆禁烧任务指标更偏向于"软指标",A 县政府问责的方式也主要以通报批评、诫勉、责令公开道歉等方式为主,导致了对政策执行者行为的约束力有限。此外,县级政府虽然制定经济上的奖惩机制,但是经济上的惩罚对于乡镇政府的政策执行者以及村干部的约束力有限。村干部在高压的考核指标下虽然有动机去执行秸秆禁烧政策,但是乡村社会错综复杂,村干部扮演着政府代理人和村民当家人的双重角色(徐勇,1997),不可能完全按照正式权力要求来执行政策,处于乡镇政府和农民夹缝中的村干部会依据环境选择特定的行为。因此物质上的惩罚对村干部虽然有一定的约束力,但是村干部往往采取"软硬兼施"的方式履行职责。对于农民而言,焚烧秸秆面临着一定的惩罚风险,作为理性的经济人,惩罚的成本越高,农民焚烧秸秆的可能性越小。与 A 县(区)相比,其他地区政府将农业种植补贴与农民焚烧秸秆行为相联系,一定程度上进一步抑制了农户的秸秆焚烧行为。综上,政治上的问责与经济上的惩罚对于各层级政策执行者实现政策目标的作用有限。

(二)规范型强制权力:跨部门协同机制

跨部门协同机制的建立通过行使规范型权力、构建共同规范以使各部门达成认同和服从。我国实行以独立部门为主的考核制度,极大限制了部门之间权力配合的动力,在问责压力和部门资源有限的压力下,配合部门容易陷入"出力不讨好"的困境,所以政府部门配合的积极性不高。A县在执行秸秆禁烧政策过程中同样面临职能碎片化的困境,多部门虽共同参与,但仍有权威分散和部门分割的情况。具体而言,A县秸秆禁烧工作主管部门在2018年的机构改革时由环保局转变为农业局,由于秸秆禁烧工作不是农业部门的主要职责,两部门间在政策执行过程中出现推诿扯皮的问题。公安局、督察室等部门虽也是秸秆禁烧政策的重要参与主体,但态度较为消极。为了降低与解决部门间冲突,县级政府层面,A县政府成立了以县委书记、县长双挂帅的秸秆禁烧和综合利用工作领导小组,多个县级政府相关部门及各乡镇主要领导等数十个行动者为小组成员,每年定期召开秸秆禁烧动员大会,部署与协调秸秆禁烧工作的开展。同时,全天候督导巡查是重要的秸秆禁烧工作机制。A县将全县划分为4个督查片区,组织成立由督查室、环保、农业、公安四部门分别牵头的"四个督查组",四部门分别负责所在片区的全天候督导巡查工作,并每天向县禁烧办上报督查情况。

A县政府在执行秸秆禁烧政策时出现职能碎片化的问题,也直接影响乡镇政府的政策执行,H镇依据县政府的要求,成立秸秆禁烧与综合利用小组,领导小组下设办公室在农业办,负责组织协调、督导检查等工作。秸秆禁烧和综合利用小组成员包括党委副书记、镇长、镇人大主席、派出所所长、农业站站长、林业站站长等多个部门负责人,数十个行动者嵌入基层政府的环境政策执行系统的权力结构中。小组组长通过召开秸秆禁烧工作小组会议部署秸秆禁烧工作,协调相关部门间的协作。为了落实督导工作,H镇成立了两个乡级督导组,在秸秆焚烧现象比较严重的时期,每天由一名副乡级领导带领相关部门进行夜巡。

2018年我们成立书记、县长双挂帅的秸秆禁烧和综合利用工作领导小组,四名副县级领导任副组长,纪委、组织部、督查室、环保、公安、农业等相关部门及各乡镇主要领导为成员。领导小组办公室内设四个组,综合协调组、宣传报道组、督导检查组和后勤保障组。秸秆禁烧是一项季节性的工作,让各个政府部门间配合是一个问题,领导间的协调是少不了的。(访谈记录:A县农业局公务员20190429)

(三)报偿型权力与信仰型权力:宣传激励机制

报偿型权力关系的服从是通过提供一定的利益回报作为条件获得权力客体的服从(周光辉、张贤明,1996)。上级对下级、职务性权力的运用主要通过诱导性的权力实施,这种诱导具体又由给予奖励来实现(桑玉成、丁斌,2018)。在秸秆禁烧政策执行过程中,报偿型权力具体体现为A县通过秸秆处理成本负担转移、对农户提供补贴等方式提供激励,以获得农户对政策的支持。在秸秆离田方面,A县政府将离田指标分配给各乡镇,乡镇在此基础上与各行政村签订秸秆离田责任书,责任书中明确规定各行政村秸秆离田的数量。以H镇为例,H镇共有63500亩土地,A县县政府要求约66%的土地实现秸秆打捆离田,县政府、乡政府共同承担秸秆离田打捆经费,其中县财政承担60%,各乡(镇)政府负责40%。秸秆离田将秸秆处置成本从农民转移到政府负担,有效减少秸秆焚烧。秸秆还田方面,A县重点推广秸秆覆盖还田保护性耕作技术,为农户提供每亩30元的补贴资金。补贴采取"先干后补"的方式进行,各地按照补贴作业内容、质量标准,对技术实施地块先进行检查验收,确定拟补贴的作业面积,并且对各地秸秆覆盖还田保护性耕作进行严格的检查验收,验收通过的农户发放补贴。为农户提供补贴激发了农户秸秆还田利用的积极性,尤其是农业种植大户,大规模土地面积降低了秸秆还田成本,政府提供的补贴激励大户选择秸秆全量还田。

总体来看,J省秸秆还田补贴力度仍显不足,部分农户对该项政策不了解,影响秸秆还田利用率。尤其对于土地规模较小的农户而言,秸秆还田成本高,政府补贴少,秸秆还田意愿有待提升。信仰型权力即是指通过说服、教育或提供部分利益回报进行有意识的培养形成某种信仰，即形成使人感到有责任服从的内在观念，从而导致权力客体心甘情愿的服从（周光辉、张贤明，1996）。面对 A 县农民对秸秆还田工作的理解、认同与支持程度低的问题，A 县政府通过大户示范效应、政府加大宣传力度改善农民的认知。大户示范效应方面，农业合作社的成员主动采用秸秆还田利用方式，一定程度上也带动了其他农户采用秸秆还田利用方式的积极性。基于宣传教化、文化倡导等手段为政策目标群体提供一种信仰体系，使得目标群认可政策主体的政策目标，从而自愿地服从政策主体的支配和管理。A 县政府通过一系列宣传手段与方式改善农户对秸秆还田、秸秆综合利用工作的认知。

> 去年我们印发市、县政府通告 31 万份，悬挂标语横幅 1.3 万余条，发放公开信 15 万份，另外还通过宣传车、大喇叭、手机短信、微信群，以及广播、电视、网络播报等多种形式和手段，全方位宣传普及政策法规，设立秸秆禁烧区警示牌 2000 块，让广大农民群众明确自家田地是禁烧区还是限烧区，以及违规焚烧秸秆的严重后果。签订秸秆去向协议或禁烧承诺书。组建"金秋支农"宣讲团，深入村屯、田间，宣讲秸秆禁烧政策，推广和普及适时晚收、保护性耕作等新技术、新模式。（访谈记录：A 县农业局公务员 20190429）

六、小　结

政策冲突是公共政策研究的经典议题。既有研究关注了政策执行过程中冲突类别和影响机制，但对于缓解政策执行冲突的决定性因素有哪些，以及这些因素将如何发挥作用关注仍有限。本文聚焦我国地方政府的秸秆禁烧政策执行过程，通过 J 省 A 县的案例分析，首先在政策属性识别方面为评估政策的冲突性提供一个可操作化的分析框架，研究基于深度访谈与政策文本解读的结合，从纵向层级间的政策冲突、横向部门间的冲突、政策主客体间的冲突三个维度来识别秸秆禁烧政策的政策性质。

其次,在利用模糊—冲突模型分析政策执行时,多数研究关注政策属性以及政策执行过程中的决定性要素,但鲜有研究对决定性要素的运作逻辑进行说明,本文基于已有文献和实证研究数据,阐释了秸秆禁烧政策在政治性执行过程中权力的运作逻辑。秸秆禁烧政策作为一项低模糊、高冲突的政策,其执行过程为政治性执行,权力发挥了决定性作用。结合J省A县的案例分析,通过实地访谈各级政府工作人员、村干部等,研究发现强力型强制权力通过目标责任制尝试缓解纵向层级间冲突、规范型强制权力通过建立跨部门协同机制意图缓解横向部门间的冲突、而报偿型权力与信仰型权力通过宣传激励机制旨在缓解政策主客体间的冲突。

最后,通过A县的秸秆禁烧政策,对模糊—冲突模型的理论假设进行调整和补充。从调研结果来看,过分依赖权力难以充分有效缓解政策的高冲突性,地方政府尤其是基层政府面临财政压力的制约,导致A县仍存在秸秆焚烧的现象。如何纠正秸秆禁烧政策执行的偏差,虽不属于本文探讨的重点,但从已有的研究来看,主要是集中于制度建设、政策工具合理运用等方面,如正视乡村社会自主性力量,增强国家自身权威性和公共政策设置的科学性,提高权力运行的公开透明(田雄、郑家昊,2016),重视经济激励型政策工具、创新命令与控制型政策工具、引入环境自愿型政策工具(贾秀飞、叶鸿蔚,2016)等。

环境治理领域的政策冲突研究仍值得持续关注。以秸秆禁烧政策为例,政策出台二十余年来在各地治理成效不一。同一政策背景下,各地政府结合自身情况采取不同机制来推动政策执行,效果各异。因此未来的研究可尝试比较不同地区的秸秆禁烧政策的执行,以更深入理解政策冲突以及冲突缓解机制。此外,不同的环境政策,政策冲突的程度存在差异,对于冲突性程度更高的政策,如"散乱污"企业的治理,权力运行机制有何差异以及政策执行效果如何也是值得探究的问题。

参考文献

保罗·伯特尼、罗伯特·史蒂文斯:《环境保护的公共政策》,穆贤清、方志伟译,上海人民出版社 2004 年版,第 41 页。

彼得·布劳:《社会生活中的交换与权力》,李国武译,商务印书馆 2012 年版,第 191 页。

陈坚:《易地扶贫搬迁政策执行困境及对策——基于政策执行过程视角》,《探索》2017 年第 4 期。

丹尼斯·朗:《权力论》,陆震纶、郑明哲译,中国社会科学出版社 2001 年版,第 56 页。

丁煌、李晓飞:《逆向选择、利益博弈与政策执行阻滞》,《北京航空航天大学学报》(社会科学版)2010 年第 1 期。

郭磊、周岩:《目标群体、模糊—冲突与企业职工养老保险政策执行》,《中国公共政策评论》2016 年第 2 期。

贺东航、孔繁斌:《公共政策执行的中国经验》,《中国社会科学》2011 年第 5 期。

贾秀飞、叶鸿蔚:《秸秆焚烧污染治理的政策工具选择——基于公共政策学、经济学维度的分析》,《干旱区资源与环境》2016 年第 1 期。

姜朝晖:《权力论:合法性合理性研究》,苏州大学,2005 年。

李景鹏:《权力政治学》,北京大学出版社 2008 年版,第 27 页。

李毅飞、易凌:《论区域人口流动及权益保障的制度性障碍协调——以长三角养老保险法规政策冲突为视角》,《安徽大学学报》(哲学社会科学版)2009 年第 3 期。

李燕、高慧、尚虎平:《整合性视角下公共政策冲突研究:基于多案例的比较分析》,《中国行政管理》2020 年第 2 期。

马克斯·韦伯:《经济与社会》,林荣远译,商务印书馆 1997 年版,第 81 页。

毛丹:《多重制度逻辑冲突下的教育政策制定过程研究——以美国伊利诺伊州高等教育绩效拨款政策制定过程为例》,《教育发展研究》2017 年第 7 期。

彭斌:《作为支配的权力:一种观念的分析》,《浙江社会科学》2011 年第 12 期。

覃诚、毕于运、高春雨、王亚静、周珂、王莹:《中国农作物秸秆禁烧管理与效果》,《中国农业大学学报》2019 年第 7 期。

钱再见:《论公共政策冲突的形成机理及其消解机制建构》,《江海学刊》2010 年第 4 期。

任鹏:《政策冲突中地方政府的选择策略及其效应》,《公共管理学报》2015 年第 1 期。

桑玉成、丁斌:《权力素描象》,天津人民出版社 2018 年版,第 30 页。

田雄、郑家昊:《被裹挟的国家:基层治理的行动逻辑与乡村自主——以黄江县"秸秆禁烧"事件为例》,《公共管理学报》2016 年第 2 期。

王运锋:《公共政策制定过程中部门利益冲突的动因分析》,《河北大学学报》(哲学社会科学版)2016 年第 6 期。

王正惠:《模糊—冲突矩阵:城乡义务教育一体化政策执行模型构建探析》,《教育发展研究》2016 年第 6 期。

吴光芸、李培:《论区域合作中的政策冲突及其协调》,《贵州社会科学》2015 年第 2 期。

吴少微、杨忠:《中国情境下的政策执行问题研究》,《管理世界》2017 年第 2 期。

吴锡泓、金荣枰:《政策学的主要理论》,金东日译,复旦大学出版社 2005 年版,第 47 页。

徐勇:《村干部的双重角色:代理人与当家人》,《二十一世纪》1997 年第 8 期。

杨雪冬:《压力型体制:一个概念的简明史》,《社会科学》2012 年第 11 期。

袁明旭:《官僚制视野下的公共政策冲突原因解析》,《云南民族大学学报》(哲学社会科学版)2009 年第 6 期。

张璐、谭刚:《公共政策执行中目标群体与执行部门的利益博弈分析——以广州市垃圾分类新规为例》,《中共南京市委党校学报》2014 年第 6 期。

章文光、刘志鹏:《注意力视角下政策冲突中地方政府的行为逻辑——基于精准扶贫的案例分析》,《公共管理学报》2020 年第 4 期。

赵静、陈玲、薛澜:《地方政府的角色原型、利益选择和行为差异——一项基于政策过程研究的地方政府理论》,《管理世界》2013 年第 2 期。

周光辉、张贤明:《三种权力类型及效用的理论分析》,《社会科学战线》1996 年第 3 期。

朱亚鹏、李斯旸:《目标群体社会建构与政策设计框架:发展与述评》,《中山大学学报》(社会科学版)2017 年第 5 期。

周雪光:《基层政府间的"共谋现象"———一个政府行为的制度逻辑》,《社会学研究》2008 年第 6 期。

Dür, A., Bernhagen, P., & Marshall, D.(2015). Interest Group Success in the European Union. *Comparative Political Studies*, 48(8), 951—983.

Matland, R.E.(1995). Synthesizing the Implementation Literature: The Ambiguity—Conflict Model of Policy Implementation. *Journal of Public Administration and Research*, 5(2), 145—174.

Truijens, D., & Hanegraaff, M.(2021). The Two Faces of Conflict: How Internal and External Conflict Affect Interest Group Influence. *Journal of European Public Policy*, 28(12), 1909—1931.

Sabatier, P. A.(1986). Top-down and Bottom-up Approaches to Implementation Research: A Critical Analysis and Suggested Synthesis. *Journal of Public Policy*, 6(1), 21—48.

Weible, C. M., & Heikkila, T.(2017). Policy Conflict Framework. *Policy Sciences*, 50(1), 23—40.

行为改变理论为城市社区垃圾管理提供新视角

——以伯明翰居民生活垃圾分类回收助推为例[*]

赵 岩 王 琪[**]

[内容提要] 个体垃圾分类回收行为改变研究属于垃圾分类回收研究的老题新做,在垃圾分类回收推行如火如荼的当下为鼓励居民该行为提供了一个新的研究视角。环保行为的产生机制可以用行为改变理论的 MINDSPACE 模型进行解释,已有相关研究从行为改变理论和助推视角研究个体垃圾分类行为的数量较少,助推是应对个体"有限理性"的自动化决策系统的新兴措施,对个体双重思维系统的关注对于研究个体垃圾分类行为具有必要性。本文以伯明翰城市垃圾治理案例为分析对象,借助访谈、政府网站以及报纸等相关二手资料进行案例分析研究,总结伯明翰市政厅改变居民生活垃圾分类行为的经验,讨论个体垃圾分类等环保行为的影响路径局限性。

[关键词] 助推;垃圾分类回收;行为改变理论

[Abstract] The "nudge" approach and behavior change theory have become increasingly important in contemporary governance process and been endorsed by most governments and organizations. However, these are less qualitative research about the Nudge and behavior change theory relating with waste sorting behavior. The MINDSPACE model can explain the influential factors of individual's environmental behaviors in some degree. Household waste sorting and recycling are important means through which to reduce resource depletion and pollution in the UK. It is therefore a topic worthy of further investigation. This article aims to investigate the behavior change theory and nudge practice in Nectar Reward Scheme and Zero Waste Hero Plan in Birmingham to illustrate the strategies and limits of these two schemes. The main research methods of this article is second hand data analysis and deep qualitive interview.

[Key Words] Nudge, Household Waste and Sorting Behavior, Behavior Change Theory

---

* 本文系国家社会科学基金重点项目"面向全球海洋治理的中国海上执法能力建设研究"(项目编号:17AZZ009)的阶段性研究成果。

** 赵岩,中国海洋大学法学院 2019 级博士;王琪:中国海洋大学国际事务与公共管理学院院长、教授。

一、前　言

　　行为经济学凭借其逻辑性与实用性在人文社会科学中占有举足轻重的地位,1978 年获得诺贝尔经济学奖的西蒙教授提出的"有限理性"假说指出个体不可能像主流经济学认为的那样完全理性,该假设为行为经济学奠定了理论基础,行为经济学的开创者之一理查德·塞勒凭借其对经济学的贡献获得 2017 年诺贝尔经济学奖,2000 年后,理查德·塞勒与将行为经济学研究运用于分析消费者行为与政府决策之中,并与哈佛大学法学院教授卡斯·桑斯坦将其研究成果以 2008 年合写《助推》一书的成果形式表现出来。继 2008 年《助推》一书问世之后,助推(nudges)这一种全新有效的引导式管理模式在学界以及政界逐渐引起关注,英国于 2011 年成立行为洞察团队,以行为改变理论为基础研究个体行为影响因素以及其对政策制定的借鉴意义。行为改变理论和助推成为国内外学术界研究如何引导人们做出正确决策以及科学合理制定政策的热度不减的关注点。

　　居民生活垃圾分类是城市社区生活垃圾管理的重要环节,调动社区居民生活垃圾管理的积极性与参与度关乎城市社区垃圾管理成功与否。英国伯明翰地区 2010—2020 年间城市生活垃圾管理的社区居民参与管理进程,既是英国伯明翰城市垃圾管理的经验总结,也是英国行为洞察团队对行为科学知识运用的见证。个体生活垃圾管理行为是个体环境行为之一,个体环境行为研究目前在社会科学研究中包含两个方面,一是关注个体的理性思维主导下的逻辑决策系统,二是关注个体的有限理性的自动化决策系统。助推是目前环境政策执行过程中常用的方法,其本质便是通过改变政策执行环境作用于个体的有限理性思维,间接影响政策受众的行为,保证政策执行效果。伯明翰市政厅对城市社区居民生活垃圾应对行为的管理主要侧重于对其所处外部环境进行改变,也曾引入助推管理方法,在城市社区垃圾治理的实践中具有一定创新性,因此,本文利用实地调查研究,结合通过对伯明翰 2010—2020 年十年间两个居民垃圾分类行为改变计划项目,分析城市社区居民垃圾分类行为改变和助推经验,探索个体环保行为的影响机制以及环境政策制定过程中应该考虑到个体影响因素。

本文的研究价值主要体现在两个方面,一是在理论层面上对行为改变理论和助推理论进行融合,对两种理论进行优化完善,对已有的城市垃圾分类管理研究文献开展了理论对话;二是在经验层面对英国伯明翰城市社区垃圾管理经验进行梳理,为城市垃圾管理经验介绍增加了国外经验总结以及启示。

二、文献综述

已掌握的文献资料显示,国内外学术界将个体作为主要研究对象探索个体垃圾分类行为的研究涵盖行为经济学、管理学、法学、环境科学等不同学科领域,现有社会科学研究对环境行为的解释已形成两种理论视角,第一种研究视角认为环境行为是个体的主动选择的结果,侧重于对个体主动性的分析;第二种研究视角认为环境行为是个体对外部环境做出的被动反应,侧重于对外部环境的研究。本文将从影响生活垃圾分类行为的内在过程因素和外在情境因素这两个维度来梳理国内外相关研究文献。内在过程因素影响的研究形式多集中于利用定量数据和实验分析个体主动因素的影响,外部情境因素如政府干预、公共政策、教育、垃圾回收装置设置、社会规范、外部激励等对环保行为的影响形式多样,国内外相关研究较丰富。

(一)影响垃圾分类的内在过程因素研究

个体内在过程因素的分析侧重于对个体的主动性进行分析,重点在于分析个体的内在个体特征对于个体生活垃圾分类行为的影响,以与生活垃圾分类回收行为相关的个体主动性内在特征为出发点的研究众多,个体内在过程因素主要包括:知识、人格、态度、人口统计特征、习惯等。个体对生活垃圾分类的必要性认知对个体生活垃圾分类意愿和行为都有显著影响,同时,居民对生活垃圾分类知识的了解程度越高,个体的生活垃圾分类回收意愿越强,进行生活垃圾分类回收行为的可能性越大(陈绍军,2015);没有生活垃圾分类回收等相关知识的储备或者储备错误的生活垃圾分类回收知识的会影响个体进行适当的生活垃圾分类回收(Pieters,1991)。人格因素也被称为道德因素,垃圾分类会被个人道德感驱动,因此道德因素是一些研究中垃圾分类行为的预测因子之一(田凤权,2014;Loan L. T. T.,2017);此外,人格因素中也包括居民责任认同感、公民意识、个体成就感,都会对个体是否进行生活垃圾分类回收产生影响(郑杭生,2008;Tucker,2003;De Young,1985),个体公民意识越强,越容易对生活垃圾分类持支持态度(李长安等,2018)。计划行为理论认为影响个体行为的直接因素是行为意向,垃圾分类行为受垃圾分类意识影响,垃圾分类意识受行为态度、主观规范和感知到的行为控制影响(许蓉,2021)。人口统计特征是众多研究中影响环保行为的重要因素,国内学者的研究中不乏涉及人口统计变量的影响研究,性别、年龄、教育和月收入是四个影响个体环保行为的内在过程因素,女性生活垃圾分类行为执行意向强于男性,受教育程度与收入对生活垃圾分类执行意向有正向影响,年龄对执行意向影响不明显(曲英,2007)。其他影响个体垃圾分类行为的内在过程因素有利己的社会价值观,居民以自身利益为出发点的环境价值观是造成中国城市生活垃圾分类效果不好的主要原因之一,个体环境态度也对其环保行为有正向影响(曲英,2011)。个体习惯影响个体垃圾分类行为,习惯一经形成便难以改变且容易重复,对垃圾分类行为的改变应该作用于个体习惯并促使个体形成新的习惯(Valérie J. V. Broers, et al.,2021)。

(二)影响垃圾分类行为的外部情境因素相关研究

外部情境因素之一是政府干预,可以影响个体环保行为,政府对生活垃圾分类行为的干预关注四个方面,一是聚焦于优化现有行政管理体系;二是探讨政府在构建生活垃圾市场分类机制中的作用,三是分析政府在调动居民生活垃圾分类积极性的作用,四是分析政府对非正式生活垃圾分类体系的管理(吴晓林,2017)。外部公共政策是政府干预行为的一种,直接影响垃圾分类行为。政策可以分为三种:与垃圾分类有关的政策、经济激励导向的政策和提供信息与沟通的政策(Kirakozian, 2015)。村庄制度对农村居民的主观规范和治理态度均存在显著正向影响,可以显著提升农村居民分类意愿和行为(贾亚娟等,2023)。生活垃圾回收体系及设施设置是影响生活垃圾回收率和个体行为的另一外部因素,垃圾回收装置设置的数量、距离都会影响居民垃圾回收率,生活垃圾体系回收的设计包括回收频率、回收日期、生活垃圾分类方式设计等因素都会影响被研究地区的生活垃圾回收率,对个体生活垃圾分类回收行为产生影响(Woodard, 2005)。除此之外,如果想要提高生活垃圾回收率,需要抬高生活垃圾的回收价格来增加生活垃圾的供给量,另一方面通过增加政府的财政补贴来保证生活垃圾的需求量,从而刺激居民进行生活垃圾回收,提高生活垃圾回收率,教育、监测体系的设置是影响垃圾回收率的另一补充因素(王小红,2013)。

行为控制、法规和社会规范、外部激励也同样影响个体生活垃圾分类行为(田凤权,2014)。作为外部情境因素之一,管理者所采用的教育与沟通的方式类型各异,不同的公民教育与沟通方法并将这些方法按照主动性划分为主动、被动和互动三种类型,主动的教育方式有提供宣传视频和提供生活垃圾分类工具设施,被动的教育方式包含宣传手册、提醒卡片,互动的教育手段例如入户走访调查和公共设施参观等(Read, 1999)。政府部门所领导的生活垃圾回收车辆的家户访问沟通、生活垃圾回收处理宣传教育手册等政府与个体的沟通教育手段都会提高该地区的生活垃圾回收率(Woodard, 2005)。社会规范是影响个体生活垃圾分类行为的另一重要外部情境因素,社会压力对个体的亲环境(pro-environmental behaviors)行为例如生活垃圾分类回收行为有较为显著的影响,个体的行为会受到社会规范和社会压力的影响,个体如果认识到某种行为受到邻居的重视,那么他们会极易采取此类行为(Ajzen, 1980)。个体采取的生活垃圾分类行为的可能性还会受到对同侪群体是否进行生活垃圾分类行为的了解程度的影响,对同侪群体的生活垃圾分类意愿了解程度越低,个体进行生活垃圾分类行为改变的意愿也越低(Brekke,2010)。社会影响也可能具有负面效应,例如已经进行生活垃圾分类的个体在了解到自己在社区中的先进性或者其他邻居未进行生活垃圾分类行为后,其积极性可能会降低(John,2011)。外部激励因素包括正向激励与负面强化激励,例如金钱奖励和惩罚,其中奖励是正向强化激励,惩罚是负向强化激励(Noehammer,1997)。经济激励是影响个体生活垃圾分类行为的一个主要且较广泛被研究的外部激励因素,95%的生活垃圾回收处理官员都认为金钱激励措施在推行生活垃圾分类回收的过程中是必要的(Herridge,2001)。

（三）述评

目前已有研究通过定量与定性等研究方法对影响个体垃圾分类行为的知识、人格、态度和人口统计特征等个体内在过程因素和公共政策、垃圾回收装置设置、外部激励、教育等外部情境因素等内容进行了研究。在实证研究方面,已有国内外研究表明城市生活垃圾分类研究已经日趋成熟,尤其是2019年之后中国越来越多的城市大力推行生活垃圾分类,为该领域研究提供了大量案例。已有研究关注对个体垃圾回收率的提高以及从公共治理视角研究相关政策的推行(薛立强,2017)。在理论层面,行为科学相关理论在个体垃圾分类行为研究中经常被运用,例如行为经济学领域的计划行为理论较好地解释个体环保行为的形成机制与影响路径。此外,行为经济学领域在2010年之后兴起的助推理论也应用于城市垃圾分类管理,助推(Nudges)一词的原意是"用胳膊肘等身体部位轻推或轻戳人的肋部,以提醒或者引起别人的注意"(理查德,2018)。助推机制侧重于对个体行为的影响,其主要目的是对个体的情感自动化决策系统做出干预,从而引导个体迅速做出符合社会利益和政府预期的正确决策(Ebert,2017)。

综上所述,居民垃圾分类行为的已有研究全面分析了内在情境因素的影响和外部环境因素的影响,然而,除了对个体理性思维引导下的行为的干预,个体有限理性思维主导下的行为也需要引导,这就需要外界的助推。但是,助推理论虽然研究已经逐渐完善,但是相比较于公共管理、法学、环境科学等相关领域的居民垃圾分类行为研究,居民垃圾分类行为助推研究属于相对新兴领域,虽然已有研究表明助推机制在对个体环境行为的引导中已经被应用并且其欢迎度和普及度呈上升趋势,然而其应用的数量较少,仍然不能改变其应用度低、普及度低的事实,而且缺少有关助推机制对个体具体生活垃圾分类行为的定性或者定量研究,尤其是缺少对某具体城市的某一具体案例的分析,只有宏观理论分析与具体案例结合,助推机制的研究才更加立体和全面,也可以对该理论的运用形成系统且客观的分析。另一方面,个体某些环境行为的外部因素的影响因素较多,对助推机制的影响的研究更是屈指可数,因此助推机制对某一城市居民的生活垃圾分类行为的影响研究具有必要性。

三、伯明翰市社区居民生活垃圾管理案例分析

伯明翰市政厅在 2010 年之后对城市社区居民参与垃圾分类回收的管理两大尝试:2010 年英国政府成立专门的行为洞察团队,以行为科学为基础,致力于研究个体行为的影响因素以及将助推机制应用于公共政策的制定以及相应政策推行过程之中,在此背景下,伯明翰市政厅的尝试一是在 2011 年 9 月至 2012 年 5 月,伯明翰市政厅在英国"区域发展高效伙伴关系地区投资基金"和英国环境、食物和农村事务部(DEFRA)提供的资金支持下选择两个试点社区试运行"Nectar 积分卡废纸回收积分激励体系"以刺激居民参与废纸回收积极性,从而提高试点社区废旧纸张回收率。

伯明翰市政厅推行的城市社区废旧纸张回收激励体系创新点在于使用助推作为引导试点社区居民进行废纸分类回收的工具,在行为科学理论指导下关注个体心理过程,针对个体的理性思维和有限理性思维采取不同举措。伯明翰市政厅与英国 Sainsbury's 公司的 Nectar 积分卡计划合作,利用助推举措引导两个试点社区居民进行废纸回收。该项目以 Nectar 卡积分为激励手段,鼓励试点社区居民分类回收废旧

纸张赚取积分,积分可以在三百多家英国合作企业作现金使用。助推居民垃圾分类行为的具体措施包括:小区内邮寄信件告知函、报纸印刷、垃圾箱张贴表情标签、网站宣传、社交新媒体宣传、发送电子邮件告知进展情况等措施改变居民外在社区环境,间接鼓励社区居民改变自身垃圾分类行为参与废旧纸张分类回收。伯明翰市政厅的助推行为收到一定积极成果,新注册用户1121人,87%的参与者有超过一半的垃圾回收次数参与废旧纸张回收,9%的前期调查中从未进行垃圾回收的居民现在至少参与三次废旧纸张回收,35%的前期调查中未回收过垃圾的居民至少参与一次废旧纸张回收。然而,伯明翰此次废旧纸张回收试运行之后没有延续和大规模推行,可见该尝试仍存在一定局限性。

为实现2035年之前垃圾零填埋的目标,伯明翰市政厅的第二个尝试是自2016年9月开始试运行"零废弃物排放超人"计划,试图鼓励居民减少、回收、再利用生活垃圾。此次减排计划的主要措施包括分发宣传材料、零排放超人评选及照片公示、购物代金券激励、网站主页宣传、网络课程设置、手机APP推广、每周现场宣传活动、商超产品标识张贴等。"零废弃物排放超人"计划根据不同年龄段居民采取有针对性的措施,"零废弃物排放超人"工作人员将社区人员按年龄划分,对青少年采取教育手段鼓励垃圾分类回收,帮助青少年了解废旧纸张和金属回收再利用的过程;青壮年群体采取的措施主要是调动更多人力上街面对面宣传号召垃圾分类回收,在学校放入垃圾分类的书籍材料供阅读;老年人喜爱参与社区不同的社团,因此工作人员深入社区社团,向老年人提倡垃圾分类回收;对于占较大比例的中年群体,也是社区的主要人员,该群体是垃圾分类回收的主力军但是吸引力不高,采取的主要措施是登门面对面劝说,在垃圾桶上贴反馈表情贴纸。该计划致力通过对城市社区居民的宣传与引导将伯明翰城市生活垃圾回收率提高70%,该目标达成后伯明翰城市垃圾回收率将位于英国前列。该计划推行较为成功,目前仍在运行,相较于与2011年初推行的废纸回收积分激励体系,该计划应用行为科学理论对个体生活垃圾分类行为的干预更为成熟,既考虑了个体的"经济人"假设下的理性思维,运用奖惩激励加以诱导,又结合政策的助推,通过产品商标张贴、社区环境营造来应对个体的有限理性选择,从而潜移默化影响社区居民生活垃圾分类行为。

为对伯明翰地区垃圾垃圾分类回收助推案例进行全面彻底的了解,本研究选取二位伯明翰市政厅相关负责官员与参与工作者进行半结构访谈,其访谈情况如下:

受访者	工作职位	职　责	访谈时长
D1(20180823)	园林绿化部门负责人	城市绿化与城市环境管理,城市垃圾回收、利用管理	40 分钟
R2(20180802)	市政厅问题管理团队负责人	协助市政厅工作人员解决一些棘手问题或新兴问题	66 分钟

表格来源:作者自制。作者曾于 2017—2018 年在伯明翰大学交流学习,在此期间完成访谈。

四、伯明翰城市社区居民
垃圾分类行为影响机制分析

(一) 理论基础

英国政府提出的行为改变理论以行为科学为基础,旨在以较少的投入影响个体行为,其行为科学团队提出的 MINDSPACE 模型阐释了九种常见且影响稳定的因素,既包括对个体直觉系统的影响因素,也包括对个体理性反应系统的因素,如图 1。

如下页图所示,个体的行为受到信息传递者(messenger)、动机(incentives)、规范(norms)、默认选项(defaults)、显著性(silence)、偏好(priming)、情绪影响(affect)、承诺(commitments)、自我(ego)的影响,其英文首字母组成了 MINDSPACE 模型名称,用于政策制定过程中考量个体行为影响因素。具体影响方式如下表。

针对影响个体行为的九个常见因素,衍生出构建选择框架体系、设计行为规范、辨别个体行为动机、提升互惠性、重视社会影响等因对措施，其中一些措施与助推的基本原则一致。

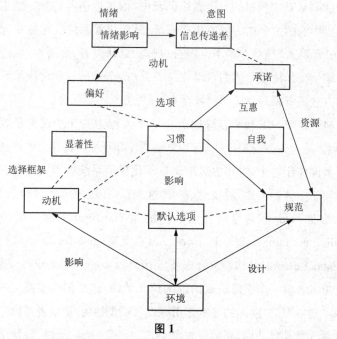

图 1

资料来源：作者自制。

信息传递者	信息传递人的身份会很大影响个体行为
动机	个体的大脑的逻辑和反思决策系统为了减少损失的动机的明显影响
社会规范	个体会被其他人的行为规范影响
默认设置	个体会接受默认设置并"随大流"
显著性	个体会对于自己有关的和明显吸引注意力的东西吸引
偏好	个体行为通常被潜意识偏好影响
情绪影响	个体情绪能够很大塑造个体行为
承诺	个体行为倾向于与自身公共场合承诺和互惠行为一致
自我	个体倾向与产生自我感觉良好的行为

表格来源：作者自制。

个体有两个思考系统,一是由理智和逻辑思维主导的反应决策系统,一是由情感和直觉主导的自动化决策系统(Kkahneman,2011)。MINDSPACE 模型里的几个影响因素中,信息传递者、动机、承诺和自我主要影响的是个体的反应决策系统,反应决策系统的思维是理性思维,与"经济人"思考方式不谋而合;规范、默认设置、显著性、偏好和情绪影响主要作用于个体的自动化决策系统,个体的自动化决策系统的思维方式是有限理性的,与"社会人"思考方式不谋而合。

MINDSPACE 模型较好地解释了个体行为的几个较为显著的影响因素,是行为改变理论的基础,总结了外部环境因素和个体内在过程因素共同作用与个体,其中对个体自动化决策系统的影响因素正是助推作用于个体的基础,助推便是利用这些影响因素去改变个体行为。

助推(Nudges)包含六个方式:动机(iNcentives)、理解权衡(understanding mappings)、默认选项(default)、反馈(give feedback)、预计错误(expect error)、结构性复合选择(structure complex choices),这几个英文单词各取一个字母组成助推的英文单词,这也是助推英文单词的来源本意。因此,助推的基本作用原理可以概括为:助推者考虑到个体动机并改善其显著性,利用设置默认选项、提供信息反馈、预计个体可能出现的错误并找出应对方法、简化复杂的选择体系等通过改变个体所处的外部环境,帮助个体找到其合理的动机得到助推者和个体都满意的结果。助推的重点在于改变个体的行为而非改变个体的观点。此外,助推的技巧还包括:社会影响、询问个体行动意图、方式和时间等。

(二)伯明翰居民垃圾分类行为影响机制分析

伯明翰近年推行的积分卡回收激励体系和零废弃物英雄计划其目的在于改变居民的垃圾分类行为,提高城市居民垃圾回收利用率。前者主要利用助推改变个体行为,后者是综合运用多种方法改变个体行为,两个项目对个体垃圾分类行为的影响机制较好地作用于个体的理性思维和有限理性思维。

已有二手资料以及访谈一手资料显示,伯明翰市政厅尝试推行的两个居民生活垃圾分类回收计划有一定效果也有局限性,两个项目互为补充,能够较好诠释行为改变理论的 MINDSPACE 模型中影响个体行为的因素,以及助推的应用效果,从而说明如何有效引导个体进行生活垃圾分类。对城市居民垃圾分类行为中理性思维系统的干预,可以采用奖惩激励、社会规范、信息传递者选择等方式改变个体的行为意向,从而影响"理性人"思维下的个体环保行为。对个体"有限理性"思维的引导、对个体自动化情感系统的干预措施包括:默认偏好设置、突出显著性、信息反馈、利用社会影响等,其具体影响方式如下:伯明翰地区利用信息传播手段扩大生活垃圾分类知识的传播以及助推项目的宣传,从而减少个体对操作难度的感知;利用政府规章条例约束个体行为,利用奖惩激励吸引伯明翰居民参与项目,同时,伯明翰市政厅也利用助推机制,结合行为经济学理论来进行工作,潜移默化地引导个体进行生活垃圾分类行为,从而应对个体有限理性的特性。社区邻里之间的社区隐性公约和行为规范、可以形成对社区住户垃圾分类行为的约束力;默认偏好设置和垃圾桶位置设计、宣传海报的突出显示、垃圾桶张贴表情贴纸进行及时信息反馈可以引起个体对垃圾分类的关注;利用同侪效应中的同龄群体对个体的约束引导个体进行生活垃圾分类等环保行为。

1. 社会规范是助推机制改变个体行为的有效工具

社会规范是指在国家正式制度之外,以社会影响为基础,约束个体认知、行为和决策的社会控制现象(Thrainn, 2001)。社会规范包含约定俗成的规则,习俗和通例(Christine, 2012),社会规范可以产生社会影响,即理性个体会在自身便好之余会参照其所处的群体语境,考虑他人对自己行为的期待及其他人的选择(Vernon, 2003)。社会规范在法律之外,对个体具有重要的行为规制功能,并可能会对法律追求的治理和秩序目标产生影响(戴昕, 2019)。社会规范分为两种,明文规定的社会规范例如警示牌上标注的"禁止吸烟";另一种是默认的社会规范,如在图书馆内大家默认禁止喧哗。与法律规范相比,社会规范在特定情境下也可以有效作用于人的行为,社会规范对人的作用,依赖于人的自发遵守和社会执行。社区在反复博弈过程中,个体面对社会规范,不遵守或者违反时会产生羞愧、罪过的心理,即学界普遍认为的社会规范的内化机制;个体既往的行为模式会形成个体的声誉或者污名,而这些声誉和污名会影响个体进一步的社区内的博弈,即学界归纳为的社会规范的激励机制,社会规范便是利用个体担心不遵守社会规范会影响其社区博弈而遵守社会规范的心理发生作用,规范个体行为。伯明翰推行的生活垃圾分类回收行为助推过程,有关垃圾分类的社会规范在其中起到的至关重要的作用。

英国生活垃圾分类的社会规范,可以分为两类:明文标识的社会规范和社会默认的规范。明文规定的社会规范如英国社会在生活垃圾处理领域所普遍接受的废弃等级处理原则;社会默认的社会规范如英国家庭的室外回收垃圾桶通常分为厨余垃圾桶、园林垃圾桶和一般垃圾桶,会默认将垃圾进行如此分类,并且垃圾垃圾回收公司会拒接回收分类差的垃圾。

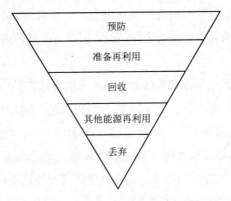

图 2　英国生活垃圾处理金字塔

英国废物处理遵循生活垃圾处理等级制原则,2008 年欧盟废物框架修订案对这一废物等级处理原则有明确的规定,废物的处理要经历五个阶段。阶段一是预防,主要是指避免废物产生、再利用和使用对环境危害较少的物品,具体措施包括尽量减少废物的产生,减少购买不必要物品,减少过程性废物,产品设计和生产过程中减少原材料的使用,延长物品使用年限；使用和购买二手产品，免费捐赠或者交换不用的物品。第二阶段准备再利用，是对物品在整体或者零件进行检查、翻新、修理，以便可以再利用。第三阶段回收，是将废弃物转变成新的物质或物品，如果质量达标的话，也可以进行堆肥。阶段四是能源再生，主要包括厌氧消化，能量回收焚烧，气化和热解废物从而产生能量（燃料，热量和动力）和材料；也包括一些生活垃圾填埋。阶段五是废物丢弃，是指没有生活垃圾再生而最终进行生活垃圾填埋。这五个生活垃圾处理等级原则是英国进行废弃物处理以及制定相关政策时都要遵循的基本原则，生活垃圾回收处理、废弃物回收利用最大化已经成为英国公众所熟知的环境有利原则，其环保性被公众所接受，生活垃圾分类回收也成为居民所公认的环保行为。伯明翰市政厅对居民垃圾分类行为的助推便借助了社会规范的作用，试点社区居民对已经存在的垃圾等级处理原则等社会规范有内化的过程，对于不进行垃圾分类和随意丢弃垃圾在一定程度上会有负罪感，同时，社会规范的激励机制会给垃圾分类较好的居民在社区中提供一定荣誉感，这就激励了部分试点社区居民坚持垃圾分类行为。默认的垃圾分类方法以及与垃圾分类意识会敦促个体进行生活垃圾分类，从而既可以维持正常生活秩序，又可以随社区其他居民垃圾分类的大流，更好的融入群体，不成文的社会规范无形之中扮演着监督与规范的角色。

伯明翰在试点社区推行生活垃圾分类助推，很大程度利用社会规范达成目的。社会规范可以有效被个体的理性思维所考量，从而影响个体行为。助推个体垃圾分类，单靠助推本身很难达到理想效果或者收效甚微，因此对个体垃圾分类行为的引导仍然离不开对个体理性思维的利用，并且对理性思维的作用机制仍然占主要地位，助推发挥的辅助效果。

社会规范对个体环保行为的约束具有一定的局限性，即使在英国这种老牌发达国家，社会规范对个体行为的约束作用也是有限的。社会规范需要个体以及社会的配合，依赖于人的自发遵守，因此对个体素质具有较高的要求，对规范的普及度与熟知度有较高的要求。所以不同的社区由于居民的素质水平不同,对社会规范的知晓程度不同,社会规范对其行为的约束作用也不同,助推机制受该影响,其作用效果产生差异。

2. 默认行为偏好设置是助推个体行为的隐性技巧

默认行为设置往往可以较为直观、快速地改变个体的行为路径。个体在没有明确选择意识的前提下,往往会遵从已经存在的预先默认行模式设置而随波逐流。已有研究表明,医院捐献器官同意默认设置能够明显提高个体器官捐献意愿。

伯明翰试点地区为推行生活垃圾分类,也利用默认行为偏好设置作为辅助工具,例如,社区垃圾桶按照可回收、不可回收、厨余垃圾分类放置,居民的行为在无形中会受到分类垃圾桶的影响而不自觉地进行垃圾分类行为。另外一个对默认行为偏好设置是前期花蜜通用积分卡推行阶段,对试点地区居民进行邮件群发,默认居民是有意愿使用花蜜卡进行积分,居民回复邮件拒绝时花蜜卡公司便取消上门宣传和发放花蜜卡,这在一定程度上提高了花蜜卡的宣传率和使用率,进一步为居民进行垃圾分类提供前期准备条件,促进伯明翰生活垃圾分类助推成功。

默认行为偏好设置并非仅根据设计者追求市民效益最大化的偏好进行调整,而是结合正常顺序及便利性,符合正常社会及自然规律。设置默认行为偏好这一技巧在助推机制的应用较为广泛,但是在伯明翰生活垃圾分类助推中的应用较少,但是毋庸置疑,默认行为偏好设置是无形中改变个体行为有效工具。

3. 突出显示是吸引助推对象注意力的工具

助推的另一技巧是将符合公共利益的选项或事物运用展示技巧凸显出来,从而吸引个体注意力,引导个体选择特定选项或者进行某种行为,例如餐厅为引导个体养成健康的饮食习惯而将健康的食物摆放在显眼的货架上;销售者会将希望促销的产品放在收银台的附近。与此类似,助推个体生活垃圾分类也会运用这类技巧:英国多数小区门口按照不同颜色分类,将可回收垃圾箱、不可回收垃圾箱、厨余垃圾箱等分门别类摆放在住户门口,从而吸引住户的注意力,进行生活垃圾分类。

影响个体的情绪可以有效影响个体决策和行为，个体对文字、图像、事件、可以直接迅速地在个体思考之前便促使个体做出反应行为，因此助推机制的另一技巧是通过图片设计等宣传技巧影响个体的情绪，例如，满面笑容的人物图像会减少受众的抵触心理，提高宣传的受欢迎程度，从而提高个体对助推事宜的接受度；电视节目反复宣传日常活动中手上细菌的繁多，从而增强观众对手上细菌繁多的担忧情绪，提高居民的日常洗手率。

伯明翰对生活垃圾分类进行助推，前期宣传重视文字、图像对居民情绪的影响。在对伯明翰市政厅参与 2011—2012 年花蜜卡积分项目的参与过程中，笔者在对访谈对象的调查过程中收集到该项目的前期宣传资料：包括张贴海报和新闻宣传资料。这些材料利用突出显示的手段，宣传助推项目从而吸引居民的注意力；此外，海报的设计利用笑容和颜色搭配等技巧提高居民对助推项目的好感和接受度，从而推动伯明翰试点社区助推机制的运行。

4. 社会影响是助推较为有效的方式之一

与经济人不同，社会人的行为极易受到其他人的影响，社会影响是助推个体行为的有效方式。社会影响分为两种，一是信息，二是同侪压力。个体所接收到的其他个体的行为与观点等信息会以促使个体从众进而影响决策，甚至群体的观点和行为会逐渐内化，使得个体坚持群体的观点，例如群体中的惯例、传统、风气等带来的个体从众会产生持续的助推。同侪压力是指个体所接触的与自身年龄差别不大的同性别成员所带来的隐形压力和影响。在同侪效应中，社会对比倾向是一个中介变量，个体倾向于将自身行为与同侪群体进行对比，并在对比之后可因其中的差距感受到相应压力或羞耻情绪从而促使其做出改变。同侪对比的压力可以有效影响个体对主观规范的感知，从而影响其实施某一行为的态度，改变其行为。伯明翰在助推居民生活垃圾分类行为时便利用了社会影响，利用信息和同侪压力引导居民行为。伯明翰市政厅对信息的利用体现在积分卡项目会常规性地给居民发送邮件说明社区废旧纸张回收情况，涉事居民会受到相关项目的描述性信息，同时，在每一次垃圾回收日,工作人员会在回收垃圾之后对住户垃圾分类与回收情况进行简单评估,废旧纸张回收较好的家庭其垃圾桶上会被工作人员张贴上微笑的表情贴纸,而差强人意的住户则会被贴上不高兴的表情贴纸,这种不起眼的非口头的信号能够直观明了地对个体的表现情况进行反馈,从而高效助推个体垃圾分类回收行为。

在伯明翰地区推行通过用积分卡废旧纸张分类积分激励体系过程中以及其他文献中对助推机制推行的过程中,告知行动者其邻居等同侪群体的行为以及社区项目总体进展是促进助推机制成功的重要因素。个体在得知社区内其他住户大多数都较好的进行生活垃圾分类回收的情况下,会形成一种自己生活垃圾分类行为不达标会落后其他住户或者拉低社区内整体生活垃圾分类水平的内在压力,这种内在压力进而可以转化成个体形成的主观规范,自觉将生活垃圾分类行为演变成社区内默认的行为规范,影响其行为意向,从而约束并敦促其实施环保行为。这一过程中没有任何强制性因素,个体完全自愿决定是否采取通用积分卡激励体系所提倡的行为。

5. 其他助推技巧

其他助推技巧也会作用于个体自动化决策系统,改变个体行为如信息传递者的选择、提供信息反馈、引导个体作出承诺等。

合适的信息传递者也是个体行为的影响因素之一,权威可信的信息传递者能够有更大说服力,个体更倾向于信服和改变行为。伯明翰市政厅在设计"Nectar 积分卡废旧纸张回收激励体系"时,在项目进行平台的选择上进行了考量,一是把伯明翰市政厅作为项目主导平台,二是以发行 Nectar 卡的 Sainsbury's 公司作为主导平台,项目设计团队选择了后者。

R2(201802):"首先该项目我们要选择一个主导平台的旗号,我们不希望出去打着伯明翰市政厅的旗号,就我而言没有人会愿意相信当地市政部门,政客除外,尤其是现在正在经常闹罢工(英国经常举行罢工,如 2017 年 8 月伯明翰垃圾清洁工举行罢工导致街道垃圾堆积如山;2018 年全国多地 61 所大学针对大学退休金计划改革发起大规模罢工),人们不认为市政厅有能力去运营一个垃圾分类行为改变项目,我们设想居民会对伯明翰市政厅的倡导持消极态度'愚蠢的政府部门，我们为什么要听他们的?'"

由此可见，选择具有公信力的信息传递者能够消减个体负面情绪，个体会利用逻辑思维考量信息传递者的可信性和权威性，经过考量后，好的信息传递者会提高个体改变行为的可能性和效率。

及时的信息反馈能够提高助推效率，例如案例中项目一会对住户垃圾桶在垃圾回收日张贴表情标签，对废旧纸张分类回收较好的家庭垃圾桶张贴笑脸表情贴纸，分类回收不好的家庭则张贴不高兴的表情贴纸，这种及时的信息反馈能够有效传递给个体自己行为的反馈信息，从而助推个体改变自身行为进行废旧纸张回收。

已有研究显示个体如果作出承诺或者将自己行为计划、行为时间于公共场合告知，个体便会有很大可能性去履行承诺。因此，助推便借助这一技巧，通过项目运行之前的居民访问，询问居民垃圾分类意愿、频率以及时间，从而悄无声息地助推个体进行垃圾分类。

伯明翰地区实行的"零废弃物英雄"计划中的教育手段同样利用到同侪群体对个体的影响，在对儿童群体的生活垃圾分类意识普及实践中，学校教育是最常采用的助推个体行为改变的方法。"零废弃物英雄"计划与伯明翰地区多所学校合作，设置网上在线环保课程，鼓励在校小学生进行学习，同时会有学习课程的奖惩和积分体系，利用学校对儿童群体的行为进行引导，在这个过程中，儿童会因为其同侪群体的行为改变而相互影响，从而形成溢出效应，其实施效果远远大于预期效果。

五、伯明翰垃圾分类行为
改变与助推的局限和反思

（一）垃圾分类行为改变效果受时效性和人员流动性制约

对个体垃圾分类行为的助推是有效果的，但是其效果有时效性，具体体现在助推举措的实施时间以及受作用个体的流动性。

D1(20180823)："助推项目在我们观察的最初的2至3年是有效果的,但是现在没有效果了,居民已经逐渐适应了这些我们一直重复的助推行为,他们已经假装看不到或者不在乎了。"

D1(20180823)："助推项目去年(2017)和今年(2018)垃圾回收数字显示没有得到改善,但是工作者仍然继续在垃圾桶上贴贴纸,但是居民早已习以为常,虽然已经告诉他们垃圾分类方式错误,但是他们选择忽视继续自己的行为,这也是取消这个项目的主要原因。"

D1(20180823)："我们面临的一大挑战是伯明翰有大量人把随手扔垃圾而不进行分类当作习以为常,他们随便把垃圾扔进黑色垃圾袋堆在街角,这个问题我们很头疼,由于看不到袋子里的东西,我们只能让垃圾站处理掉这些垃圾而不是分类回收这些垃圾……伯明翰有5所大学,这些大学的一批批学生来自不同地区往返于伯明翰,他们短期租住在不同的社区,房东们不会要求他们进行垃圾分类回收,所以这些大学生仅仅将垃圾随便丢在街上等着被收走。"

（二）个体垃圾分类行为改变计划具有本土性

伯明翰推行的两个项目对居民垃圾的分类行为的引导和改变带有地方色彩,例如当地居民对政府部门的信任度会因为英国和伯明翰地区所举行的罢工影响,因此影响他们对政府部门垃圾分类回收号召的响应;又如英国对生活垃圾的分类回收,家庭不存在对废品的售卖,而中国目前收废品仍然盛行,这就促使了中国的废旧纸张和金属制品、玻璃制品的分类回收。再例如,英国的垃圾回收时间、频次与中国城市也有差异,但是伯明翰地区的靶向措施很明确,明确目标群体,有针对性的联系较多租户社区的房东,与大学合租针对性的教导大学生,又按照年龄将居民分为老年群体、中年群体与青少年群体,然后分别采取不同的措施。这些举措对于一个类似的中国城市,人口规模和居民情况相似的城市都是值得借鉴的。

（三）垃圾分类行为改变计划需要多种理论配合产生效果

将行为科学与心理学相关理论引入政策制定与推广是目前新兴且

逐渐流行的趋势,已有研究也表明对个体心理因素的关注能够弥补一般政策的不足,可以合理提高政策的执行效率。对个体环保行为的助推在环保政策中正称为一种新的工具,通过间接手段潜移默化地作用于个体,从而引导个体采取环境政策期待的行为,这种助推手段难以衡量其直接效果,实施过程并不明显,效果难以确定,但是值得肯定的是,助推在垃圾分类行为的倡导中,是一种"锦上添花"的工具,是对传统政策工具的补充,个体垃圾分类行为的倡导更多的是依赖于传统的手段如经济激励、法令法规限制等,这些收效是明显且直接的,助推目前仍是辅助手段,至于助推是否可以变成主要工具手段以及效果是否能够更加明显,仍有待进一步研究和实践进一步证明。但值得肯定的是,对个体心理因素以及不完全理性思维的关注将在垃圾分类政策制定以及推行过程中占据日益重要的地位。

D1:"我们目前进行了新的项目(零废弃物英雄),我们投入更多的人力物力外出去与市民面对面交流,而不是以一种看不见的形式试图改变他们的行为。"

D1:"我们目前到了瓶颈期,所采取的项目没有带来太大的变化,于是我们以伯明翰的每个区为单位,分析每个区的数据以及项目实施效果,这样便于知道我们的表现效果以及哪一个项目效果好。"

由研究案例显示,每一个个体垃圾分类行为改变计划的运行都有侧重,项目一侧重于利用助推改变个体行为,项目二则利用符合行为提倡居民垃圾分类,由访谈可知,项目一虽然收到成效但是在试运行之后就没有继续运作,运作时间较长且持续至今的是项目二,项目二所采取的众多措施中,既有措施作用于个体的逻辑思维系统,例如奖惩激励、社会规范约束、教育和劝说,也有措施关注个体的自动化决策系统的有限理性思维,例如张贴标签提供信息反馈、借助同侪群体影响等方法。从运行时长和结果来看,项目二无疑更加成功,这也反映了在政策制定过程中,要想达到改变受众行为的目的,要关注个体两种大脑思维系统从而达到事半功倍的效果。

个体是经济人与社会人的结合体,个体的理性思维会对动机刺激感兴趣,而社会人既会对动机刺激感兴趣,也会受到助推的影响,因此,如果想要改变社会人的行为,如果将动机激励和助推双管齐下,将会收到意想不到的效果。正如经济学家梁小民在《助推》推荐序中的阐述:"中国人的行为有自己的特色,心理也不同于美国人,中国的经济与社会制度与美国有很大区别。因此,如何运用经济学的理论的分析中国人的行为,设计出适合中国的助推方法,仍是一个亟待解决的问题。"

(四)个体垃圾分类政策助推应解决对项目资金和居民自身因素的依赖

从伯明翰地区居民生活垃圾分类行为助推实践的案例分析出发,可以反射出助推机制在实际政策制定以及战略实行过程中具有一定的局限性,表现为助推机制对政府资金支持的依赖,对个体素质的要求;影响力有限以及项目实施可持续性差。伯明翰地区对居民生活垃圾分类助推行动维持时间较短,仅持续不到一年多时间,尽管其拥有一定成效,但是存续时间短也可以说明伯明翰地区项目运行现实存在问题。

对个体环保行为助推是自上而下的政府主导行为,其设计与运行需要政府部门的大力支持。伯明翰推行的花蜜积分卡等助推行为,前期的推行与设计依赖于英国政府政策与资金支持,如英国政府在2011年财政支出大力扶植的生活垃圾回收奖励和表彰体系。生活垃圾回收奖励和表彰体系旨在有效管理居民的生活垃圾分类行为,从而鼓励英国居民进行合理的生活垃圾处理,如厨余生活垃圾的合理处理行为、生活垃圾分类回收、生活垃圾再利用、污染预防、以及生活垃圾减量。其中的具体措施主要包括:荣誉奖励、个人奖励、社区奖励、竞争和反馈。伯明翰花蜜通用积分卡废纸回收积分激励体系是众多英国政府生活垃圾回收奖励和表彰计划的项目之一。然而,这种由政府起主导作用的助推机制,其生命周期对外部资金的注入有较强的依赖,一旦政府政策支持和资金支持停止,对居民环保行为的助推项目也极为容易停止。

对个体环保行为助推,通过对个体所处的外部环境的改变,利用默认偏好设置、社会规范、同侪效应以及突出显示等技巧,对个体行为加以引导干预,对个体行为进行助推的另一前提是个体对是否改变自身行为拥有自由选择权。所以,同样的助推行为在不同国家、不同地区、不同社区进行时,会由于个体自身素质、文化水平、公民意思、理解力和接受力的不同而产生不同效果。伯明翰地区推行的花蜜积分卡激励体系和"零排放英雄"计划挑选了伯明翰地区发展水平和文化水平中等的社区推广,避开移民群体聚居的社区,从而保证社区被推广群体的人均素质和接受能力,进而影响个体行为。然而,助推机制对个体素质的依赖决定了其效果的有限性和对地区的适应性。居民生活垃圾分类行为助推伯明翰地区推行产生效果,但是否适用于其他欠发达地区或国家仍有待研究。

六、结　语

伯明翰的垃圾分类实践可以看出,无论是关注个体的理性思维还是有限理性思维,对个体垃圾分类行为的干预措施大同小异。虽然措施的创新性体现不高,但是对个体有限理性思维的关注是一个新的进步与突破,在心理学领域与行为经济学领域对该领域个体有限理性心理的进一步研究与应用将会进一步推进引导个体垃圾分类行为的新的措施的产生。

伯明翰市在2010年之后对城市生活垃圾的管理所反映出的共同趋势便是重视对社区居民行为的改变,将行为科学研究应用于政策推行过程,这与中国目前提倡垃圾分类过程中所做的努力有相似也有不同。中国2019年在重要试点城市推行垃圾分类管理之后,以利用强制性政策工具如行政处罚,辅之以适当的非强制手段如社区宣传、奖品激励等,个体行为科学的运用存在但是不明显。伯明翰市的运行项目对城市居民个体关注度明显强于中国,过往与正在运行的计划中社区居民个体自由选择程度高、政策推行者对政策受众的引导程度大于管理程度。此外,伯明翰市对个体有限理性思维的关注可以弥补政策运行效果不明显的弊端。尽管伯明翰市目前仍处于城市生活垃圾管理的努力和尝试阶段,但与中国相比,其起步早、政策行为尝试多、政策理论支持较成熟,此外有伯明翰市所拥有的发达国家的政策资金支持、经济基础和居民素质普遍较高等优势加成,其居民生活垃圾分类行为的管理经验具有一定特殊性和必然性,虽然未必具有普适性,但对中国仍具有参考价值,这也是本文的初衷所在。

个体环保行为研究和助推机制应用研究都是目前学术研究领域日益受欢迎的话题,本文对伯明翰居民生活垃圾分类行为助推机制的研究仅涉及此二研究领域的浅显内容,仍然存在案例代表性不显著、一手数据不充足、跨国研究障碍等不足。这些不足之处,在未来的研究中仍有待加以改进完善。不可否定的是,本研究也具有其实际价值,首先,补充英国伯明翰地区以及整个英国地区生活垃圾管理案例等珍贵的一手资料和政策整理等二手资料;其次,增加了一例对行为改变理论和助推机制应用的研究;第三,将助推机制与行为改变理论的环保行为作用机制研究相结合,创新以及丰富了环保行为的研究;第四,将环境社会学、行为经济学、环境政治学以及心理学等相关领域的知识汇总,从而解释伯明翰地区当地案例,丰富了个体环保行为研究的内涵。

参考文献

陈绍军、李如春、马永斌:《意愿与行为的悖离:城市居民生活垃圾分类机制研究》,《中国人口资源与环境》2015 年第 25 期。

戴昕:《重新发现社会规范:中国网络法的经济社会学视角》,《学术月刊》2019 年第 2 期。

理查德·塞勒、卡斯·桑斯坦:《助推:如何做出有关健康、财富与幸福的最佳决策》,刘宁译,中信出版社 2018 年第 3 版,第 VIII 页。

曲英:《城市居民生活垃圾源头分类行为研究》,大连理工大学 2007 年。

曲英:《城市居民生活垃圾源头分类行为的影响因素研究》,《数理统计与管理》2011 年第 30 期。

谭文柱:《城市生活垃圾困境与制度创新——以台北市生活垃圾分类收集

管理为例》,《城市发展研究》2011 年第 18 期。

田凤权:《城市生活垃圾源头分类行为意向影响因素分析》,《科技管理研究》2014 年第 34 期。

吴晓林、邓聪慧:《城市生活垃圾分类何以成功?——来自台北市的案例研究》,《中国地质大学学报(社会科学版)》2017 年第 17 期。

王小红、张弘:《基于经济学视角的城市生活垃圾回收对策与处理流程研究》,《生态经济》2013 年第 7 期。

吴宇:《从制度设计入手破解"生活垃圾围城"——对城市生活垃圾分类政策的反思与改进》,《环境保护》2012 年第 9 期。

薛立强、范文宇:《城市生活垃圾管理中的公共管理问题:国内研究述评及展望》,《公共行政评论》2017 年第 10 期。

许蓉:《城市居民生活垃圾分类的影响因素研究》,《中国资源综合利用》2021 年第 39 期。

郑杭生:《从政治学,社会学视角看公民意识教育的基本内涵》,《学术研究》2008 年第 8 期。

李长安、郭俊辉、陈倩倩、胡查平:《生活垃圾分类回收中居民的差异化参与机制研究——基于杭城试点与非试点社区的对比》,《干旱区资源与环境》2018 年第 8 期。

贾亚娟、叶凌云、赵敏娟:《村庄制度对农村居民生活垃圾分类治理行为的影响研究——基于计划行为理论的分析》,《生态经济》2023 年第 1 期。

D. Kahneman (2011). Thinking, Fast and Slow; Farrar.

Ebert, P. and Freibichler, W.(2017). Nudge management: applying behavioral science to increase knowledge worker productivity. *Journal of Organization Design*, 6(1).

Eggertsson, T.(2005). Norms in economics, with special reference to economic development. in Michael Hechter and Karl Dieter-Opp (eds.). *Social Norms, Russell Sage Foundation*, 2001, 80—81.

Herridge, B.(2001). *Public Education and Kerbside Recycling*, in the UK: University of Kingston, London.

Horne, C.(2005). Sociological perspectives on the emergence of social norms. in Michael Hechter and Karl Dieter-Opp（eds.）. *Social Norms*, Russell Sage Foundation, 2001, 3—4.

I. Ajzen(1980). Understanding attitudes and predicting social behavior. Prentice-hall.

John, P., Cotterill, S., Moseley, A., Richardson, L., & Wales, C. (2011). Nudge, think: using experiments to change civic behaviour. *Bloomsbury Academic*.

Kirakozian, & Ankinée（2015）. The determinants of household recycling: social influence, public policies and environmental preferences. *Applied Economics*, 48(16), 1—23.

Kjell, Arne, Brekke, Gorm, Kipperberg, & Karine, et al.(2010). Social interaction in responsibility ascription: the case of household recycling. *Land Economics*.

Noehammer, H. C., & Byer, P. H.(1997). Effect of design variables on participation in residential curbside recycling programs. *Waste Management & Research*, 15(4), 407—427.

Read, A. D.(1999). Iweekly doorstep recycling collection, I had no idea we could! *Resources Conservation & Recycling*, 26(3), 217—249.

Vernon, L., & Smith.(2003). Constructivist and ecological rationality in economics. *The American economic review*.

Woodard, R., Bench, M., & Harder, M. K.(2005). The development of a uk kerbside scheme using known practice. *Journal of Environmental Management*, 75(2), 115—127.

Valérie J. V. Broers, Scharrenburg M. V., Fredrix L., et al.(2021).Individual and situational determinants of plastic waste sorting: an experience sampling method study protocol. *BMC Psychology*, 9(1), 92—101.

Loan L. T. T., Nomura H., Takahashi Y., et al. Psychological driving forces behind households' behaviors toward municipal organic waste separation at source in Vietnam: a structural equation modeling approach. *Journal of Material Cycles & Waste Management*, 2017, 19(3), 1052—1060.

De Young, R.(1985). Encouraging Environmentally Appropriate Behavior: The Role of Intrinsic Motivation. *Journal of Environmental Systems*, 15 (4), 281—292.

Tucker, P. and Speirs, D.(2003). Attitudes and Behavioural Change in Household Waste Management Behaviours. *Journal of Environmental Planning and Management*, 46(2), 289—307.

Pieters, R.G.M.(1991).Changing garbage disposal patterns of consumers: motivation, ability and performance. *Journal of Public Policy and Marketing*, 10(2), 59—76.

知识产权战略何以产生环境治理效应

——来自示范城市政策的实证证据[*]

张　扬　　顾丽梅^{**}

[内容提要]　知识产权示范城市政策是知识产权战略实施的重要体现,为评估该项政策在环境治理中的政策效应,基于2005—2018年279个城市的面板数据,使用熵值法构建城市环境污染指数后通过连续双重差分方法探究两者因果关系;并结合倾向得分匹配、Sobel检验等方法进一步探索其作用机制。研究结果表明:(1)知识产权示范城市政策有效降低示范城市0.033个单位的环境污染指数,产生了积极的环境治理效应;(2)知识产权示范城市政策可通过绿色科技创新与产业结构调整两条路径缓解城市环境污染状况;(3)信息技术、人力资本以及财政实力水平影响知识产权示范城市政策效用,在低水平城市中难以发挥政策的环境治理效应,甚至可能产生负向作用。

[关键词]　知识产权;环境治理;政策试点;连续双重差分;绿色科技创新

[Abstract] In order to evaluate the policy effects of intellectual property pilot city policy on environmental governance, based on the data of 279 cities from 2005 to 2018, the entropy method was used to construct the urban environmental pollution index, and the causal mechanism was explored through the multi-phase difference in difference method. Finally, the mechanism of effect was further explored through the combination of propensity score matching and Sobel test. The results show that: (1) the intellectual property pilot city policy effectively reduces the environmental pollution degree of the pilot city and produces positive environmental governance effect; (2) Green technology innovation and industrial structure adjustment are the mechanism path of intellectual property pilot city policy to alleviate environmental pollution; (3) The information technology, human capital and financial strength of cities are the characteristic factors that affect the effectiveness of policy. Besides, it is difficult to play the environmental governance effect of intellectual property pilot city policy in low-level cities, and even produce negative effects.

[Key Words] Intellectual Property, Environmental Governance Effects, Intellectual Property Pilot City, Difference in Difference, Green Technology Innovation

* 本文得到国家留学基金"2022年国家建设高水平大学公派研究生"项目(项目编号:202206100091)的资助。

** 张扬,复旦大学国际关系与公共事务学院博士研究生,雪城大学麦克斯韦尔公民与公共事务学院联合培养博士生;顾丽梅,复旦大学国际关系与公共事务学院教授、博士生导师。

引　言

城镇化水平的提高加快了中国社会发展进程,但在经济领域取得重大成就的同时,严峻的环境问题已然逐渐成为国家高质量与可持续发展的掣肘。《2018 中国生态环境报告》显示,中国 338 个地级及以上城市中有 64.2%的城市环境空气质量超标;京津冀及周边地区环境空气质量平均超标天数比率为 49.5%。以空气污染为主的环境质量问题对资源结构、产业发展、人口迁移以及公众健康均造成严重影响,也是国家与社会致力于解决的难题(Liang & Wang, 2019)。在环境治理中通常存在两种政府干预的路径或方式,一种是创新治理机制与管制模式,另一种则是完善治理的制度与政策体系。环境治理机制以中央或地方政府的环境规制、监管为主(Zhang et al., 2018)。而制度体系的建立与完善相对形塑了污染治理的政策环境,通过行政处罚、财政投入以及主体激励等工具产生环境治理效应。

保护创新成果、激发创新潜力,加快建设创新型国家对经济高质量发展至关重要(郭爱君、雷中豪,2021)。知识产权制度是维护创新和促进创新的重要制度保障;作为一项制度创新,知识产权战略与绿色创新及环境保护具有密切联系(张磊等,2021)。知识产权战略即为实现自身总体目标,通过规划、执行和评估一系列措施以推进知识产权工作,发挥知识产权管理、创造、保护和运用等方面效应的策略和手段(张勤等,2010)。此外,整体战略实施之下各项配套政策得以细化出台。知识产权示范城市试点是深入实施创新驱动发展战略和知识产权战略,发挥知识产权在城市创新驱动全面发展、提质增效的重要政策,其直接政策目标涵盖了知识产权创造、知识产权保护和知识产权运用的多个层次,而在高质量发展的最终目标中则指向了包括生态环境保护在内的要求与逻辑。尽管知识产权与绿色发展在理论与实践中具有一定相关性;但整体而言,学术界仍较少关于知识产权政策尤其是知识产权示范城市政策与环境治理水平之间因果关系的研究（张磊等，2021；李玲玲、赵光辉，2021）。

知识产权示范城市政策是否能够产生以及如何产生环境治理效应。对这一问题的回答，可为中国知识产权城市层面试点政策的环境溢出效应提供实证依据。本文的创新与边际贡献可能在于：首先，相比于单一的环境污染指标，通过熵值法构建多指标在内的环境指数以更为准确衡量城市环境水平，并在机制检验中区分一般知识产权与绿色知识产权对于环境治理效应的影响；其次，使用政策评估的方法检验知识产权政策对于降低环境污染程度的作用，丰富了知识产权政策与环境治理之间因果机制的研究；最后，以国家知识产权示范城市这一政策作为一项准自然实验，进一步分析知识产权政策缓解环境污染的机制并探索可能存在影响的城市特征，为强化知识产权政策的环境治理效应提出有效路径。

一、政策背景与理论假设

（一）政策背景

党的十九大报告提出，要倡导创新文化，强化知识产权创造、保护、运用（习近平，2017）。知识产权制度是提高国家与地区创新能力的坚实保障，改革开放初期，邓小平等就提出应建立包括专利制度在内的知识产权制度。改革开放使中国政府正式迈出知识产权制度建设的步伐，中国知识产权制度建设大致经历了被动立法、被动调整、探索适应以及主动变革等四个阶段（杨舒博、黄健，2019）。商标法、专利法等法律法规的出台与修订，为知识产权制度建设走向主动变革奠定基础。2008 年，国务院印发《国家知识产权战略纲要的通知》，提出"到2020 年，把我国建设成为知识产权创造、运用、保护和管理水平较高的国家"的战略目标；同年，建立了国家知识产权战略实施工作部际联席会议制度，统筹协调国家知识产权战略实施工作。随后，国家知识产权局等十部委共同编制并发布《国家知识产权事业发展"十二五"规划》。整体而言,国家战略与中央相应政策的完善为中国知识产权强国建设塑造了制度环境,呈现中央自上而下推进与地方因地制宜建设并举的特征。

在原有知识产权试点工作的基础上,2011 年,国家知识产权局出台《国家知识产权试点和示范城市(城区)评定办法》以推动国家级知识产权示范城市建设。示范城市的确定遵循城市申报、省级推荐、中央评定的程序。2012 年,武汉、广州、深圳等 23 个副省级城市与地级市入选首批国家知识产权示范城市,2013 年、2015 年、2016 年、2018 年与2019 年又继续分批次设立示范城市,共有 77 个城市、区县被评选为国家知识产权示范城市。

表 1 2012—2018 年国家知识产权示范城市

时间	副省级城市	地级城市	县级城市
2012 年	武汉、广州、深圳、成都、杭州、济南、青岛、哈尔滨、南京、大连、西安	长沙、苏州、南通、镇江、郑州、洛阳、东营、烟台、福州、泉州、温州、芜湖	
2013 年	厦门、宁波、长春	东莞、无锡、株洲、泰州、潍坊、淄博、合肥、嘉兴、南阳、湖州、昌吉、新乡、贵阳	常熟、昆山
2015 年		常州、安阳、宜昌、湘潭、攀枝花、佛山、中山、北京市朝阳区、南昌	江阴、丹阳、张家港
2016 年		绵阳、惠州、德阳、北京市海淀区、上海市闵行区、天津市西青区、重庆市江北区	即墨、海门、宁国、义乌
2018 年		马鞍山、汕头、石家庄、徐州、重庆市九龙坡区、沈阳	

注:未展示 2019 年入选的示范城市。

资料来源:作者自制。

（二）理论分析与假设

1. 知识产权示范城市政策的环境治理直接效应

政府行为对环境质量存在显著影响。晋升锦标赛视角下,地方政府尤其政府官员以谋求经济发展并取得政治利益为目的,倾向于将更多财政资金投入可快速促进经济发展的高污染或高消耗产业,同时减少环境治理支出,由此导致地方自然环境恶化(Wu et al.,2013)。相反地,在政府注意力逐渐朝经济与环境并举转向后,环境、能源以及气候等政策发生重大变化,环境管制下污染状况得以缓解(Jin et al.,2016)。党的十八大把生态文明建设与经济建设、政治建设、文化建设、社会建设列入"五位一体"总体布局,在中国,生态文明与环境治理已成为经济高质发展的必要之举。有学者认为,中国环境管制呈现由"控制"取向走向"激励"取向的阶段,前者凸显国家控制,后者则强调对自然的尊重、对公众权利与企业利益的激励(臧晓霞、吕建华,2017)。在政府不作为或挤压环境效应、惩治性环境规制之外,对各不同主体环境保护行为的激励也是政府行为影响环境的途径。从该角度而言,知识产权制度建设可理解为政府采取行动,对社会环境进行塑造并激励有益于环境保护的行为。

政策实践上,中国的知识产权战略已被视为促进高质量发展的动力之一。《知识产权强国建设纲要(2021—2035 年)》强调要以推动高质量发展为主题,满足人民日益增长的美好生活需要(国家知识产权局,2021)。作为强国战略的重要组成部分,知识产权示范城市建设的主要任务在于加强城市知识产权管理和服务能力建设,健全城市知识产权政策体系,提升城市知识产权创造能力及其带来的经济效益,同时还将提升城市知识产权执法保护的效果。对于地方政府而言,主要从营造创新的制度环境和市场环境、激励企业进行创新活动、惩处企业侵犯知识产权行为三个方面推动战略实施(鲍宗客等,2020)。一方面,知识产权示范城市通过改革试点工作营造地区产业发展环境,是环境友好的特色产业高质量发展的抓手;另一方面,"在保护生态环境、改善生态环境中发展生产力",知识产权的保护与发展是实现经济发展与环境污染、资源消耗之间"脱钩"的关键途径。

理论研究中,大多从国际视野出发,或聚焦于某一生产领域、污染指标对知识产权相关政策进行探究。张磊等(2021)基于跨国视角,使用基于 55 个国家的面板数据分析了知识产权保护与雾霾污染的机制,并得到知识产权保护对各国减轻雾霾污染产生了显著积极作用的结论。李玲玲等(2021)则聚焦于农业知识产权领域,使用省级面板数据研究发现农业知识产权保护度与环境效应之间为非线性关系,且存在最优环境效应值。尽管从学科分野和具体实践来看,环境保护与知识产权保护是平行和彼此相互独立的两个体系,但将环境保护的要求融入知识产权制度中有助于预防、改善和最终解决生态环境问题并实现对生态环境的保护(周长玲,2012)。总体而言,知识产权的创造、运用与保护将对地区生态环境产生重要影响,但将制度冲击作为前因变量探究知识产权政策与环境污染关系的研究仍非常少,这亦是本文希望能够通过实证分析补充研究的一个方向。基于此,提出以下待检验的假设:

H1:知识产权示范城市政策可以降低地区环境污染程度,具有正向环境治理效应。

2. 知识产权示范城市政策的环境治理间接效应

从政策目标来看,知识产权示范城市建设通过知识产权创造、保护、应用以及人才培养等方面,与国家创新驱动发展战略相连接。从政策对象来看,知识产权示范城市政策涉及政府、企业与公众等多元主体,加强知识产权的税收优惠和成果保护可激发主体创新动力,促进环境新兴技术应用并引导产业集聚或转型。因此,城市层面的知识产权相关政策与环境污染之间的关系可从绿色创新效应与产业调整效应两个方面作出假设。

绿色创新效应假设的内在逻辑在于知识产权示范城市建设创造了绿色专利发展的制度环境,通过提升城市绿色科技创新水平,进而产生环境治理效果。加强知识产权保护能够提升企业技术创新水平,在宏观上表现为地区行业整体创新的投入、产出和核心创新竞争力的提高(郭爱君、雷中豪,2021)。尽管由于反向因果问题,在解释知识产权政策与创新水平之间的联系具有一定挑战性(Fang et al.,2017),但仍有许多研究通过方法改进与理论阐述对两者进行了深入探究。激励视角下，知识产权政策上的完善加强了知识产权保护力度，可以有效降低知识产权遭受侵权风险，从而帮助企业获得长期的竞争优势，激发对绿色技术创新的热情、提高企业等主体创新动力（Ren et al.，2021）；进而促进城市或区域整体技术创新发展（Deng et al.，2019）。利益视角下，加强知识产权建设可以减少由研发过程溢出带来的损失，降低创新技术在环保场景中应用的成本，政府也更可能采取行动促进创新扩散（Moser，2012）。同时，可持续的绿色技术对于有效且经济地控制污染物排放极为重要（Huang et al.，2019）。一部分学者认为并非所有技术创新都能够改善环境质量，绿色技术、环境技术等创新对于环境保护才具有正向作用。绿色创新不仅减少地区雾霾污染，还可以通过知识或技术溢出效应间接带动邻近区域环境污染的改善（Liu，2018）。如能源技术创新发展可减少传统能源使用，提高清洁能源使用效率，进而改善空气污染状况（Sohag et al.，2015）。

产业结构调整效应假设的内在逻辑在于知识产权示范城市政策能够通过对知识产权密集型产业的政策倾斜，影响产业结构的调整与优化，进而使得新兴高新技术企业集聚并降低传统工业企业发展对环境造成的污染。创新驱动是促进产业结构优化升级极其重要的动力来源（郭爱君、雷中豪，2021）。但由于技术供给、进入壁垒等因素影响，知识产权保护对产业结构的影响具有复杂性。严格的知识产权保护可能会增加技术成本，进而导致生产要素流向不符合产业的发展方向，从而阻碍产业升级进程（李士梅、尹希文，2018）。但更多的观点认为，加强知识产权制度保护水平能够加强本地创新要素流入速率和集聚程度，优化创新要素结构（纪祥裕、顾乃华，2021）；科技创新水平与知识产权体系的全面投入，可以有效推进产业升级进程（章文光、王耀辉，2018）。换言之，知识产权示范城市建设作为制度创新，有助于推动经济系统进程并改变产业结构现状（覃波、高安刚，2020）。同时，地区产业结构与环境污染密切相关。在中国部分地区，重工业在产业结构中所占比重较大，造成大规模污染物排放，因此加快发展第三产业对实现环境治理目标具有重要意义(Liu & Lin,2019)。以碳排放领域为例,通过产业结构调整,鼓励低消耗产业发展可以有效减少碳排放,降低空气污染程度(Bai et al.,2021)。

基于以上效应分析,提出知识产权示范城市产生环境治理效应的作用机制假设:

H2:知识产权示范城市政策可以通过提升绿色科技创新水平降低地区环境污染程度。

H3:知识产权示范城市政策可以通过调整产业结构降低地区环境污染程度。

城市异质性对环境治理效应的影响也在既有研究中受到关注。在对智慧城市与环境污染的分析中,石大千(2018)等提出基础设施水平、人力资本水平、政府财政水平等可能影响环境污染的城市特征。城市基础设施建设与环境质量存在密切关系,而知识产权的发展与信息技术的发展程度密切相关。而通过教育提高人力资本将对环境产生长期的积极影响,人力资本的提升通常可以改善环境绩效(Twum et al.,2021)。最后,在中国,环保财政支出旨在全面改善环境质量,意味着财政支出越多,环保意识越高,改善环境质量的能力就越强(Jiang et al.,2020)。为此,提出以下关于城市特征影响知识产权示范城市环境治理政策效应的假设:

H4:城市特征影响知识产权示范城市政策对地区环境污染的治理效应。

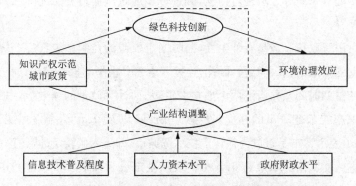

图1　知识产权示范城市政策产生环境治理效应的作用机制

二、研究设计

（一）研究方法与模型构建

倾向得分匹配（Propensity Score Matching，PSM）由 Rubin 和 Rosenbaum 提出，后成为社会科学研究领域因果推断的重要方法之一（Rubin & Rosenbaum，1983）。倾向得分即在控制观察到的协变量的情况下受到特定处理或干预的条件概率。式1中，ATT 的期望值代表了样本在干预状态下的平均干预效应，也就是接受干预与不接受干预情况下预期结果的差异。为得到接近的随机分组与可比的样本，需要进一步根据协变量控制样本特征以得到匹配的样本，由此计算处理效应。

$$\tau_{ATT} = E(\tau \mid period\_treat = 1)$$
$$= E[Y(1) \mid period_{treat} = 1] - E[Y(0) \mid period_{treat} = 1] \sharp \quad (1)$$

为更为准确地识别知识产权示范城市政策对环境污染的影响，将该政策视为一项准自然实验。其中，实验组为 2012 年、2013 年、2015 年以及 2018 年被设立为知识产权示范城市的样本，控制组为未进入示范城市范围的样本。由于时间上进入准自然实验的不同，可利用多期双重差分方法进行检验，并进一步通过倾向得分匹配降低样本间差异。

由于政策一般具有外生性，同时固定效应的控制一定程度上缓解了遗漏变量的偏误问题。因此，连续双重差分模型的核心在于，通过政策冲击和时间差异构造两个虚拟变量，从而计算政策的净效应。根据知识产权示范城市的建立，设置了 period 以及 treat 两个虚拟变量。treat 表示城市是否成为知识产权示范城市，即进入实验组的赋值为1，未进入实验组的赋值为 0；period 表示城市成为知识产权示范城市的年份，在实验组中，成为示范城市当年以及之后的年份赋值为1，之前的年份赋值为 0,而控制组中的城市样本均赋值为 0。具体的模型如下所示。

$$Y_{it} = \alpha + \beta period_{treat_{it}} + control_{it} + \mu_i + \lambda_t + \varepsilon_{it} \quad (2)$$

其中,Y_{it} 为被解释变量,即环保效应;α 为常数项;$period\_treat_{it}$ 为 period 和 treat 的交互项,代表时间虚拟变量与政策虚拟变量影响的结果,即城市 i 在第 t 年成为知识产权示范城市,其系数 β 是主要估计系数,β 小于 0 且具有统计上的显著性则可说明知识产权示范城市可降低环境污染,产生环保效应;$control$ 为影响城市环保效应的控制变量;μ_i 是城市 i 的固定效应,λ_t 为第 t 年的时间固定效应,ε_{it} 为随机误差。

（二）数据来源与变量描述

1. 数据来源

知识产权示范城市的设立由国家知识产权局制定办法进行评定,自 2012 年国家知识产权局确定首批国家知识产权示范城市以来,已有 6 批共计 77 个城市入选国家知识产权示范城市,其中副省级城市 14 个,地级市（区）54 个,县级市 9 个。样本为城市,考虑到数据可获得性,选择 2005—2018 年的年度数据,对于样本的筛选遵循以下原则。首先,在 2005—2018 年间城市数据较为齐全,可在统计年鉴、政府网站等渠道进行收集,并且时间跨度较长,可全面地测量知识产权示范城市政策前后的环境效应;其次,期间未发生重大行政区划变动,包括合并、改市等;第三,以区级单位进入知识产权示范城市中的主要为北京、上海、天津、重庆等 4 个直辖市,考虑到直辖市整体性较强且区际之间知识产权建设水平相差较小,因此直接将 4 个城市整体作为示范城市。

由此,选取的实验组为 2012—2018 年间的 58 个知识产权示范城市,同时有 221 个非示范城市进入控制组。样本数据来源于《中国城市统计年鉴》、《中国环境统计年鉴》、EPS 数据库、世界知识产权组织（WIPO）以及国家知识产权局官网等渠道,其中绿色专利数据使用世界知识产权组织、SooPAT 专利数据库以及国家知识产权局官网等进行整理并交叉验证。最后,使用线性插值方法对缺失值进行估计与补充,得到 14 年 279 个城市的面板数据。

2. 变量描述

被解释变量为环境治理效应,将城市环境污染程度作为其代理指标,污染程度降低则说明具有环境治理效应。既有研究中,通常选取城市工业二氧化硫排放量和工业废水排放量来代表城市环境污染程度(刘满凤、陈梁,2020)。工业污染带来的空气污染是环境问题产生的重要因素,有研究直接将某一指标,如工业二氧化硫排放量作为环境污染的代理指标(周宏浩、谷国锋,2020)。然而在城市发展过程中的环境污染不仅涉及空气问题,在衡量城市环境治理效应中,应考虑多样化的指标以提升变量效度。通常而言,废水、废气与废弃物较能代表环境污染状况。鉴于废弃物数据在城市层面难以获取,因此更多地选取工业废水排放量、工业二氧化硫排放量和工业烟尘排放量作为基本评价指标(韩国高、张超,2018)。熵值法能够赋予不同污染物以相应权重,并计算综合指数,该指数的降低说明环境治理效应得以提升。参考谭志雄等(2015)的做法,具体步骤如下:

首先,对选取的污染物排放数据进行标准化处理,其中,i 为年份,j 为污染物指标,σ_{ij} 为标准化值,$\mathrm{Max}(\varphi_j)$ 与 $\mathrm{Min}(\varphi_j)$ 分别代表污染物 j 排放量的最大值和最小值($i = 1, 2, \cdots, m$;$j = 1, 2, \cdots, n$)。

$$\sigma_{ij} = \left[\varphi_{ij} - \mathrm{Min}(\varphi_j)\right] / \left[\mathrm{Max}(\varphi_j) - \mathrm{Min}(\varphi_j)\right] \# \qquad (3)$$

其次,计算第 j 项污染物的熵值 e_j,熵值越小,说明该指标值变异程度越大,在城市污染指数中的权重也就越大。

$$\rho_{ij} = \sigma_{ij} / \sum_{i-1}^{m} \sigma_{ij} \# \qquad (4)$$

$$e_j = -\lambda \sum_{i=1}^{m} \rho_{ij} \ln\rho_{ij} \# \qquad (5)$$

第三,计算熵权 w_j,熵权即为 j 项污染物在整体指数中的权重。

$$w_j = (1 - e_j) / \sum_{j=1}^{n} (1 - e_j) \# \qquad (6)$$

最后,根据熵权构建包含工业废水排放量、工业二氧化硫排放量以及工业粉尘排放量在内的城市环境污染指数 $pollu_{ij}$。

$$pollu_{ij} = \sum_{j=1}^{n} w_j \rho_{ij} \# \tag{7}$$

解释变量为国家知识产权示范城市的虚拟变量 $period\_treat$。由于在2012、2013、2015、2016及2018年均有城市入选知识产权示范城市,因此,分组虚拟变量随时间和政策冲击而变化。实验组中的虚拟变量以入选示范城市的年份为界,分别取值为 0 和 1,控制组中的非示范城市均取值为 0。

控制变量为人均生产总值、对外开放水平、财政科技支出、金融机构存款以及人均公交数量。人均生产总值可衡量一个地区的经济发展水平。经济发展对于环境具有双重效应,一方面,经济水平的提高说明城市或地区可能发展了密集型产业,从而加剧环境污染(李飞等,2009);而另一方面,城市经济水平的提高则说明可通过财政支出促进技术创新以及产业转移,从而缓解环境污染(Liang & Yang, 2019)。对外开放水平以外商实际投资进行衡量,污染避难所假说认为外商直接投资加重了空气污染,因为外资企业更愿意在其他发展中国家开展工业活动(Solarin et al., 2017);污染光环假说则认为外商直接投资通过技术创新的扩散减轻了环境污染,有利于空气质量的改善(姜磊等,2018)。既有研究中,财政支出的环境效应已经得到检验,例如政府的环境意识通过财政支出影响二氧化硫排放(Jiang et al., 2020);也有研究认为中国财政中的科技支出很少为环境清洁创新技术提供税收优惠或额外补助(Ullah et al., 2021)。金融机构存款是金融市场的重要指标之一,金融市场的发展可以促进环保水平的提高,居民存贷款行为可以发挥重要的资金融通作用(张磊等,2021),也可以支持企业积极开展技术创新等经营活动,进而促进绿色发展(黄建欢等,2014)。交通工具的使用对环境的影响在实践与研究中均有实证证据,在城市引入公共交通是减少空气污染的主要方式之一(Borck, 2019)。参考既有文献,本文以人均公共电车、汽车数量度量公共交通工具的使用情况。

中介变量为产业结构调整与绿色科技创新。首先,产业结构的升级调整与环境污染密切关联,第三产业尤其是科技创新企业的活跃程度可为一、二产业的高质量发展提供技术基础,因此选取第三产业占GDP的比重代表城市产业结构调整。

其次,绿色科技创新与绿色专利密切相关。对于创新的衡量通常涉及三个阶段,一是创新过程的投入,例如研发支出,二是创新的中间产出,如已获得专利的发明数量,三是创新直接产出,专利数量提供了一种相对可靠的创新活动衡量标准(Acs et al., 2002)。中国的专利类型通常分为发明专利、实用新型专利以及外观设计专利,然而在环境治理中并非所有专利都可产生环境效应,一些专利甚至具有负向作用。在全球范围,大规模地推动绿色技术创新、发展绿色产业、拓展绿色专利制度已被视为可持续发展的重要途径。在联合国环境规划署、世界知识产权组织等文件中,绿色技术或环境友好型技术主要包括回收、污水处理、节能、减排等技术方面,绿色专利即属于上述绿色技术领域。相对而言,绿色专利更能代表知识产权在环境领域的效用。因此,根据《国际专利绿色分类清单》的划分,选取替代性能源生产技术、交通运输技术等领域的绿色专利授权数量作为衡量城市绿色科技创新的标准(许可、张亚峰,2021)。

表2呈现研究变量的描述性统计分析。

三、实证结果及分析

(一)基准回归模型

本文使用多期双重差分模型分析国家知识产权示范城市政策对于环境污染的影响,即产生的环境治理效应。基准回归结果如表3所示,2个模型均将省份固定效应与时间固定效应纳入控制。模型(1)是没有加入控制变量的回归,回归显示,知识产权示范城市的建设将所在城市的环境污染指数有效降低了0.035,结果在0.01的置信水平上显著。

表 2 变量描述性统计分析

	变量名称	缩　写	样本量	平均值	最小值	最大值	数据来源
因变量	环境污染指数	Pollu	3906	0.105	0.000	0.938	《中国城市统计年鉴》《中国环境统计年鉴》《熵值法建构》
自变量	知识产权城市	Treat	3906	0.208	0	1	国家知识产权局
控制变量	人均生产总值	Pgdp	3906	10.315	4.595	13.056	《中国城市统计年鉴》
	对外开放水平	Fdi	3878	9.712	1.099	15.086	
	财政科技支出	Tech	3906	11.219	4.736	16.082	
	金融机构存款	Save	3906	16.050	13.424	21.175	
	人均公交数量	Traffic	3906	8.087	0.030	147.520	
中介变量	绿色科技创新	Gre_Pat	3906	233.552	0	15323	国家知识产权局世界知识产权组织SooPAT 专利数据库
	产业结构调整	Ind	3906	38.235	8.580	85.340	中国城市统计年鉴

模型(2)中加入了人均生产总值、对外开放水平、财政科技支出、金融机构存款以及人均公交数量等控制变量,多期双重差分的回归结果仍旧支持模型(1)的结论,与非示范城市相比,知识产权示范城市的环境污染指数减少了0.033,同时通过了1%水平的显著性检验。基准回归模型的结果说明,国家知识产权示范城市政策降低了废水、二氧化硫等污染物的排放,缓解了环境污染程度,具有较好的环境治理效应。由此,假设1得以验证。

表3　基准回归结果

变　　量	(1)	(2)
知识产权示范城市	-0.035^{***} (0.010)	-0.033^{***} (0.009)
人均生产总值		0.018^{**} (0.008)
对外开放水平		-0.004^{***} (0.001)
财政科技支出		-0.002 (0.002)
金融机构存款		0.010^{*} (0.006)
人均公交数量		-0.001 (0.000)
省份/时间固定效应	是	是
常数项	0.110^{***} (0.003)	-0.180^{*} (0.104)
样本量	3906	3878
R^2	0.177	0.243

注:括号内为标准误,$***$ $p<0.01$,$**$ $p<0.05$,$*$ $p<0.1$。

（二）平行趋势检验

平行趋势检验主要为分析使用连续双重差分这一研究方法的合理性,即在区分实验组与控制组之前,应保证两个组别之间具有相同的时间变化趋势。由于知识产权示范城市与未进入示范的城市在未开展试点之前的环境治理效应时间趋势可能是有差异的,如果示范城市本身的环保效应就高于非示范城市的环境治理效应,则实验组与控制组不具备可比性,不适用于双重差分构造的准自然实验。本文的平行趋势模型如式(8)所示。

$$Y_{it} = \alpha_0 + \beta_1\, period_{treat_{i,\,t-4}} + \cdots + \beta_{10}\, period_{treat_{i,\,t+5}}$$
$$+ control_{it} + \mu_i + \lambda_t + \varepsilon_{it} \sharp \qquad (8)$$

式(8)中,period_treat 是政策冲击与时间差异的交互项,即区分实验组与控制组以及实验组中进入示范城市的年份的虚拟变量。选取国家知识产权示范城市政策冲击的前4年与后5年进行平行趋势检验,$t-4$ 为示范城市建设前4年,$t+5$ 为示范城市建设后5年。假如国家未出台知识产权示范城市政策,则示范城市与非示范城市之间在环境污染指数上的变化趋势应具有一致性。因此,平行趋势检验模型主要关注政策前后的估计系数是否显著,即是否具有明显差异。

表4呈现了平行趋势检验回归的结果。结果显示,在政策冲击的前4年,估计系数在统计意义上不具备显著性,说明在实施知识产权示范城市政策前,示范城市与非示范城市的环境污染指数的变化趋势是

表4　平行趋势检验回归结果

时　间	估计系数	时　间	估计系数
前4年	− 0.001 (0.007)	后1年	− 0.032 *** (0.011)
前3年	− 0.002 (0.009)	后2年	− 0.033 *** (0.011)
前2年	− 0.001 (0.010)	后3年	− 0.026 *** (0.009)
前1年	− 0.016 (0.010)	后4年	− 0.027 ** (0.011)

注:括号内为标准误, *** p<0.01, ** p<0.05, * p<0.1。

一致的,不存在显著差异。但在实施该项政策之后,入选示范城市的样本的环境污染缓解相较于非示范城市的样本而言更加显著,可认为这一变化趋势是由政策引起的。因此多期双重差分的方法适用性得到检验。图2为估计系数的展示,需要说明的是,从图中还可发现随着政策实施的时间变化,其环境治理效应愈强,呈现略有波动、整体提升的形势。再次验证了国家知识产权示范城市政策在环境治理上逐渐凸显的溢出效应。

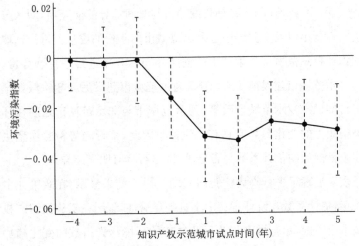

图 2 政策前 4 年及后 5 年平行趋势检验

(三)稳健性检验

1. PSM-DID 检验

为进一步验证基准回归模型的结果,拟用倾向得分匹配方法对样本数据进行处理后再分析。倾向得分匹配的目的在于尽可能为实验组寻找到相似的控制组,从而进行政策效应的比较。知识产权示范城市与非示范城市之间在数量上存在较大差异,因此可通过控制城市进入示范城市的变量作为协变量,在已有的 279 个城市中选取更加匹配的示范城市与非示范城市进行对比。具体使用核匹配方法,核匹配是一种非参数方法,核匹配中每个被处理的样本被赋予一个权重,加权组合用于为实验组样本创建匹配策略。通过倾向得分与处理样本之间的距离进行加权,剔除在共同支持范围之外的样本,核匹配最大化了精度并减少偏差的提高(Garrido et al.,2014)。

同时,倾向得分匹配的协变量是指可能影响城市进入知识产权示范城市的因素。根据国家知识产权局制定的评定办法以及相应指标,选取人均生产总值、财政科技支出、对外开放水平等部分控制变量作为协变量。同时,考虑到创新水平是知识产权示范城市的主要评定标准,将绿色专利发明的数量作为主要的创新水平衡量标准,并作为协变量之一。最后,知识产权示范城市的选取还建立于经济发展水平、信息技术发展等之上,因此,将金融机构存贷款、城市固定资产投资以及宽带用户数量也纳入协变量之中。

表 5 展示了各协变量在匹配前后的差异性情况,试点城市与非试点城市在协变量上的差异的显著性越低,说明构造出来的实验组与控制组之间的差异越小,具有更高的可比性。匹配前,人均生产总值、财政科技支出等协变量的标准差均存在显著差异,示范城市与非示范城市样本的选择可能存在一定的偏差。匹配后,各协变量的 T 值均不显

表 5　匹配前后实验组与控制组 T 检验

	匹配前			匹配后		
	平均值		T 值	平均值		T 值
	试点城市	非试点城市		试点城市	非试点城市	
人均生产总值	10.681	10.365	8.46***	10.681	10.709	− 0.63
财政科技支出	11.739	11.121	8.46***	11.739	11.727	0.15
对外开放水平	10.802	10.065	9.78***	10.802	10.724	0.85
绿色专利数量	51.596	18.604	12.74***	51.596	51.86	− 0.05
宽带接入数量	89.081	52.196	10.60***	89.081	95.582	− 1.20
ps	0.334	0.185	18.00***	0.334	0.330	0.22

注:括号内报告的为标准误,*** $p<0.01$, ** $p<0.05$, * $p<0.1$。

著,说明示范城市与非示范城市之间在协变量特征上的差异显著降低,实验组与控制组的倾向得得到改善。基于此,使用匹配后的城市样本再次进行多期双重差分检验。表 5 为回归结果,模型(1)与模型(2)均纳入省份固定效应与时间固定效应。模型(1)中仅包括解释变量国家知识产权示范城市的虚拟变量 period_treat 以及被解释变量环境污染指数 pollu,结果显示,国家知识产权示范城市政策能够改善城市的环境污染状况,其污染程度约降低 0.018。模型(2)将人均生产总值等控制变量加入,结果依旧说明政策冲击能够产生环境治理效应,与非示范城市相比,知识产权示范城市的环境污染程度下降了 0.017。由此,再次验证了假设 1。

2. 进一步的检验

通过纳入潜在控制变量、更改双重差分时间、剔除部分样本等途径,对实证结果进行多重稳健检验。首先,考虑到在基准回归模型中可能会出现遗留变量的情况,可通过既有研究寻找影响城市环境污染的潜在控制变量。城市人口密度对于空气等环境要素的影响同样具有正向与负向的争议。一部分研究认为人口密度与 SO_2、PM2.5 浓度等呈正相关关系,人口集聚可能导致环境污染加剧;另一种观点认为人口密度的增长通过促进清洁能源与公共交通的使用,减少了空气污染(Chen et al., 2020)。因此,将城市人口密度作为潜在控制变量加入基准回归模型进行分析,结果呈现在表 6 的模型(3)与模型(4)中。结果说明,考虑人口密度这一因素后,国家知识产权示范城市政策依旧产生了积极的环境溢出效应,示范城市的环境污染指数相较非示范城市降低了 0.035。

缩减样本时间,目的在于在时期变化情况下检验结果稳健性。去除 2010 年之前的数据,将数据跨度调整为 2011—2018 年,再次进行基准回归分析。表 5 的模型(5)与模型(6)展示了回归结果,两个模型中均有省份固定效应与时间固定效应。在仅有知识产权示范城市和环境污染两个变量的模型中,政策冲击降低了 0.027 的环境污染程度;考虑控制变量后,示范城市的环境治理效应比非示范城市高出 0.023。说明

表6　PSM-DID检验结果

变　　量	(1)	(2)
知识产权示范城市	− 0.018* (0.010)	− 0.017* (0.010)
人均生产总值		0.022 (0.015)
对外开放水平		− 0.007*** (0.002)
财政科技支出		− 0.003 (0.004)
金融机构存款		0.018** (0.009)
人均公交数量		− 0.002 (0.000)
省份/时间固定效应	是	是
常数项	0.111*** (0.003)	− 0.302** (0.153)
样本量	1885	1857
R^2	0.155	0.192

注:括号内为标准误, *** $p<0.01$, ** $p<0.05$, * $p<0.1$。

知识产权示范城市政策具有显著的环境污染缓解作用。

剩除直辖市与省会城市样本。在中国,直辖市与省会城市相对于其他城市,可能在城市特征上就具有明显差异。省会城市和大城市人口稠密,可能导致城市能源消耗过多,从而环境污染程度更为严重(Cai et al., 2020)。而另一方面,有可能直辖市与省会城市的环境规制更为严格,在环境治理上有着更高要求,因此环境效应存在基本优势。因此,将直辖市与省会城市样本剩除的途径,可作为知识产权示范城市政策与环境污染之间关系的安慰剂检验。最后保留38个示范城市以及111个非示范城市作为样本,结果呈现在表5的模型(7)与模型(8)中。整体而言,国家知识产权示范城市政策对于城市的环境治理具有显著作用,示范城市的建设减轻了 0.023 的环境污染程度,该结果在 0.05 的水平上具有统计意义。

四、中介效应与异质性分析

(一)绿色科技创新与产业结构调整的中介效应分析

国家知识产权示范城市的建设与环境污染之间的机制是多重的,知识产权建设既包括对于知识产权产出的激励,也包括知识产权的保护。一方面,知识产权保护能够有效促进企业主体的创新绩效(Lin et al.,2010)。另一方面,加强知识产权保护对创新驱动产业结构升级有显著正向促进作用,在一定的阈值内,知识产权保护力度越强,产业升级的提升越明显(王希元,2020)。同时,既有研究也指出,技术创新与产业集聚对环境污染具有显著的抑制作用(原毅军、谢荣辉,2015)。因此,将绿色科技创新与产业结构调整作为中介变量探究知识产权示范城市政策作用于环境污染的机制,使用逐步回归方法验证中介效应,并通过 Sobel 方法进行中介效应的稳健性检验。

在绿色科技创新上,以授权的绿色发明数量与绿色实用新型数量之和作为城市创新质量的指标。表 7 的模型(1)与模型(2)呈现了回归结果①,模型均纳入省份与时间固定效应。模型(1)说明知识产权示范城市政策促进了城市创新质量的提升,示范城市的创新质量比非示范城市平均高出 1054 个单位。模型(2)将解释变量、中介变量与被解释变量纳入,在控制中介变量后,示范城市的环境污染指数比非示范城市下降了 0.023,且在 0.05 的水平上显著,其中介效应为 8.79%。Sobel 检验中,p 值小于 0.05,再次说明中介效应存在。因此,创新质量在知识产权示范城市政策与环境治理效应之间发挥部分中介效应,假设

---

① 由于表 1 的基准回归中已对知识产权示范城市与环境污染之间关系进行描述,因而在此略去。

2得以验证。

表7 稳健性检验

变 量	环境污染指数					
检验方法	纳入潜在控制变量		更换样本整体时间		剔除部分特殊样本	
	(3)	(4)	(5)	(6)	(7)	(8)
知识产权示范城市	− 0.039 *** (0.010)	− 0.035 *** (0.009)	− 0.027 *** (0.006)	− 0.023 *** (0.006)	− 0.026 ** (0.009)	− 0.023 ** (0.009)
城市人口密度	否	是	否	否	否	否
控制变量	否	是	否	是	否	是
省份固定效应	是	是	是	是	是	是
时间固定效应	是	是	是	是	是	是
常数项	0.112 *** (0.003)	− 0.165 (0.105)	0.172 *** (0.003)	0.046 (0.104)	0.097 *** (0.002)	− 0.275 *** (0.098)
样本量	3906	3878	2511	2493	3472	3444
R^2	0.172	0.192	0.271	0.295	0.138	0.167

注:括号内为标准误,*** $p < 0.01$, ** $p < 0.05$, * $p < 0.1$。

在产业结构调整上,用第三产业占 GDP 比重衡量,代表第三产业的发展程度。回归分析展现在模型(3)与模型(4)中。模型(3)说明知识产权示范城市的建设能够促进城市第三产业的发展,大约增长1.147个单位。模型(4)的结果说明,示范城市的环境治理效应比非示范城市高出 0.034。虽然产业结构这一变量的估计系数较小,但仍旧作为中介变量,部分介绍了知识产权示范城市再次与环境污染之间的关系。Sobel 检验结果说明,p 值小于 0.05,中介效应存在,因此假设 3 得以验证。

(二)城市特征异质性分析

基于直接区分实验组与控制组,检验了知识产权示范城市政策对于城市环境污染的改善效应。但是这一环境治理效应在不同城市之间,可能存在较大的差异性。根据城市特征,进一步划分不同类别的城市分组进行检验。城市的特征体现在行政级别、政府财力、公众组成、基础设施等方面。由于在多重稳健性检验中已经对城市行政级别进行了分析，因此异质性分析仅包含信息技术普及程度、人力资本水平以及政府财政水平等三个方面。具体而言，使用互联网宽带接入用户数量衡量城市信息技术普及程度，使用每万人大学生数衡量城市资本水平，使用政府财政支出衡量政府财政水平。借鉴石大千等(2018)的指标与分组方式，每一个特征下，可分为三个组别，其中最低的组别的样本划归为低水平，较高的两个组别的样本划归为高水平。

结果呈现在表8中，模型均控制省份与时间固定效应。就信息技术普及程度的模型而言，低水平城市组别中，示范城市的环境污染程度并未得到缓解，反而有加剧的趋势，而在高水平城市组别中，示范城市产生了显著的环境治理效应，其估计系数为0.042。说明知识产权政策

表 8 创新效应与产业效应检验

变　量	(1) 绿色科技创新	(2) 环境污染指数	(3) 产业结构调整	(4) 环境污染指数
知识产权示范城市	1054.557*** (173.039)	−0.023** (0.010)	1.147** (0.482)	−0.034*** (0.009)
创新质量		−0.001* (0.001)		
产业结构				−0.001** (0.001)
控制变量	是	是	是	是
常数项	2657.953* (1544.635)	−0.171 (0.112)	106.353*** (15.755)	−0.099 (0.116)
Sobel 检验		通过		通过
省份/时间 固定效应	是	是	是	是
样本量	3878	3878	3878	3878
R^2	0.722	0.836	0.900	0.834

注:括号内为标准误，*** $p < 0.01$，** $p < 0.05$，* $p < 0.1$。

的环境治理效应必须依赖于一定的基础条件,在信息技术发展与互联网普及程度较低的城市实施知识产权示范城市建设,将削弱知识产权尤其是绿色科技创新所发挥的作用。而另一方面,在信息技术与互联网发展程度较高的城市中,知识产权政策则能够起到正向的环境治理作用。

人力资本水平的检验说明,低水平人力资本的城市中,知识产权示范城市建设对于环境污染的缓解作用并不显著,而在高水平人力资本的城市中,示范城市比非示范城市的环境污染指数显著减轻了 0.039,产生了较强的环境治理效应。政府财政水平的检验中,低水平政府财政城市的环境污染程度仍没有显著受到知识产权示范城市的影响,而在高水平政府财政城市中,示范城市的环境治理效应为 0.041 且在 0.01 的水平上显著,说明政府财政水平在高出一定范围后,对于知识产权示范城市的环境治理效应具有积极的促进作用。

表 9　城市异质性检验

变　量	信息技术普及程度		人力资本水平		政府财政水平	
	(1) 低水平	(2) 高水平	(3) 低水平	(4) 高水平	(5) 低水平	(6) 高水平
知识产权示范城市	0.061 *** (0.019)	−0.042 *** (0.004)	0.029 (0.040)	−0.039 *** (0.004)	0.010 (0.040)	−0.041 *** (0.003)
控制变量	是	是	是	是	是	是
常数项	0.166 *** (0.035)	0.493 *** (0.027)	0.215 *** (0.032)	0.490 *** (0.028)	0.310 *** (0.032)	0.456 *** (0.026)
省份/时间固定效应	是	是	是	是	是	是
样本量	1274	2604	1273	2604	1279	2599
R^2	0.017	0.210	0.021	0.198	0.060	0.200

注:括号内为标准误, *** $p < 0.01$, ** $p < 0.05$, * $p < 0.1$。

五、结论与启示

（一）研究结论

本文基于 2005—2018 年的中国城市面板数据，通过熵值法构建了城市环境污染指数，并将国家知识产权示范城市政策视为一项准自然实验，使用多期双重差分方法评估其对环境污染改善的政策效应，以倾向得分匹配等方法进行稳健性检验；此外，通过 Sobel 检验与城市异质性分析，探究了知识产权示范城市与环境治理效应之间的内在作用机制，以及城市特征对于知识产权示范城市建设下环境治理效应的影响差异。主要结论如下：

首先，知识产权示范城市政策的实施相对降低了示范城市的环境污染程度，也即示范城市产生更高的环境治理效应。同时，匹配法与一系列稳健性检验均表明知识产权示范城市政策能够促进环境质量提升。这一主要结论与既有的知识产权政策效应研究相似，均印证了知识产权对于环境的积极溢出效应（张磊等，2021；李玲玲、赵光辉，2021）。

其次，中介机制分析的结果验证了知识产权示范城市政策带来的绿色科技创新与产业结构调整是其产生环境治理效应的重要渠道。知识产权示范城市的建设提高了示范城市创新质量，推动绿色、环保科技创新的产生与应用，进而降低环境污染程度；知识产权示范城市的建设还影响了示范城市产业结构调整，促进服务业等为主的第三产业发展，进而改善城市环境质量。

最后，城市异质性分析的结果说明，城市的信息技术普及程度、人力资本水平以及政府财政水平影响知识产权示范城市政策的环境治理效应。在信息技术普及程度较低的城市中，知识产权示范城市政策不仅没有提升环境质量，反而加剧了环境污染程度；人力资本水平和政府财政水平较低的城市中，知识产权示范城市政策也未产生环境治理效应。另一方面,知识产权示范城市政策在信息技术普及程度、人力资本水平以及政府财政水平较高的城市中,形成了显著的环境治理效应。

（二）政策启示

知识产权强国战略的目的不仅在于推进国家整体知识产权事业发展,还在于发挥其促进"高质量发展、人民生活幸福"的作用(习近平,2021)。示范城市建设从创造、保护与运用的全过程提高城市知识产权水平,为知识产权强国、创新驱动发展、产业转型升级以及生态环境治理提供有力支撑。基于对知识产权示范城市政策在环境治理领域溢出效应的分析与结论,提出以下政策建议。

第一,充分发挥国家知识产权战略产生的环境治理效应,逐步推广知识产权示范城市或其他形式配套政策。知识产权示范城市政策作为国家知识产权强国战略的关键环节,自2012年开始后已有77个城市、区县入选并在知识产权事业上取得良好成效。更为重要的是,实证检验说明知识产权示范城市建设具有显著的环境治理效应,这为进一步扩大试点政策提供了证据支撑。政府应完善示范城市评选办法,加快总结原有示范城市的经验与教训,在更大范围推进知识产权示范城市建设。从而探索知识产权相关政策降低地区环境污染程度的实践路径,并将进一步提升知识产权战略与提升环境质量之间的关系,在知识产权创造、保护以及应用的阶段形成更高的环境治理效应。

第二,知识产权战略通过提高绿色科技创新水平和优化产业结构来改善环境污染状况,应在示范城市政策布局中强调创新质量提升与创新主体激励,引导新兴科技产业集聚。一方面,绿色科技创新是知识产权示范城市建设产生环境治理效应的主要机制,因而政府在知识产权示范城市政策实施中,应加大税收优惠、资金支持、激励措施等政策工具的运用力度,鼓励不同主体共同参与创新活动,营造创新氛围、形成创新保障,打通绿色专利制度驱动绿色技术发展,绿色技术提升环境治理效应的全过程环节。以国家知识产权示范城市建设为契机,培育壮大知识产权优势企业、技术、产品,进而优化传统产业、发展绿色技术产业,促进城市产业转型升级并转变经济发展方式。结合绿色创新效应与产业结构效应为知识产权战略产生环境治理效应赋能。

第三,在中央试点政策下,地方政府要因地制宜、结合实际出台相关配套政策,提升城市自身基础能力,为降低环境污染提供良好政策条件。国家知识产权示范城市的核心仍是通过政府行为影响知识产权事业建设,而城市原有的信息技术普及程度、人力资本与经济状况影响着知识产权政策的环境治理效应。政府应了解人力资本、硬件设施等各创新要素对于城市整体知识产权建设与环境质量的作用,针对短板领域强化政策引导,发挥高水平城市的辐射作用。同时,发展较慢的城市也应进一步探索可能影响知识产权战略影响环境治理效应的城市异质性因素并加以重视。

（三）不足与展望

本文检验了知识产权示范城市政策对于地区环境污染程度的影响与作用机制,从城市层面为知识产权战略产生环境治理效应提供实证证据,但仍存在不足与局限。首先,虽然使用了倾向得分匹配与多期双重差分的方法尝试探究因果机制,但在解决内生性问题上还有改进空间,工具变量或合成控制的方法可为实证结果提供有力支撑。其次,在变量的衡量上存在不足,受限于数据原因,在衡量城市污染指数时未能纳入固体废弃物的指标,检验产业结构也仅使用第三产业进行衡量,但科技产业的发展可能更能够反映知识产权政策的作用。因此,在知识产权战略与环境治理效应更进一步的研究与探讨中,可以从方法、数据以及变量的视角进行改进,同时,典型城市的案例比较也可以更为深入地阐释其内在逻辑。

参考文献

鲍宗客、施玉洁、钟章奇:《国家知识产权战略与创新激励——"保护创新"还是"伤害创新"?》,《科学学研究》2020年第5期。

韩国高、张超:《财政分权和晋升激励对城市环境污染的影响——兼论绿色考核对我国环境治理的重要性》,《城市问题》2018年第2期。

黄建欢、吕海龙、王良健:《金融发展影响区域绿色发展的机理——基于生态效率和空间计量的研究》,《地理研究》2014 年第 3 期。

纪祥裕、顾乃华：《知识产权示范城市的设立会影响创新质量吗?》,《财经研究》2021 年第 5 期。

姜磊、周海峰、柏玲：《外商直接投资对空气污染影响的空间异质性分析——以中国 150 个城市空气质量指数（AQI）为例》,《地理科学》2018 年第 3 期。

李飞、董锁成、李泽红：《中国经济增长与环境污染关系的再检验——基于全国省级数据的面板协整分析》,《自然资源学报》2009 年第 11 期。

李玲玲、赵光辉：《农业知识产权保护的环境效应：最优保护、环境技术溢出与绿色化制度设计》,《贵州财经大学学报》2021 年第 3 期。

李士梅、尹希文：《知识产权保护强度对产业结构升级的影响及对策》,《福建师范大学学报》(哲学社会科学版)2018 年第 2 期。

刘满凤、陈梁：《环境信息公开评价的污染减排效应》,《中国人口·资源与环境》2020 年第 10 期。

石大千、丁海、卫平、刘建江：《智慧城市建设能否降低环境污染》,《中国工业经济》2018 年第 6 期。

覃波、高安刚：《知识产权示范城市建设对产业结构优化升级的影响——基于双重差分法的经验证据》,《产业经济研究》2020 年第 5 期。

谭志雄、张阳阳：《财政分权与环境污染关系实证研究》,《中国人口·资源与环境》2015 年第 4 期。

王希元：《创新驱动产业结构升级的制度基础——基于门槛模型的实证研究》,《科技进步与对策》2020 年第 6 期。

习近平：《决胜全面建成小康社会夺取新时代中国特色社会主义伟大胜利——在中国共产党第十九次全国代表大会上的报告》(2017 年 10 月 27 日),http://www.xinhuanet.com/politics/19cpcnc/2017-10/27/c_1121867529.htm。

习近平：《全面加强知识产权保护工作激发创新活力推动构建新发展格局》(2021 年 1 月 31 日), http://www.gov.cn/xinwen/2021-01/31/content_5583920.htm。

新华社：中共中央国务院印发《知识产权强国建设纲要（2021—2035 年）》(2021 年 9 月 22 日), http://world.hebnews.cn/2021-09/22/content_8621314.htm。

许可、张亚峰:《绿色科技创新能带来绿水青山吗?——基于绿色专利视角的研究》,《中国人口·资源与环境》2021 年第 5 期。

杨舒博、黄健:《改革开放 40 年中国知识产权制度变迁的动因分析》,《中国科技论坛》2019 年第 4 期。

原毅军、谢荣辉:《产业集聚、技术创新与环境污染的内在联系》,《科学学研究》2015 年第 9 期。

臧晓霞、吕建华:《国家治理逻辑演变下中国环境管制取向:由"控制"走向"激励"》,《公共行政评论》2017 年第 5 期。

张磊、许明、阳镇:《知识产权保护的雾霾污染减轻效应及其技术创新机制检验》,《南开经济研究》2021 年第 1 期。

张勤、朱雪忠、吴汉东:《知识产权制度战略化问题研究》,北京大学出版社2010 年版。

章文光、王耀辉:《哪些因素影响了产业升级?——基于定性比较分析方法的研究》,《北京师范大学学报》(社会科学版)2018 年第 1 期。

周宏浩、谷国锋:《资源型城市可持续发展政策的污染减排效应评估——基于 PSM-DID 自然实验的证据》,《干旱区资源与环境》2020 年第 10 期。

周长玲:《试论专利保护与环境保护之间的关系》,《环境保护》2012 年第11 期。

Acs, Z. J., Anselin, L., & Varga, A.(2002). Patents and innovation counts as measures of regional production of new knowledge. *Research policy*, *31*(7), 1069—1085.

Bai, S., Zhang, B., Ning, Y., & Wang, Y.(2021). Comprehensive analysis of carbon emissions, economic growth, and employment from the perspective of industrial restructuring: a case study of China. *Environmental Science and Pollution Research*, 1—23.

Borck, R.(2019). Public transport and urban pollution. *Regional Science and Urban Economics*, 77, 356—366.

Cai, H., Nan, Y., Zhao, Y., Jiao, W., & Pan, K.(2020). Impacts of winter heating on the atmospheric pollution of northern China's prefectural cities: Evidence from a regression discontinuity design. *Ecological Indicators*,

118，106709.

Chen，J.，Wang，B.，Huang，S.，& Song，M.(2020). The influence of increased population density in China on air pollution. *Science of The Total Environment*，735，139456.

Deng，P.，Lu，H.，Hong，J.，Chen，Q.，& Yang，Y.(2019). Government R&D subsidies，intellectual property rights protection and innovation. *Chinese Management Studies*.

Fang，L. H.，Lerner，J.，& Wu，C.(2017). Intellectual property rights protection，ownership，and innovation: Evidence from China. *The Review of Financial Studies*，30(7)，2446—2477.

Garrido，M. M.，Kelley，A. S.，Paris，J.，Roza，K.，Meier，D. E.，Morrison，R. S.，& Aldridge，M. D.(2014). Methods for constructing and assessing propensity scores. *Health services research*，49(5)，1701—1720.

Huang，Z.，Liao，G.，& Li，Z.(2019). Loaning scale and government subsidy for promoting green innovation. *Technological Forecasting and Social Change*，144，148—156.

Jiang，L.，Zhou，H.，& He，S.(2020). The role of governments in mitigating SO_2 pollution in China: A perspective of fiscal expenditure. *Environmental Science and Pollution Research*，27(27)，33951—33964.

Jin，Y.，Andersson，H.，& Zhang，S.(2016). Air pollution control policies in China: a retrospective and prospects. *International Journal of Environmental Research and Public Health*，13 (12)，1219.

Liang，W.，& Yang，M.(2019). Urbanization，economic growth and environmental pollution: Evidence from China. *Sustainable Computing: Informatics and Systems*，21，1—9.

Lin，C.，Lin，P.，& Song，F.(2010). Property rights protection and corporate R&D: Evidence from China. *Journal of Development Economics*，93 (1)，49—62.

Liu，K.，& Lin，B.(2019). Research on influencing factors of environmental pollution in China: A spatial econometric analysis. *Journal of Cleaner*

Production, 206, 356—364.

Liu, X.(2018). Dynamic evolution, spatial spillover effect of technological innovation and haze pollution in China. *Energy & Environment*, 29(6), 968—988.

Moser, P.(2012). *Patent laws and innovation: evidence from economic history* (No. w18631). National Bureau of Economic Research.

Ren, S., Hao, Y., & Wu, H.(2021). How Does Green Investment Affect Environmental Pollution? Evidence from China. *Environmental and Resource Economics*, 1—27.

Sohag, K., Begum, R. A., Abdullah, S. M. S., & Jaafar, M.(2015). Dynamics of energy use, technological innovation, economic growth and trade openness in Malaysia. *Energy*, 90, 1497—1507.

Solarin, S. A., Al-Mulali, U., Musah, I., & Ozturk, I.(2017). Investigating the pollution haven hypothesis in Ghana: an empirical investigation. *Energy*, 124, 706—719.

Twum, F. A., Long, X., Salman, M., Mensah, C. N., Kankam, W. A., &Tachie, A. K.(2021). The influence of technological innovation and human capital on environmental efficiency among different regions in Asia-Pacific. *Environmental Science and Pollution Research*, 28(14), 17119—17131.

Ullah S., Ozturk I., Sohail S.(2021). The asymmetric effects of fiscal and monetary policy instruments on Pakistan's environmental pollution. *Environmental Science and Pollution Research*, 28(6), 7450—7461.

Wu, J., Deng, Y., Huang, J., Morck, R., & Yeung, B.(2013). *Incentives and outcomes: China's environmental policy* (No. w18754). *National Bureau of Economic Research*.

Zhang, B., Chen, X., & Guo, H.(2018). Does central supervision enhance local environmental enforcement? Quasi-experimental evidence from China. *Journal of Public Economics*, 164, 70—90.

专题三　环境规制与企业行为

中国碳交易市场的减排效果：
基于合成控制法的实证分析

陈　醒　余晓非[*]

[内容提要] 中国在 2021 年建立了全国碳排放权交易市场，这是"碳中和"背景下中国应对气候变化问题的重点政策。为了确保建立全国碳交易市场的有效性，本文系统性回顾七个碳交易试点的机制设计、市场交易情况和实际运行状况，并使用合成控制法对试点和重点行业的减排效果进行评估。研究发现，不同试点的减排绩效差别较大，湖北、深圳、广东等交易活跃度较高的试点，取得较好的减排效果；不同行业减排绩效差异较大，钢铁、非金属等行业实现了一定减排，但电力行业减排不显著。本研究对于完善全国碳排放权交易市场的机制设计具有一定参考意义。

[关键词] 碳交易试点；合成控制法；气候变化

[Abstract] In the background of moving towards carbon neutrality, China launched its national emission trading system(ETS)in June 2021 as a crucial market-based tool to tackle climate change. To make sure the national ETS can reach expected targets, this paper analyses the institutional designs, trading activities and overall performance of regional ETS pilots, and deploy synthetic control method to pin down the impact of the regional ETS pilots on the reduction of CO_2 emissions. We find that the performance considerably varies across different regions, where active performers in the carbon market, such as Hubei, Shenzhen and Guangdong ETS pilots, had made a significant difference in regional carbon-reduction. We also find that among regulated energy-intensive industries in Hubei, non-ferrous metals and ferrous metals industries had seen a substantial decrease in CO_2 emissions since ETS launched, while no significant emission reduction can be found in electricity industry. This study will provide practical information for improving the institutional designs of the national ETS.

[Key Words] Cap-and-trade, Synthetic control method, Climate change

* 陈醒，复旦大学国际关系与公共事务学院公共行政系讲师；余晓非，香港科技大学公共政策学部公共政策硕士。

一、引　言

积极应对气候变化、减少碳排放已成为国际社会的共识。近年来，随着气候变化形势日益严峻，各主要工业国都在探索能有效遏制碳排放增长的气候政策工具。这其中，基于市场逻辑运行的碳排放权交易政策在全球多个国家和地区得到了广泛运用。从理论视角来看，碳排放权交易机制通过排放总量控制、初始配额分配和价格引导下的排放权交易，将行政手段与市场机制紧密结合，相较于传统的行政命令手段（如强制企业安装减排设施），能大大降低减碳的成本①。

为了兑现国际减排承诺、加快国内经济的绿色低碳转型，中国于2011年决定在北京、上海、天津、重庆、广东、湖北和深圳等七个省市设立碳排放权交易试点市场（Duan et al., 2014），开启了对中国国情下碳交易政策的探索。由此为起点，中国的碳交易体系建设可以分为以下三个阶段：第一阶段（2011—2017年），在七个省市推行碳交易试点，不断深化对碳交易机制设计和市场运行的理解；第二阶段（2017—2020年），基于地区试点提供的经验，在全国范围内建设碳交易市场；第三阶段（2020年之后），继续巩固全国碳交易市场建设并扩大其规模。根据预测，中国碳交易市场的累计二氧化碳排放权成交量将在未来达到60—90亿吨②，这将使中国超过欧盟，成为世界上最大的碳交易市场。诚然，碳排放权交易作为一种市场导向的政策工具，学界普遍

----

① 关于污染防治中选择行政手段还是市场机制的讨论，可以参见 Weitzman（1974）、Mideksa 和 Weitzman（2019）。

② 这一预测基于以下假设：（1）2016—2020年间，中国将年度二氧化碳排放量控制在100亿吨以下；（2）到2030年，二氧化碳排放量达到150亿吨的峰值；（3）中国碳排放权交易体系的覆盖范围将与欧盟温室气体排放权交易体系相当，即60%。若流动率为300%，中国碳市场的交易量可能达到180—270亿吨，以货币衡量，当交易价格为100元/吨时，中国碳市场的交易额能达到1.8—2.7万亿元。根据联合国环境规划署的统计，中国2019年的二氧化碳排放量为98.39亿吨，占世界总量的27.2%。

认同它有着促进减排的内在优势，但鉴于中国各地区间结构性差异巨大，学界对于是否应当在全国范围内建立统一的碳排放权交易市场依然未有定论。

作为中国在应对气候变化领域迈出的重要一步，各个碳交易试点市场运行状况如何？是否起到了减少碳排放的作用？目前全国碳交易市场建设依然处于初期阶段，这些地区性碳交易试点又能为全国碳交易市场的发展完善提供哪些经验？本文将重点分析这些问题。

二、制度背景与相关研究

（一）"限额与交易"：排放权交易机制的理论基础与国际实践

排放权交易机制的理论基础最早可以追溯到科斯定理。与以往庇古等经济学家所倡导的"以税收作为污染防治的基础"不同（Pigou，1929），科斯认为，如果能清晰界定某种商品的产权（如温室气体的排放权），并允许交易转让这种权利，在交易成本足够低的情况下，资源就能通过私人协商的方式得到最优配置（Coase，1960）。这一理论创新使得基于排放权进行污染防治成为可能。

排放权交易机制主要通过"限额和交易"的运作方式来发挥作用。首先，设定污染物排放总量，并将总量以配额的形式依据特定规则发放给控排主体（Weitzman，2012，2017）；再设立排放权交易市场，由于不同企业减排的边际成本不同，企业之间会进行排放权的交易，最终达到一个均衡的市场成交价格。这时的均衡价格能够反映排放权的稀缺状况（Spence & Weitzman，1978），也能引导企业选择不同的应对策略——若减排边际成本高于均衡价格，则增加污染物的排放；反之则增加对新技术的投入来减少污染物的排放。最终，在总量控制和排放权交易的共同作用下，这一机制将减排的成本降到最低。

20世纪90年代以来，排放权交易机制在全球环境治理中发挥了越来越重要的作用。1995年，美国的二氧化硫排放权交易项目开始运行,这是世界上第一个大规模实施的排放权交易项目,它最主要的目的是为了降低火力发电站的二氧化硫排放量,以解决美国东北部地区的酸雨问题(Stavins, 2003)。由于这个项目取得了积极的成效,1997 年,排放权交易机制也被写进了《京都议定书》中,成为国际社会应对气候变化的关键举措(UNFCCC, 1998)。世界范围,排放权交易机制的实践还包括芝加哥气候交易所(CCX)、英国排放权交易制(ETG)、澳大利亚国家信托(NSW)以及欧盟温室气体排放权交易体系(EU—ETS)等。

为了实现集体的减排目标,欧盟于 2005 年实施温室气体排放权交易体系。截至 2015 年,EU—ETS 在欧洲 31 个国家运行,覆盖了欧盟碳排放总量的 50%(European Commission, 2015),是世界上最主要的碳交易市场之一。EU—ETS 的建设采取了分阶段逐步推进的方式,其覆盖面不断扩大、政策设计不断趋严。从 2005 年到 2020 年,EU—ETS 共经历了三个发展阶段:第一阶段(2005—2007 年),EU—ETS 覆盖了电力、石化、钢铁、建材、造纸等行业,二氧化碳年排放量限额设定为 22.99 亿吨;第二阶段(2008—2012 年),EU—ETS 又纳入航空工业,年碳排放量限额则定为 20.81 亿吨;第三阶段(2013—2020 年),EU—ETS 又覆盖化工和电解铝行业,年碳排放量限额进一步收紧至 18.46 亿吨。

EU—ETS 的配额分配方式也随着阶段的推进而不断调整,逐步从免费发放向拍卖的形式过渡。具体而言,由拍卖方式获取的配额在第一阶段的占比不超过 5%,第二阶段这一比率提升到 10%,第三阶段则升至 30%。而实施拍卖的主要目的是为了增强碳交易市场的竞争性(European Commission, 2003)。

(二)碳交易市场的减排效果研究

由于排放权交易在理论层面一直被视作减少碳排放的重要政策工具,碳排放权交易市场在实践中的减排效果也就自然成为学者和政策制定者关注的重点。以 EU—ETS 为例,Anderson 和 Di Maria(2011)通过构建面板数据模型,发现 EU—ETS 在 2005 年至 2007 年间使欧盟 25 国二氧化碳排放量下降了 2.8%;Dechezleprêtre et al.,(2018)基于设施层面碳排放数据,使用双重差分法发现 EU—ETS 在 2005 年至

2012 年间实现减排 10%；Bayer 和 Aklin(2020)利用合成控制法,发现即使在碳交易价格较低的情况下,EU—ETS 依然在 2008 年至 2016 年间减少了 12 亿吨的二氧化碳排放。但也有少量的研究结果显示排放权交易市场带来的减排效果并不理想,如 Bel 和 Joseph(2015)发现,在 EU—ETS 运行的前两个阶段(2005—2012 年),欧盟 25 国的碳减排更大程度上是由于 2008 年金融危机导致的,只有 11.5%到 13.8%的减排与排放权交易政策相关。除了直接减排效果外,也有学者探讨了碳交易对控排企业低碳技术创新的推动作用(Calel & Dechezleprêtre, 2016),而技术创新往往被视作中长期持续性节能减排的重要因素。由于数据使用和研究方法的差异,这些对同一排放权交易政策的评估有着不尽相同的结果,但总的来说,大多数研究都验证了 EU—ETS 的排放权交易机制对减排有积极影响。尽管中外在经济结构、制度背景和排放权交易体系机制设计上存在较大差异,但这些研究仍然对我们评估中国碳交易市场具有研究思路和方法论上的借鉴意义。

中国碳排放权交易试点自 2013 年起逐渐运行。起初,学者多采用可计算的一般均衡(CGE)模型,基于模拟数据评估碳交易试点产生的经济和环境效应。如 Li 等学者(2014)使用 CGE 模型预测了碳排放权交易在中国的减排效应,发现竞争性电价更有利于减少碳排放量;刘宇等(2016)和谭秀杰等(2016)利用多区域一般均衡模型(TermCo2)模拟了碳交易试点对天津和湖北减排效果的影响,均发现试点会带来较为显著的二氧化碳减排效果,对经济发展的抑制作用较小。

随着碳交易试点的推进,越来越多基于试点地区实际碳排放数据的实证研究出现,其中较多学者使用了双重差分法对碳交易试点进行评估。李广明和张维洁(2017)使用倾向得分匹配的双重差分法(PSM—DID)发现碳交易对试点地区规模工业的碳排放量和碳强度有显著抑制作用;还有的学者则通过双重差分法验证了碳排放权交易显著降低了试点省份的二氧化碳排放量和人均二氧化碳排放量(宋德勇、夏天翔,2019);Cui 等(2018)使用三重差分法发现碳排放权交易加速了试点地区控排行业的低碳技术创新。也有的学者基于合成控制法

(Synthetic Control Method)衡量了各试点地区的减排效果,发现不同试点之间存在着减排效果上的差异(姬新龙、杨钊,2021;张彩江等,2021)。值得一提的是,多数学者的研究表明中国碳交易试点对减排产生了积极影响。

尽管学界对中国碳交易试点的减排效果研究已经取得较大进展,但仍有许多方面值得优化与进一步拓展。首先,大部分文献在研究碳交易试点的减排效果时,没有对影响减排效果的机制进行深入探讨,忽视了可能与试点减排表现相关的政策设计因素以及碳价格水平、交易活跃度等市场运行因素。其次,大部分学者采用了 CGE 等仿真模型和DID 的准实验方法去测度碳交易试点的减排效果。这两种方法都有着明显的缺陷:前者的制度要素设置和情景预测较为主观,很难还原真实的制度安排,因此在测度碳交易的经济与环境影响时会存在较大误差;而后者在对照组的选取上具有较强主观性,且在评估试点地区减排效果时无法排除政策内生性的影响。最后,多数实证文献聚焦于七个试点的总体平均处理效应或是各个试点地区层面的政策效应,但鲜有探究碳交易试点给重点行业带来的减排效果,碳交易市场对不同行业减排效果的影响尚且缺乏实证研究的支撑。

在此基础上,本文将先对中国碳交易试点的机制设计与运行情况进行系统回顾,再利用合成控制法评估七个试点地区和重点行业在碳排放权交易下的减排效果。

三、中国碳交易试点市场运行情况

(一)中国碳交易市场试点的政策框架

2009 年,在哥本哈根世界气候大会上,中国向世界承诺 2020 年单位 GDP 的碳排放强度比 2005 年下降 40%—45%。随后,"十二五"规划中首次引入了"碳强度"指标,并决定通过逐步建立碳排放权交易体系来控制温室气体的排放。从事后的角度看,中国已经兑现国际承诺,实际 2020 年单位 GDP 碳排放强度比 2005 年下降 48.4%(中华人民共和国国务院新闻办公室,2021),超额完成目标。而碳交易体系的建设也采用了先地方试点再全国推广的模式,基本与过去 40 多年改革开放的总体逻辑保持了一致。

2011 年 10 月,国家发改委发布《关于开展碳排放权交易试点工作的通知》,宣布在北京、上海、天津、重庆、广东、湖北和深圳等七个省市开展碳排放权交易试点(Duan et al., 2014)。这七个试点地区拥有全国 18% 的人口,占全国 GDP 总量的 30%。经过两年左右的建设,七个碳交易试点陆续在 2013 年到 2014 年间运行。

明确清晰的规则是保证碳交易试点正常运转的前提。因此,政府必须明确初始配额的数量、对企业不合规行为进行通报与处罚,否则碳交易市场将很难达成既定的经济与环境效益。表 1 即为七个试点地区关于开展地区碳排放权交易的政策性文件。其中,北京、深圳等地均颁布了相应地方性法规作为具体政策制定的依据,而其他地区基本只制定了政府规章来规范碳交易市场运行。

表 1 七个碳交易试点的政策性文件

试点	政策性文件
北京	《北京市人民代表大会常务委员会关于北京市在严格控制碳排放总量前提下开展 碳排放权交易试点工作的决定》(2013 年 12 月 27 日由北京市人大常委会表决通过) 《北京市碳排放权交易管理办法(试行)》(2014 年 5 月 28 日由北京市政府印发并生效)
上海	《上海市碳排放管理试行办法》(2013 年 11 月 18 日上海市政府令第 10 号)
广东	《广东省碳排放管理试行方法》(2014 年 1 月 15 日广东省政府令第 197 号)
深圳	《深圳经济特区碳排放管理若干规定》(2012 年 12 月 30 日由深圳市人大常委会审批通过) 《深圳市碳排放权交易管理暂行办法》(2014 年 3 月 19 日深圳市政府令第 262 号)

续表

试点	政策性文件
天津	《天津市人民政府办公厅关于印发天津市碳排放权交易管理暂行办法的通知》(2013 年 12 月印发并施行)
湖北	《湖北省碳排放权管理和交易暂行办法》(2014 年 4 月 23 日湖北省政府令第 371 号)
重庆	《重庆市碳排放权交易管理暂行办法》(2014 年 3 月 27 日重庆市政府第 41 次常务会议通过)

(二) 碳交易试点的机制设计

良好的机制设计是七个地区性碳交易试点取得成效的重要保证,最终也会给全国碳交易市场建设带来启发。由于地区间产业结构差异较大,选择先进行试点而不是直接在全国铺开,优点就在于能使地方政府根据当地实际情况,对碳排放权交易体系进行灵活设计与调整,即"摸着石头过河",尽可能多地在"干中学""看中学"。实际运行过程中,不同试点在机制设计上有着较为明显的差异,但从整体来看,各碳交易试点都在朝着逐步扩大覆盖行业范围、改善配额的初始分配方式和发展碳交易衍生金融产品的方向发展。这些地区试点也产生了示范效应,江苏、新疆、福建等省份在 2016 年之后也陆续开启了碳排放权交易市场。

经过对相关政策文件的梳理,七个省市碳交易试点的机制特征可以总结为以下几点:

(1) 执行主体:碳交易试点的具体事务主要由地方发改委(下设的气候变化处)和财政局负责管理。

(2) 初始配额分配:广东、深圳和湖北试点引入了拍卖的方式获取初始碳排放配额,而其余试点基本都采用免费发放形式,基于历史排放法和行业基准线法对配额进行分配①。

(3) 政府干预情况:政府会对试点地区的碳交易市场进行干预,以收

---

① 上海碳交易试点则采用"免费分配 + 拍卖"的方式,详见下文"合规与处罚"部分。

集运行数据、对碳排放权进行分配，或是在定价机制失灵时干预交易价格。

（4）覆盖行业：试点主要覆盖电力、钢铁、水泥、化工等能源密集型行业。而北京、上海和天津的碳交易市场还纳入建筑业和部分服务行业。截至2020年，总共有电力、钢铁、水泥等20多个行业的近3000家控排企业被纳入碳交易试点（刘少华，2021）。

（5）覆盖气体与排放源：重庆试点纳入含二氧化碳和甲烷等在内的六种温室气体作为控排气体，其他试点都只对二氧化碳排放进行控制。湖北试点仅对直接排放进行管控，其他试点都覆盖直接排放和间接排放，但各地对间接排放的定义不同，一些试点的间接排放仅限于购入用于生产的电力蕴含的排放，而其余试点则包括购入电力和热力所产生的潜在排放。

（6）自愿减排规定：所有试点都认可由国家发改委认定的"核证自愿减排量"（CCER）用于抵消超额的温室气体排放。

（7）市场准入门槛：所有试点市场都设置两个市场准入门槛：交易门槛（针对控排企业）与报告门槛（针对报告企业）。后一类的企业虽然没有进入交易市场，但必须向政府报告其排放量，以考虑在未来合适时间纳入。

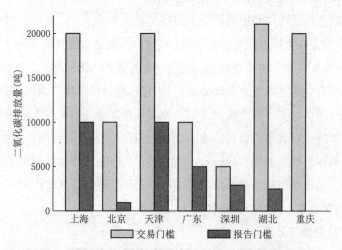

图1 中国碳排放权交易试点的交易门槛和报告门槛

数据来源：各试点地方发改委（重庆试点的报告门槛数据缺失）。

（三）碳交易试点实际运行情况

以下主要从六个方面考察碳交易试点运行情况：（1）排放权分配情况；（2）监测、报告和核查体系（MRV 体系）；（3）合规与处罚；（4）核证自愿减排量（CCER）；（5）企业行为变化；（6）交易价格。表 2 列举了用来衡量前五个方面表现的关键绩效指标及其实现情况。

1. 排放权的分配

碳排放权的初始分配是碳交易市场运行的前提。政府一旦设定了排放总量，就必须及时向控排企业分配碳排放配额（Pang & Duan，2016）。中国各试点对初始排放权的分配主要采取免费发放和拍卖这两种手段。其中，北京、重庆、上海和天津试点通过免费发放来分配初始排放权，而广东、深圳和湖北试点则引入了拍卖的方式。总的来说，免费发放的配额比率占到总量的 90% 以上。此外，各试点地区的政府（主要是地方发改委）都推出了专门的电子交易平台或网站，用于初始排放权的登记与分配，但这些交易平台或网站的建设还有很大的进步空间。比如，北京试点的网站未显示 2013 年和 2014 年的碳排放权分配数据。

2. 碳排放监测、报告、核查体系（MRV 体系）

信息的透明度和准确性对于市场交易至关重要。就碳排放权交易而言，为了最大程度地减少企业"漂绿"行为，就必须围绕企业 ESG（环境、社会责任和公司治理）指标，建立一个强大的 MRV 体系。在此，政府的职责主要是收集企业层级的信息，包括企业的碳排放数据、交易信息和合规情况等。所有碳交易试点都要求控排企业向政府指定的第三方机构提交排放报告以备核查，政府也会对这些报告进行随机抽检，以确保碳排放信息的真实、准确。从表 2 可以看出，虽然各试点关于交易量和交易价格信息公开程度很高，但对于企业合规信息的披露不够完整，而排放报告的核查信息甚至无法获取。

3. 合规与处罚

一个强有力的监管体系，必须有强制措施作为保障，才能倒逼企业认真对待排放限额、积极参与碳排放权交易。虽然在试点期间，偶有对

表 2　中国碳排放权交易试点运行情况

排放权分配情况	绩效指标	管理机构	数据来源	指标状况
相应时间段内分配给企业的配额数量	分配碳排放配额的总量	地方发改委	地方发改委官方网站	2013 年与 2014 年分别分配了 7.3 亿吨和 12.85 亿吨的碳排放配额
信息收集与披露情况	绩效指标	管理机构	数据来源	指标状况
收集并核查上报的排放数据	收集的排放报告数量	地方发改委	地方发改委官方网站；地方试点工作人员访谈	在 5 个试点地区，共收集了 1736 个企业的排放报告[a]
对核查报告进行随机抽检	随机抽检的数量	地方发改委	地方发改委官方网站；地方试点工作人员访谈	暂无数据
交易数量和价格的信息披露	交易数量和价格的公布情况	地方发改委或碳排放权交易所	地方发改委官方网站；碳排放权交易所；K-line 网站	除了广东外的所有试点地区碳排放权交易所均公布了交易数量和价格信息，广东试点仅公开近期交易量数据

续表

排放权分配情况	绩效指标	管理机构	数据来源	指标状况
合规信息披露	合规信息公布速率	地方发改委	地方发改委官方网站	所有试点都在合规周期结束后的三个月内公布了合规信息
合规与处罚 对不合规行为的处罚	绩效指标 实施处罚的数量	管理机构 地方发改委	数据来源 地方发改委官方网站；新闻报道	指标状况 2013年末，北京和广东的14个企业由于不合规受到了处罚，处罚的性质未知
其他政策手段 核证自愿减排量（CCER）	绩效指标 提交的核证自愿减排总量	管理机构 国家发改委	数据来源 中国自愿减排交易平台	指标状况 截至2015年1月14日，共提交了0.1372亿吨核证自愿减排量
企业行为变化 企业行为变化与调整	绩效指标 碳排放权交易数量	管理机构 地方碳排放权交易所	数据来源 地方碳排放权交易所	指标状况 截至2017年6月30日，碳排放权交易总量为1.1458亿吨
企业合规行为	合规率	地方发改委	地方发改委官方网站	2013年各试点的合规率：北京97%，上海100%，广东98%，深圳99%，天津96%

a注：北京试点收集到415个企业的报告，上海191个，广东184个，天津114个，深圳则收集到635个企业的报告和197个建筑物的报告。

资料来源：各试点地方发改委的官方网站。

控排企业的处罚通报出现,但国内的碳交易试点大多未对合规标准和处罚内容进行清晰的界定。例如,在 2013 年末,北京和广东共对14 家未能如期履约的企业实施了处罚,但关于处罚类型的信息却披露甚少;据报道,天津 4 家企业未能及时完成 2013 年度履约,但《天津市碳排放权交易管理暂行办法》中缺少相应的处罚条款;而对于深圳试点,有报道称其政府给予了控排企业一定的宽限期来督促企业履约。从合规和处罚角度来看,天津对未及时履约的处罚措施不够明晰,只规定了未履约企业不能享受优先融资等政策优惠;北京和广东的处罚力度较大,北京对未清缴的排放量处以市场均价 3—5 倍的罚款,广东则对未履约企业处以 5 万元罚款并在下一年扣除两倍于未清缴部分的配额。而上海在合规与处罚方面则有着自己的运作方式。2013 年,当临近履约截止日期(6 月 30 日)时,上海市政府又额外拍卖了 58 万吨碳排放配额,部分控排企业通过购买这些配额完成了年度履约。最终上海试点以这种方式实现了极高的履约率,也未出现企业不合规或是受到处罚的情况。

4. 核证自愿减排量(CCER)

七个碳排放权交易试点均认可国家发改委批准和发布的基于项目的核证自愿减排量(CCER),这些 CCER 项目的真实性以及抵消认证信息均可在中国自愿减排交易信息平台进行查询。从项目数量上看,2016 年,湖北试点有 122 个 CCER 项目,北京有 16 个,重庆有 15 个,广东有 47 个,上海有 18 个,天津有 6 个,深圳有 5 个,共计 229 个。这其中,大部分是风能、太阳能、水力发电和甲烷气体相关项目[1]。CCER可以算作合规排放的配额,但七个碳交易试点均对 CCER 的抵消使用比率进行了限制,从 1%到 10%不等[2]。

---

① 2020 年,这些类别占到总项目数量的 80%以上。
② 具体而言,湖北、深圳和天津的 CCER 抵消限额为 10%,重庆为 8%,北京为5%,上海为 1%。另外,大多碳交易试点都不接受水电项目的信用抵消。以广东为例,抵消量上限为 150 万吨,控排企业可以使用 CCER 或 PHCER(碳普惠核证自愿减排量)作为清缴配额,但其中 70%以上必须来自本省温室气体自愿减排项目。

5. 企业行为变化

碳排放权交易能否起到有效作用,关键在于企业面对碳交易政策会作出什么样的碳排放行为选择,因此企业的行为变化是衡量碳交易试点的重要视角。本文主要着眼于交易量、交易额和活跃度(即有交易量的天数与总交易天数之间的比率)这三个关键指标来衡量碳市场中企业行为的变化,相关交易数据见表3和图2。

表3 碳交易试点相关交易指标

碳排放权交易试点	开市时间	总交易天数	活跃度(%)	平均交易价格(元)	平均交易量(吨)	平均交易额(元)	平均交易量占比
深圳	6月13日	1885	89	38	14349	546882	12
北京	11月13日	1765	64	60	8169	488521	6
上海	12月13日	1750	62	31	10183	315377	8
广东	12月13日	1750	86	24	43495	1023164	32
天津	12月13日	1744	38	18	5827	105497	4
湖北	4月14日	1674	96	23	47771	1101884	34
重庆	6月14日	1623	35	17	5392	92240	4
平均	—	1742	67	30	19312	524795	—

注:1.数据统计截至2020年12月31日;2.总交易天数不包括节假日。
数据来源:http://k.tanjiaoyi.com/。

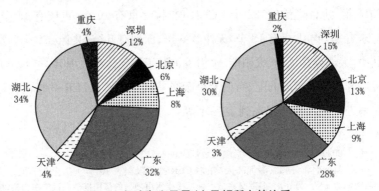

图2 各试点交易量/交易额所占的比重

数据来源:http://k.tanjiaoyi.com/。

以上结果表明,在运行了五年多后,湖北、广东和深圳碳交易试点的活跃度要显著高于上海、北京、重庆和天津这四个试点。在这些试点中,湖北碳市场在交易量和交易额方面的表现最为突出,天津和重庆试点则在交易量和交易额上处于垫底的位置。但和国际上其他碳交易市场相比,即便是中国最好的碳交易试点,也依然有很长的路要走。例如,仅 2015 年 1 月 21 日单日,加州碳市场的交易量就激增至 1000 万吨[①],约占中国七个试点当年总交易量的三分之二。图 3 还展示了碳交易试点总体交易量与平均价格变化趋势。从图 3 中也可以看出,在 2015 年 6 月左右,中国碳交易试点的交易量出现短暂性的陡然激增,这表明许多企业可能将碳排放权交易只视作政府的行政任务而非一次投资机会,碳配额并没有被企业视为是有价值的东西。

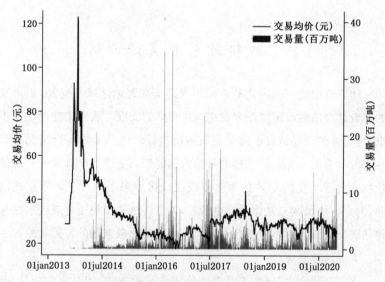

图 3　中国碳排放权交易均价和交易量的变动趋势

资料来源:http://k.tanjiaoyi.com/。

---

① 数据来源:http://calcarbondash.org/。

6. 交易价格

价格是市场运作的核心,是企业作出行为选择的重要标准。由于各碳交易试点地区之间存在较大差异,不同试点市场的碳交易价格也差异悬殊。七个试点的成交价格最低为每吨 28 元,最高则是每吨 143 元。如表 2 所示,在七个试点中,北京试点的平均交易价格最高,约为 60 元/吨;其次是深圳试点,为 38 元/吨;广东、重庆、湖北和天津试点的交易价格比较接近,在 17—24 元/吨的范围内。七个试点平均成交价格约为 30 元/吨,属于相对较低的水平[①](且有持续走低的趋势,见图 3),无法有效激励企业增加对新技术或是清洁能源的战略投资。例如,碳捕捉、利用和封存技术(CCUS 技术)的成本就约为 600 美元/吨(Lin et al.,2022)。此外,不同试点的价格差异也表明在中国建立全国统一的碳市场面临着巨大的挑战。

四、减排效果的实证评估

建立全国统一的碳交易市场不仅要实现跨地区统一交易,更重要的是设计合适的政策机制来促进减排目标的完成。从上文的论述中不难看出,各碳交易试点不论是在政策机制设计还是实际运行情况上都存在着显著的差异。什么样的政策机制能带来更优的减排效果?交易量和交易活跃度的差异是否会体现在减排效果上?为了解答这些问题,为完善中国碳交易体系提供借鉴,本文将进一步使用合成控制法来评估碳交易试点对试点地区和重点行业二氧化碳减排的实际贡献。

(一)实证方法

在实证研究中,研究人员常常使用准试验方法,如双重差分法、断点回归法(regression discontinuity design)和合成控制法等,通过比较

---

① 从国际上看,2018 年之前欧盟温室气体排放权交易体系的平均碳价约为 100 元/吨,且有显著上涨的趋势,2019 年交易价格甚至达到 25 欧元/吨,换算为人民币约为 190 元/吨。

受政策影响的实验组与未受影响的对照组之间的差异来得出政策干预效果。在上文的文献回顾部分，我们总结了大多数学者使用的双重差分法在对照组选择和处理政策内生性问题上有着较大的缺陷，因而不利于得出碳交易试点真正的减排效果。

相比之下，当单一主体（比如一个企业或是一个省份）暴露于政策干预下时，Abadie 等学者开发的合成控制法能够通过统计工具加权拟合出一个较为可靠的对照组，帮助我们实现对政策效果的评估。使用合成控制法完成的著名研究包括：评估巴斯克恐怖主义冲突的经济影响（Abadie & Gardeazabal，2003），控烟法对加州烟草销量的影响（Abadie et al.，2010），以及 1990 年德国统一对西德的经济影响（Abadie et al.，2015）等。在中国也有许多研究运用了合成控制法，如张俊等（2016）曾使用合成控制法研究奥运会是否改善了北京的空气质量，刘甲炎和曾小明（2018）使用合成控制法检验重庆房产税试点的经济影响。

基于 Abadie 等人的研究（2010），我们按照合成控制法的逻辑建立模型，来评估碳排放权交易的影响。假设有 M＋1 个地区，其中第一个地区受到政策干预（即本研究中的试点地区），其他 M 个没有受到影响的地区作为对照组。T_0 是干预前一阶段，满足 $1 < T_0 \leqslant T$。假设 Y_{it}^N 为反事实结果，表示试点地区 i 在时间 t 没有政策干预时的碳排放量。Y_{it}^I 表示在 T_0 时点后，地区 i 在时间 t 时观察到的受到政策干预的碳排放量。我们假设在政策实施前，政策干预不会对结果产生影响，因此对于地区 i 在 $t \in \{1, 2, \cdots, T_0\}$ 时段内，我们可以得到 $Y_{it}^N = Y_{it}^I$。对于地区 i 在时间 t 的政策干预效果，记为 $\alpha_{it} = Y_{it}^I - Y_{it}^N$。我们的目标就是估计真实情景和反事实情景下的碳排放量差异，即：

$$\alpha_{1t} = Y_{1t}^I - Y_{1t}^N$$

而由于 Y_{it}^I 可以观测，所以我们只需要估计反事实结果 Y_{it}^N。设 $(M \times 1)$ 维权重向量 $W^* = (w_2^*, \cdots, w_{j+1}^*)$，满足当 $m = 2, \cdots, M+1$ 时，$W_m \geqslant 0$，并且 $w_2 + \cdots + w_{M+1} = 1$。向量组 W^* 的每个值都代

一个潜在的合成控制,对应着一个特定的对照组地区的加权平均值。因此每个合成控制结果变量的值即为:

$$\sum_{m=2}^{M+1} w_m Y_{it} = \partial_t + \theta_t \sum_{m=2}^{M+1} w_m Z_m + \lambda_t \sum_{m=2}^{M+1} w_m \mu_m + \sum_{m=2}^{M+1} w_m \varepsilon_{it}$$

Abadie 等(2010)已经证明了,对于 $T_0 < t \leqslant T$,可以用 $\sum_{m=2}^{M+1} w_m^* Y_{mt}$ 作为 Y_{it}^N 的无偏估计来近似 Y_{it}^N。因此 $\alpha_{1t} = Y_{mt} - \sum_{m=2}^{M+1} w_m^* Y_{mt}$ 就可以作为 α_{1t} 的估计。

为了更好地理解合成控制法的具体步骤,本文以湖北为例进行说明。我们将没有实施碳交易试点的地区作为对照组,使用上述提到的合成控制方法,利用对照组拟合出一个"合成湖北",使之能够反映在没有实施碳交易试点情况下湖北的碳排放水平,并通过与"真实湖北"①受到政策干预后的碳排放量进行对比,得出碳交易试点的减排效果。为了得到最优的拟合效果,还需要选择合适的预测变量作为拟合优度的参照指标,使得政策干预前阶段(即试点前),真实湖北和合成湖北在预测变量和二氧化碳排放量上的差异最小,也就是实现均方误(root mean square prediction error,RMSPE)最小。根据之前学者的研究(Abadie et al.,2010;Maximilian et al.,2008),在评估试点地区减排效果时,选择该地区 2003 年碳排放量、2005 年碳排放量、GDP、人均 GDP、人口数量和第二产业占 GDP 的比重作为预测变量。

之后,将使用上述方法分别为湖北、广东(包含深圳)、天津、上海、北京和重庆构建一个合成试点地区,来评估每个试点的减排效果。再引入排序检验的方法,验证对碳排放权交易的估计效果是否显著大于对对照组中其他地区进行相同处理后得到的估计效果,从而得出试点减排效果的可信程度。

基于对文献的回顾,也将使用合成控制法检验碳交易试点对于重点控排行业(主要是能源密集型行业)碳排放量的影响。以湖北试点的

---

① 为行文方便,下文中"真实地区"与"合成地区"的表述均不再加引号。

电力行业、钢铁行业、有色金属行业和六大污染行业①为代表,使用上述方法,以非试点地区的对应行业作为对照组,为它们构建各自的合成行业,通过比较得出政策对于行业的减排效果。

（二）数据来源

地区的 GDP、人均 GDP、人口数量和第二产业占 GDP 比重等数据均来自《中国统计年鉴》。省级层面二氧化碳排放量数据,是以 1997 年至 2017 年《中国能源年鉴》中各省能源消费数据为基础,基于中国碳核算数据库②提出的方法计算得出。行业层面碳排放数据,是以 2000 年至 2017 年各省统计年鉴中行业能源消费数据为基础计算得出。由于深圳市的能源消费数据无法单独获取,因此将其并入广东试点,利用广东省数据测度两个试点的总政策效果。最终,除去能源消费数据残缺的西藏、宁夏和港澳台地区,共获得 29 个省级行政单位(包括北京、上海、广东、天津、重庆、湖北六个试点地区在内) 1997 年至 2017 年的二氧化碳排放数据,因此对于每一个试点地区,都有 23 个非试点的省级行政单位作为其对照组。将 2013 年作为试点政策开始的时间,对于试点地区和行业来说,政策干预前阶段分别有 16 年和 13 年。

（三）实证结果

我们先使用合成控制法,从对照组中拟合出每个试点的合成试点地区。表 4 展示了在政策干预前阶段,各个试点地区及其合成试点地区预测变量的对比。可以看出,在实施碳交易试点之前,合成湖北与真实湖北在碳排放相关的预测变量上十分接近。表 5 展示了合成试点的各省份权重。

---

① 六大污染行业包括电力行业、黑色金属冶炼和压延加工业(钢铁行业)、有色金属冶炼和压延加工业、化学原料和化学制品制造业、非金属矿物制品业、石油加工及炼焦业。

② 中国碳核算数据库(Carbon Emission Accounts & Datasets, CEADs),致力于中国的碳排放核算方法开发及应用,也提供最新的碳排放、社会经济和贸易等数据。见 https://www.ceads.net.cn。

表4 合成试点和真实试点预测变量比较

	湖北	合成湖北	北京	合成北京	上海	合成上海	天津	合成天津	重庆	合成重庆	广东	合成广东
2003年碳排放量	165.2	165.3	82.0	59.4	137.0	137.0	66.2	78.4	68.4	68.1	261.7	257.5
2005年碳排放量	189.3	189.4	92.1	80.9	158.9	158.9	89.0	91.1	81.6	81.1	341.8	341.9
GDP	8556.9	8559.1	7862.8	4955.8	9993.2	6559.5	4805.5	3731.4	4380.5	4354.9	25627.6	10645.7
人均GDP	14917.1	14924.7	46535.8	18040.0	50579.4	19495.9	40882.1	16345.8	14856.6	14809.6	26591.9	20114.0
人口	5738.7	5740.3	1585.1	1933.7	1900.9	3046.5	1103.3	1816.0	2848.1	2833.8	9238.9	5252.7
二产占比	43.3	43.4	28.4	32.4	45.4	50.2	52.6	49.5	44.3	44.2	48.4	48.4

注:二产占比指第二产业占GDP的比重。
数据来源:《中国统计年鉴》。

表5 合成试点的省份权重

省份	合成湖北	合成北京	合成上海	合成天津	合成重庆	合成广东
安徽	0.415	0	0	0	0.065	0
福建	0.008	0	0	0	0.158	0
甘肃	0.006	0	0	0	0.003	0
广西	0.008	0	0	0	0	0
贵州	0.007	0	0	0	0.001	0
海南	0.087	0.731	0.049	0	0.091	0.068
河北	0.008	0	0	0	0.001	0.368
黑龙江	0.008	0	0	0	0.002	0
河南	0.022	0	0	0	0.001	0
湖南	0.009	0	0	0	0.001	0
内蒙古	0.007	0	0	0	0.001	0
江苏	0.091	0	0	0	0.01	0
江西	0.007	0	0	0	0	0
吉林	0.008	0	0.758	0.378	0.003	0
辽宁	0.109	0	0	0	0.002	0.478
青海	0.005	0	0	0.518	0.471	0
陕西	0.006	0	0	0	0.002	0
山东	0.006	0	0	0	0	0.068
山西	0.008	0	0	0	0.001	0
四川	0.162	0	0	0	0.158	0
新疆	0.007	0	0	0	0.002	0
云南	0.007	0	0	0	0.001	0
浙江	0	0.269	0.193	0.104	0.023	0

由于中国不同地区的社会经济条件存在显著差异,各试点的合成控制结果也不尽相同。一般来说,试点地区越接近中国平均水平,合成效果就越好。比如,湖北、广东和天津的合成效果优于其他试点。

图 4 展示了真实湖北和合成湖北的碳排放趋势。从图中可以看出，2013 年以后真实湖北和合成湖北的碳排放量出现显著差异。

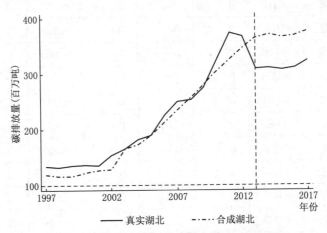

图 4　真实湖北与合成湖北的二氧化碳排放量

鉴于湖北在各项经济指标上比较接近于中国平均水平，选择几个湖北省控排的重点行业来对碳交易试点在行业层面的减排效果进行评估（见图 5）。可以看出，碳交易试点使得钢铁行业和有色金属行业的二氧化碳排放量显著下降。相较之下，电力行业的减排效果则并不明显，这可能是由于在试点期间，煤电行业依然处于规模扩张阶段[①]。总体而言，碳交易试点还是对六大污染行业的整体减排带来了积极影响。从这一角度来看，湖北试点在地区层面能取得显著的减排效应也就不难理解了。

我们接着对其他试点地区进行评估。如图 6，可以看到在2013 年以前，合成广东和真实广东的碳排放路径几乎能够重合，但在2013 年后出现明显差异，说明广东碳交易试点也取得比较显著的碳减排效果。

---

①　根据《中国电力年鉴》数据，2013—2017 年间，中国火力发电装机容量的年平均增长率达 6.47%，使得电力行业贡献了巨大的碳排放增量；而年平均新增煤电装机容量也达到 4200 万千瓦时。

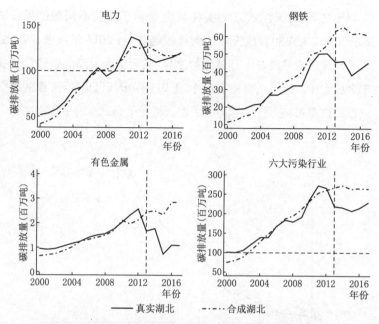

图5　真实湖北与合成湖北的污染行业二氧化碳排放量

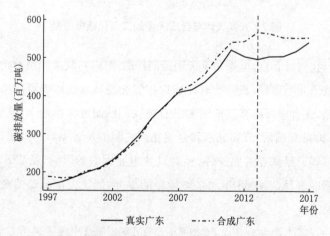

图6　真实广东与合成广东的二氧化碳排放量

　　湖北和广东(包含深圳)试点在交易量、交易额和活跃度等方面的表现均优于其他碳交易试点。相应地,合成控制的实证结果也验证了这两个试点地区有着更好的二氧化碳减排效果。

相比之下,对天津试点的实证研究显示了截然不同的结果。图7展示了真实天津和合成天津的碳排放趋势,自2013年以来,两者的二氧化碳排放量并没有十分显著的差异,甚至实际天津的碳排放量要高于合成天津。这一结果并不意外,正如上一节所讨论的,天津的碳交易试点在许多市场运行指标上的表现远低于七个试点的平均水平。

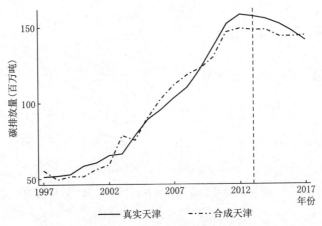

图7　真实天津与合成天津的二氧化碳排放量

当我们对北京、上海和重庆进行同样的操作时,政策干预前阶段的合成效果并不理想,表明此时评估这些碳交易试点的影响可能条件还不成熟,或者也可能有其他因素没有被我们的研究考虑进来。以北京为例,2008年前后,真实北京和合成北京之间的显著差异已经出现,表明除了碳交易试点的实施外,还有其他重要因素的影响(见图8)。一种可能的解释是,2008年北京奥运会的举办,促使大部分制造业迁出了北京。

而真实上海和合成上海之间甚至在2002年就出现了显著差异(见图9),这还需要进一步的研究来解释原因。尽管我们没能有效测度上海试点的减排效果,但上海的碳排放权交易体系在许多其他方面的表现都值得我们继续关注。比如,上海市对碳排放配额的分配采用了免费发放和拍卖并行的模式,并取得很高的履约率,这些都表明上海碳交

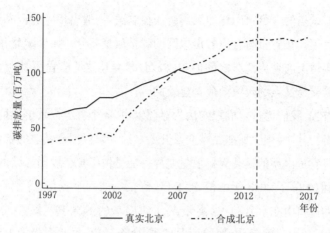

图 8　真实北京与合成北京的二氧化碳排放量

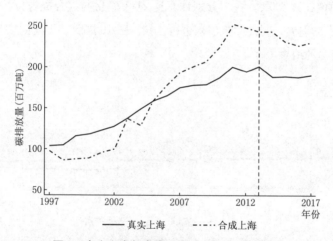

图 9　真实上海与合成上海的二氧化碳排放量

易体系对国家和市场的角色有着较为独到的认识,能充分利用行政手段和市场相结合的方式推动政策实施,这也为全国碳交易市场的机制设计提供了经验。

相比之下,重庆的合成控制结果说服力不强。

（四）稳健性检验

为了提高研究结果的可信度,基于 Abadie 等(2010)提出的排序检验方法对实证结果进行稳健性检验。检验基本思路如下:对没有进行碳交易试点的省份也同样地采用合成控制法,构造出相应的合成省份,得到每组真实省份与合成省份之间的碳排放量差异。如果湖北和广东的真实情况与合成情况之间的碳排放量差异比这些省份更加明显,就说明碳交易试点的政策效应是显著的。

首先,我们通过合成控制法为对照组中23个省级行政单位构建合成省份。其次,剔除那些在碳交易开始之前的阶段拟合较差的省份,因为这些省份出现的显著碳排放量差异可能是由于拟合原因导致的。因此,我们剔除了2013年之前RMSPE值较高的两个省份,分别是内蒙古(89.8)和山东(87.2),远高于湖北和广东的RMSPE水平(分别为17.8和17.1)。最后,对照组中共留下21个省份,这些省份的RMSPE最高值也仅有30.3。我们分别计算这21个省份与其合成省份在碳排放量上的差异,并与湖北、广东进行比较。图10展示了稳健性检验(排序检验)的结果。

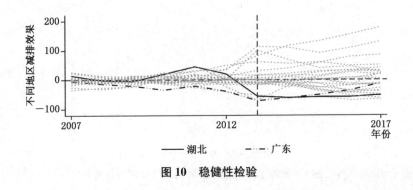

图10 稳健性检验

从检验结果可以看出,湖北在2013年之后的减排效果明显大于其中20个对照组省份,这意味着其他省份能够出现与合成湖北和实际湖北之间相似差距的概率为1/20,也就是说仅有5%的统计显著性。因此,我们可以认为碳交易试点的确对湖北产生了明显的减排效果。广东省的减排效果在试点的前期阶段明显大于其他所有对照省份,意味着我们的实证结果可信度较高,但随着试点进行,这一差距在逐渐缩小。

在当前阶段,重庆和天津试点实证结果的置信度就没有湖北那么高。而如上文所述,北京和上海的情况比较复杂,需要进一步的研究(例如实地调查)来确定其减排效果。

五、结论与讨论

当前中国的碳市场还处于不断完善的过程中,初步的研究表明地区性碳交易试点的运行依然存在较多问题:交易量较少、交易价格低、企业主动参与碳交易的积极性不足;政府在碳交易的信息公开方面还有很大提升空间;由于政策限制,无法进行跨区域的碳排放权交易,使得不同试点的碳交易价格差异悬殊,大大降低了中国碳交易市场对潜在投资者(尤其是大型机构投资者)的吸引力。

此外,企业对于这些碳交易试点的认知程度和参与水平仍然很低。例如,在履约截止时间的前一个月,成交量会陡然上升,这或许表明,许多企业将碳排放权交易视为政府的行政任务,而非一次投资的机会。对于许多企业来说,碳资产并没有太大的价值,这可以说是中国碳交易价格较低的原因,同时也是低价造成的一种结果。总体来看,七个碳交易试点的平均交易价格仅约为 30 元/吨,对于那些考虑向低碳增长路径进行战略转型的企业来说,这一价格起不到太大的推动作用①。而从国际上来看,美国和欧盟的碳价约为 15—16 美元/吨(World Bank & Ecofys, 2018)。

从实证分析中可以发现,不同试点间仍存在着很大的政策效果差异。在七个试点中,湖北的表现最好,2015 年减少了约 5830 万吨二氧化碳排放量;广东和深圳表现较好,2015 年二氧化碳减排量约为 5070 万

---

① 2020 年中国政府向国际社会作出了新的承诺,即在 2030 年之前实现碳达峰,到 2060 年实现碳中和。有鉴于此,未来四十年的"限额和交易"约束将更加严格,而碳交易价格也将相应更快地上涨,从而给大量消耗化石燃料的企业更大的压力,促使它们更加积极主动地向绿色增长路径转型。这一新的承诺还表明,在国际层面,中国气候政策的重心已经从强调"碳公平"转变到实现"碳中和"。

吨;对于北京和上海试点而言,碳交易的影响未被有效测度,减排效果可能被之前的政策效果所覆盖(如北京在 2008 年举办的奥运会),具体情况仍需进一步研究分析;而天津试点在同一阶段的表现较差。

有一些初步的解释可以帮助我们理解为何各试点的减排效果如此参差不齐:湖北省一直都在不断推进着环保相关议程。比如,湖北在 2009 年就启动了针对环境污染的"费改税"试点。Zheng 的研究 (2015)表明,此类试点项目显著降低了湖北域内的污染水平,这也可能使湖北的工业企业对碳交易试点有了更好的准备。而在改革开放之后,深圳一直是中国改革创新的领头羊,也是率先启动"蓝天计划"等大气污染防治项目的城市。深圳政府与企业的总体定位是市场化的,广东省也是如此。因此,广东碳交易试点表现相对较好也就不足为奇了。我们还无法确定为何天津试点的表现不佳,或许和当地特殊的企业所有权结构与产业结构有关,仍需要更深入的研究进行解释。但天津较低的交易量和交易活跃度,说明它还没有准备好成为碳交易市场的积极参与者。

电力行业是我国碳排放的主要来源,也是实现全社会低碳转型的关键行业,因此也成为全国碳交易市场第一批纳入的行业。但在煤电规模持续扩张的背景下,相较于其他高耗能行业,碳交易试点对于电力行业并为起到显著的减排作用。因此,要想实现电力行业的节能减排,除了完善碳交易市场外,或许还要其他行政措施的介入,如严格控制新增煤电机组数量、加速淘汰落后煤电机组以及推动电力体制改革等。

六、政策建议

为了兑现在《巴黎协定》中的减排承诺,加快经济发展的脱碳进程,中国在 2013 年前后陆续启动了七个碳排放权交易试点,来检验这一基于市场机制的气候政策工具在中国的有效性。基于这些试点的经验,国家发改委于 2017 年底发布《全国碳排放权交易市场建设方案(发电行业)》,标志着中国正式转向全国碳排放交易体系建设阶段(刘少华, 2021)。2021 年,全国碳交易市场正式上线交易,目前仅覆盖了电力行业。在这一政策背景下,本文的研究对碳交易试点运行情况和减排效果进行了全面的评估,希望能为之后全国碳交易市场的不断完善提供一定的借鉴。研究发现,七个碳交易试点取得的成效还比较有限,且不同试点间存在较大差异。因此,推动全国碳交易市场向更多行业扩展仍需保持谨慎,在此之前,还需要更深入的研究来确定影响碳交易机制发挥作用的潜在社会和经济因素。

本文为中国碳交易市场建设提供以下政策建议:

首先,必须实现碳排放信息的透明化。在这方面,中国迫切需要完善针对企业 ESG(环境、社会责任和公司治理)指标的 MRV(监测、报告、核查)系统,同时也要加强相关技术人员的培训。这一点不论是对于近期完善全国碳交易市场,还是对于在中长期实现国内碳市场与国际碳市场的接轨,都十分重要。

其次,应当不断优化碳交易市场的配额分配方式,完善配套政策。拍卖机制往往能更加灵活地调节配额的供需,减少配额过度发放的情况出现,同时也能增强企业的减排积极性和整个碳市场的竞争性。初步研究表明,引入拍卖手段分配排放权的试点(如深圳、广东、湖北),其表现要显著好于那些采用免费发放的试点(如重庆、天津)。未来,应当考虑推广有偿的碳排放配额分配方式,具体可以借鉴欧盟的经验,即先引入拍卖机制再逐渐提升拍卖获取所占的配额比重。

也有的国家将碳税作为碳交易市场的配套政策,例如,法国和挪威不仅积极发展碳交易市场,还分别征收了 55 美元/吨和 64 美元/吨的碳税(World Bank & Ecofys, 2018)。[①]傅志华等(2018)认为碳税机制可

---

① 近期,欧盟开始考虑征收碳关税(CBAM 碳边境调节机制)来避免碳泄漏。尽管目前在数据可获得性和精准计算能力等方面存在困难,但若这一政策开始实施,将对中国的出口产生直接影响,如钢铁产品。中国的钢铁产业依然以高炉或转炉炼钢法(BF/BOF)为主(约 90%),其碳强度远高于电炉炼钢(EAF)。除中国外,全球电炉炼钢的使用率达到 47%。在其他条件不变的情况下,如果征收跨境碳关税,中国钢铁出口的全球市场份额将受到挤压。

以在碳交易市场失灵时起到碳价支撑的作用,而倪娟(2016)也认为碳税可以用于管控碳排放权交易机制之外的分散排放源。因此,如果中国能尝试将两者结合起来,也许会产生更好的政策效果。

最后,七个碳交易试点在政策效果上的较大差异,一定程度上反映了各个地区间公司所有权结构和产业结构有着显著不同。如果事实如此,那么在建设全国统一碳交易市场时必须更加谨慎,应当分阶段推进,不能一蹴而就。当全国碳交易市场考虑扩大覆盖范围时,应当采取逐渐纳入的方式,某些行业可以一直留在地区性碳交易市场进行交易,直到时机成熟,再并入全国碳交易市场。从长远来看,这一方法也适用于国内与国际碳交易市场的接轨。

尽管欧盟成员国的产业结构同质化程度远高于中国各省,正如本文第二部分所交代的,EU-ETS还是采取了分阶段推进的建设方式。如果全国碳交易市场一次纳入过多行业,很可能会加剧地区之间的贫富差距,即使可以通过转移支付来改善这一情况,但从长远来看,中国如果要加入国际碳交易体系,这些措施将会与平等市场原则相抵触。

附录

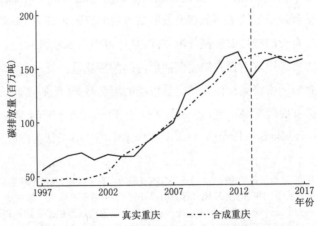

图 11　真实重庆与合成重庆的二氧化碳排放量

参考文献

傅志华、程瑜、许文：《在积极推进碳交易的同时择机开征碳税》，《财政研究》2018年第4期。

姬新龙、杨钊：《基于PSM-DID和SCM的碳交易减排效应及地区差异分析》，《统计与决策》2021年第11期。

李广明、张维洁：《中国碳交易下的工业碳排放与减排机制研究》，《中国人口·资源与环境》2017年第10期。

刘少华：《碳排放权交易，中国大步踏出自己的路》，《人民日报》（海外版）2021年8月3日，第6版。

刘友金、曾小明：《房产税对产业转移的影响：来自重庆和上海的经验证据》，《中国工业经济》2018年第11期。

刘宇、温丹辉、王毅、孙振清：《天津碳交易试点的经济环境影响评估研究——基于中国多区域一般均衡模型 Term Co$_2$》，《气候变化研究进展》2016年第6期。

倪娟：《碳税与碳排放权交易机制研析》，《税务研究》2016年第4期。

宋德勇、夏天翔：《中国碳交易试点政策绩效评估》，《统计与决策》2019年第11期。

谭秀杰、刘宇、王毅：《湖北碳交易试点的经济环境影响研究——基于中国多区域一般均衡模型 Term Co$_2$》，《武汉大学学报》（哲学社会科学版）2016年第2期。

张彩江、李章雯、周雨：《碳排放权交易试点政策能否实现区域减排？》，《软科学》2021年第10期。

中华人民共和国国务院新闻办公室：《中国应对气候变化的政策与行动》，《人民日报》2021年10月28日，第14版。

Abadie, A., Diamond, A., & Hainmueller, J.(2010). Synthetic Control Methods for Comparative Case Studies：Estimating the Effect of California's Tobacco Control Program. *Journal of the American Statistical Association*, 105(490), 493—505.

Abadie, A., Diamond, A., & Hainmueller, J.(2015). Comparative Politics and the Synthetic Control Method. *American Journal of Political Science*,

59(2)，495—510.

Abadie，A.，& Gardeazabal，J.(2003). The economic costs of conflict：A case study of the Basque Country. *American Economic Review*，93（1），113—132.

Anderson，B.，& Di Maria，C.(2011). Abatement and Allocation in the Pilot Phase of the EU ETS. *Environmental & Resource Economics*，48（1），83—103.

Ando，M.(2015). Dreams of urbanization：Quantitative case studies on the local impacts of nuclear power facilities using the synthetic control method. *Journal of Urban Economics*，85，68—85.

Bayer，P.，& Aklin，M.(2020). The European Union Emissions Trading System reduced CO_2 emissions despite low prices. *Proceedings of the National Academy of Sciences of the United States of America*，117(16)，8804—8812.

Bel，G.，& Joseph，S.(2015). Emission abatement：Untangling the impacts of the EU ETS and the economic crisis. *Energy Economics*，49，531—539.

Calel，R.，& Dechezleprêtre，A.(2016). Environmental Policy and Directed Technological Change：Evidence from the European Carbon Market. *Review of Economics and Statistics*，98(1)，173—191.

Coase，R. H.(1960). The Problem of Social Cost. *Journal of Law & Economics*，3(Oct)，1—44.

Cui，J. B.，Zhang，J. J.，& Zheng，Y.(2018). Carbon Pricing Induces Innovation：Evidence from China's Regional Carbon Market Pilots. *Aea Papers and Proceedings*，108，453—457.

Dechezleprêtre，A.，Nachtigall，D.，& Venmans，F.(2018). The joint impact of the European Union emissions trading system on carbon emissions and economic performance. *OECD Economics Department Working Papers*.

Duan，M. S.，Pang，T.，& Zhang，X. L.(2014). Review of Carbon Emissions Trading Pilots in China. *Energy & Environment*，25(3—4)，527—549.

European Commission（2003）. Directive 2003/87/87/EC of the European Parliament and of the Council of October 2003 establishing a scheme for greenhouse gas emission allowance trading within the Community and amending Council Directive 96/61/EC.

European Commission(2015). *EU ETS handbook*: European Commission.

Kossoy, A., Peszko, G., Oppermann, K., et al. (2015). *State and Trends of Carbon Pricing 2015*. Washington, DC: World Bank.

Li, J. F., Wang, X., Zhang, Y. X., et al.(2014). The economic impact of carbon pricing with regulated electricity prices in China-An application of a computable general equilibrium approach. *Energy Policy*, 75, 46—56.

Lin, Q., Liang, X., Lei, M., et al.(2022). CCUS: What is It? How Does It Cost? Techno-Economic Analysis. In J. Fu, D. Zhang, & M. Lei (Eds.). *Climate Mitigation and Adaptation in China*: Policy, *Technology and Market*(pp.109—179). Singapore: Springer Singapore.

Maximilian, Auffhammer, and, et al.(2008). Forecasting the path of China's CO_2 emissions using province-level information. *Journal of Environmental Economics & Management*.

Mideksa, T. K., & Weitzman, M. L.(2019). Prices versus Quantities across Jurisdictions. *Journal of the Association of Environmental and Resource Economists*, 6(5), 883—891.

Pang, T., & Duan, M. S.(2016). Cap setting and allowance allocation in China's emissions trading pilot programmes: special issues and innovative solutions. *Climate Policy*, 16(7), 815—835.

Pigou, A. C.(1929). *The economics of welfare*. London: MacMillan and Co., Ltd.

Spence, A. M., & Weitzman, M. L.(1978). Regulatory strategies for pollution control. In A. F. Friediaender (Ed.), *Approaches to controlling air pollution*. Cambridge MA: MIT Press.

Stavins, R. N.(2003). Experience with market-based environmental policy instruments. In *Handbook of environmental economics*, 1, 355—435. Elsevier.

UNFCCC.(1998). *Kyoto protocol to the United Nations framework convention on climate change*. Retrieved from https://unfccc.int/sites/default/

files/resource/docs/cop3/l07a01.pdf.

Weitzman, M. L.(1974). Prices vs. quantities. *The review of economic studies*, 41(4), 477—491.

Weitzman, M. L.(2012). GHG Targets as Insurance Against Catastrophic Climate Damages. *Journal of Public Economic Theory*, 14(2), 221—244.

Weitzman, M. L.(2017). On a World Climate Assembly and the Social Cost of Carbon. *Economica*, 84(336), 559—586.

World Bank, & Ecofys. (2018). *State and trends of carbon pricing 2018*. Washington, DC: World Bank.

Zhang, J., Zhong, C., & Yi, M.(2016). Did Olympic Games improve air quality in Beijing? Based on the synthetic control method. *Environmental Economics and Policy Studies*, 18(1), 21—39.

Zheng, Y. (2015). *Effects of Pollution Levy for Environmental Tax Reform in Hubei: a Synthetic Control Analysis*.(Ph. D). Peking University.

环保督察对企业自愿性环境信息披露的影响研究

——基于医药制造业的实证分析*

李 岩 鱼又川**

[内容提要] 中央环保督察强化地方政府的环境执法情况与能力监察,地方政府受到中央环保督察的压力会加大对企业的环境监管力度,敦促企业的环境守法同时,促进企业全生产过程的清洁生产转化。本研究选取医药制造业行业实证研究,DID双差分模型表明:中央环保督察间接促进了企业的环境行为改进,自愿性环境信息披露水平得到有效提升,但环境绩效类披露具有一定滞后性。进一步多元回归显示,2015—2019 年间企业的环境行为改进的环境绩效显著,与企业的净资产收益率 ROE 明显正相关,企业环境行为改进成为企业的一种竞争优势,为企业带来更大的经济利益。

[关键词] 环保督察;自愿性环境信息披露;环境绩效披露水平;环境管理披露水平

[Abstract] The central inspections of environmental protection strengthen the local government's supervision of environmental law enforcement situations and capability. The local government will increase the environmental supervision of enterprises under the pressure of the central inspections of environmental protection, urge enterprises to abide by the environmental law, and promote the transformation of clean production in the whole production process of enterprises. This study selects the empirical research of the pharmaceutical manufacturing industry, and the DID model shows that: the central inspections of environmental protection indirectly promote the improvement of the environmental behavior of enterprises, and the level of voluntary environmental information disclosure has been effectively improved, but the disclosure of environmental performance has a certain lag. Further multiple regression shows that from 2015 to 2019, the environmental performance of the company's environmental behavior improvement is remarkable, which is significantly positively correlated with the company's return on net assets ROE. The improvement of corporate environmental behavior becomes a kind of competitive advantage for enterprises and brings greater economic benefits to them.

[Key Words] inspections on environmental protection, voluntary environmental information disclosure, environmental performance disclosure level, environmental management disclosure level

---

* 本文系国家重点研发计划 NQI 项目"工业制造可持续管理及改进能力验证技术研究"(项目编号:2018YFF0215802)的阶段性成果。

** 李岩(通讯作者),中国人民大学环境学院教授;鱼又川,中国人民大学环境学院环境政策与管理硕士。

一、研究背景

企业在经营过程中会受到包括环境风险、健康和安全风险（Kowalska，2019；Izvercian & Ivascu，2014；Kuo et al.，2020）等各种外部风险的冲击，其中，环境风险是企业未能达到政府环境法规的要求而可能造成的各种内外部损失。伴随着政府管制的日趋严格，企业从被动的环境合规，逐渐寻求生产全过程的污染预防和环境行为改进（Biglan，2009；杜建国等，2015），以降低环境合规成本和预期的环境风险水平。

2015年中国的新环保法出台，中央政府又相继出台一系列配套政策法规：新版大气十条（2018年）、水十条（2015年）、土十条（2016年）等，政府环境监管日趋严格。长期以来，中央政府的管制侧重于完善立法和相关标准，环保执法是地方政府职能，地方执法监管严格程度存在着较大差异（张秀敏等，2016；王霞等，2013）。2016—2017年中央分两个批次完成31个省的中央环保督察，2018年又环保督察回头看，这是我国首次大规模对地方政府的环保执法进行督察，在一定程度上减小了地方监管严格程度带来的差异性。地方政府为了避免中央政府的处罚，必定会加大对本地的企业的环境监管力度，增加企业环保合规的外部压力，企业环境行为会产生相应改变。

二、文献综述

企业环境行为是企业为了响应外界环境压力而变革环保战略和制度，调整内部生产状况等措施和手段的总称（张炳，毕军等，2007）。伴随着企业经济活动过程会产生多种环境影响，企业受到来自外部的多重压力，会产生反应机制。政府管制的外在压力促进企业改变内部的资源配置以满足污染治理的要求,资源配置的改变和采取相应的环境行为都会对企业的绩效和竞争力产生影响(Stewart,1993;Wang et al.,2011)。

企业的环境行为造成的外部不经济性,往往由于信息不对称、规制俘虏等影响导致公共利益受损;此外在执行相关政策的过程中,也会存在委托代理中的"合谋行为"、监管成本高产生的执法不严、处罚力度较轻等情况(孟庆峰等,2010),弱约束力的环境规制对企业决策影响较小(方颖、郭俊杰,2018)。政府管制直接影响环境信息披露的质量和投资者利用环境信息的有效性(Bushman & Smith,2003),如果缺乏强有力的政府监管,披露的信息可能会产生误导,不能够真实反映企业的环境行为和环境绩效(Patten,2002)。我国不同地区的执法力度和严格程度差异显著,随着中央环保督察不断深入,地方政府对环保的重视逐渐变成一种常态,对污染严重的单位进行关停的案件数持续下降,近几年的督查中央对地方执法的影响力是持续作用的(竺效和丁霖,2020)。研究表明,2018年污染物排放数据较2011年降低了近一半,企业的环境行为明显改善(Wang et al.,2021);同时,企业的环境行为逐渐向全生产过程的污染预防和清洁生产转化,绿色生产、制造方面的专利以及绿色技术的引进数量明显增加(李依等,2021)。

企业与外部投资市场之间的信息不对称可以通过环境信息披露加以优化(Charkham,1992;Charles,1992;Cho et al.,2013),降低企业的整体风险水平(Quan,2021),从而有效地降低代理成本(Solomon & Lewis,2002),当用IRRC(Investor Responsibility Research Centor)的TRI数据和KLD(美国一家著名财务风险管理公司)的环境风险管理数据表征环境风险进行研究时,发现企业通过改善环境绩效进行的环境风险管理可以降低企业的加权资本成本(Shad et al.,2019;Sharfman,et al.,2008)。ICGN(International Corporate Governance Network)也指出,环境信息披露对于投资者评估企业未来的风险、机遇、价值都很重要(Solomon,2006),因此环境信息披露已经逐渐成为新型有效环境管理手段。

中国自 2006 年以来颁布了一系列的企业环境信息披露法规政策与指南,2015 年新环保法明确规定重点排污企业应强制公开排污具体信息,2017 年中国证监会进一步对重点企业的排污强制性披露作出了进一步规范。①2020 年港交所对上市企业披露要求升级②:除鼓励企业披露三废、危险废物排放信息、资源和能源利用外,还增加了以及气候变化潜在风险披露。企业合规性要求企业遵守相应的环境法律法规和标准,否则将面临包括罚款和非货币惩罚,包括停业整顿、环境诉讼和日后相对更严格的政府管制等(Santalo,2009)。

企业达到环境法规标准要求生产流程和管理手段各不相同,体现了每个企业在环境方面工作的独特性而区别于同类企业(孙岩等,2018),除要求强制性披露的信息外,自愿性披露的信息涉及环境管理、清洁生产技术、资源利用、产品绿色设计等诸多方面。企业的环境信息披露水平不仅与企业自身的内部特征密切相关,而且与外部压力如政府的监督严格程度、舆论的压力以及社会公众的反应等诸多利益相关方的影响存在明显的相关性(颉茂华等,2013;刘学之等,2016)。重污染行业企业的环境影响大、所承担的外界压力更大,因此会倾向于披露更多正向的环境信息(Cormier et al.,2000)。

不同行业属性的企业环境信息披露内容不同,逐渐从模糊披露转向定性或定量信息,有利于企业间和不同时间的披露水平度量。GRI《可持续发展报告》对自愿性披露信息的内容进行详细的规范,其中有涉及企业环保战略或政策、组织结构、环保目标、员工培训、环保认证、供应商管理、环保宣传、信息公开、政府奖励等反映企业宏观管理状况;污染物控制,温室气体排放,资源、能源消耗情况及相应的削减对策等体现企业减排降耗情况的定性、数字化或货币化环境信息的披露便于投资者更好地评估公司的未来收益和潜在风险(Clarkson et al.,2004;Cormier & Magnan,2007;Aerts et al.,1995)。Wiseman 将

① 中国证监会,《年报、半年报的内容与格式》(2017 年修订版)。
② 港交所,《环境、社会及管治汇报指南最新版》(2020)。

企业环境信息披露分为财务层面、污染治理、潜在和现存环境司法纠纷和其他相关环境信息四大类,各类下再细分成共计 18 个小类;此方法由于维度划分细致、实际可操作性较强在国内外得到了非常广泛的应用,这一指数也被称为 Wiseman 指数(Clarkson,2008)。Clarkson(2008)从战略、组织、文化、行为、绩效等方面对环境信息分类,最终形成环境概况、治理结构、管理系统、可信度、环保支出、环境举措和环境绩效指标及愿景和战略七个方面,这些信息有些是基于数据的硬披露,以定量的形式反映企业环境行为,不易被其他企业模仿,包括企业环境管理体系、环境绩效指标和环保支出等内容;其他则是描述性的软披露,包括环境愿景和战略、环保概况和环保举措等。硬披露内容可比性较强,披露形式更加规范,增加了信息披露的事后可验证性(Hutton et al.,2003)。

企业环境信息披露水平与企业环境表现具有极大相关性,但通常企业不会完全披露其全部环境绩效(Yu & Freedman,2011)。环境行为较差的企业会使用一些语言和字眼对环境信息进行修饰,他们喜欢使用复杂又不确定的字眼使得环境业绩变得模糊不清,来掩盖自身的绩效不佳(Cho et al.,2010)。尤其是针对自愿性环境信息披露时,环境表现好的企业希望通过披露来展现,而表现差的企业面对披露时保持沉默,希望通过沉默被判定为平均类型(Clarkson,2008),因此可以通过研究企业自愿性披露信息的披露判断企业环境管理和行为绩效水平。

三、企业自愿性环境信息的内容与评价

GRI(Global Reporting Institute)发布指南鼓励企业发布可持续报告是从产品、服务、合规性、道路运输污染排放、供应商环境状况、环境问题的申诉调节机制等层面自愿性披露相关环境信息,主要涉及企业的环境管理和环境绩效两个方面的信息,如表 1 所示。

表 1　GRI 标准中的企业环境信息披露规范

GRI 环境信息要求	GRI 二级类别	GRI 具体标准
环境管理类	战略	GRI102-14-15：组织各方面战略
	治理	GRI102-20：行政管理层对于经济、环境和社会议题的责任
		GRI102-21：就经济、环境和社会议题与利益相关方进行的磋商
		GRI102-29：经济、环境和社会影响的识别和管理
		GRI102-31：经济、环境和社会议题的评审
		GRI102-32：管治机构在可持续发展报告方面的作用
	管理方法	GRI103：环境管理方法对实质性议题及其边界的说明、环境管理方法及其组成部分
	供应商环境评估	GRI308-1：使用环境标准筛选供应商
		GRI308-2：供应链对环境的负面影响以及采取的行动
	培训与教育	GRI404：对员工的可持续相关培训
	营销与标识	GRI417-1：对所生产的产品和服务信息与标识的要求
环境绩效类	水资源	GRI303-1：按源头划分的取水
		GRI303-2：因取水而受重大影响的水源
		GRI303-3：工艺流程的水循环与再利用量
	物料	GRI301-1：消耗物料的重量或体积
		GRI301-2 采用回收进料进行生产
	能源	GRI302-1：组织内部的能源消耗量
		GRI302-2：组织外部的能源消耗量
		GRI302-3：能源强度
		GRI302-4：减少能源消耗量
	生物多样性	GRI304-1：组织所拥有位于或邻近于保护区和保护区外生物多样性丰富区域管理的运营点
		GRI304-2：活动、产品和服务对生物多样性的重大影响

GRI 环境 信息要求	GRI 二级类别	GRI 具体标准
环境 绩效类	生物多样性	GRI304-3～4：受保护或经修复的栖息地，受运营影响的栖息地中已被列入 IUCN 红色名录及国家保护名录的物种
	排放	GRI305-1～3：直接（范畴 1）温室气体排放、能源间接（范畴 2）温室气体排放、其他间接（范畴 3）温室气体排放
		GRI305-4：温室气体排放强度
		GRI305-5：温室气体减排量
	污水和废弃物	GRI306：污水及废弃物、危险废物产生量、处理量及减少量的记录
	物料	GRI301-3：回收产品及其包装材料
	能源	GRI302-5：通过工艺技术等降低生产的产品和服务的能源需求
	经济	GRI201-4：政府给予的环境方面财政补贴
强制披露内容	环境合规	GRI307-1：是否违反环境法律法规

根据国际通行规范指南，结合我国的具体实际情况，2006 年以来我国出台了一系列的法规政策与指南，我国目前的企业信息披露政策是在对重污染企业、重点排污单位和重点监测企业等重点管控的企业要求强制的环境信息披露，包括三废总量、浓度、环评信息、治理污染物的设施是否连续正常运行、是否存在暗中排放等情况；在此基础上，对所有的企业要求自愿得披露有利于环境、生态的保护的所有环境信息，如进行系统的环境管理、对员工的环境教育培训、绿色生产等，进行自愿披露可以显示企业在合规基础上所做的额外工作，见表 2。

企业自愿性环境信息的披露内容除基于 GRI 给出一般性原则基础上，收集 76 篇涉及环境披露评价的衡量指标的中英文文献，经过梳理，得到如下的结果，其中最后一列表示在文献指标中出现的频率，共涉及了三大类，30 个小类指标，见表 3。

表 2 中国企业环境信息披露法规政策、指南一览表

公布时间	发布机构	文　件	企业环境信息强制披露	企业环境信息自愿披露
2006.9	深交所	深交所企业社会责任指引	无	自愿披露：绿色包装、绿色产品的设计、节能、减排情况。
2007.2	原环保总局	环境信息公开办法（试行）	排放超标企业：应当公开企业的排污量以及超标排污量等基本情况。	达标排放企业：鼓励企业公开环保方针、目标，清洁技术状况、资源使用量等。
2007	国资委	央企履行社会责任指导意见	无	自愿得披露节能减排、绿色设计等情况。
2008.5	上交所	上交所环境信息披露指南	发生环境方面重大事件，必须发布临时报。	环境目标、方针、成效以及资源消耗总量，技改情况，是否使用清洁技术、更换更加环保的设备。
2010.9	原环保部	环境信息披露指南	重污染行业每年和年报一起发布一版环境报告，内容包含守法情况和环境管理情况。	所有行业：自愿披露环保理念、环境管理的组织、目标、业绩等。
2014.4	人大常委会	新环保法	重点排污企业应强制公开排污具体信息。	无
2017	中国证监会	年报、半年报的内容与格式（2017年修订版本）	重点排污企业强制要求在年报中披露企业生产导致的污染物排放的总量和具体的浓度，是否符合国家的相关标准；排污点如何在厂区分布；排放总量最大限值；废气净化设备、废水过滤设备以及其他设备是否运行良好；建设项目的环评等信息。	其他企业可自愿进行和重点披露相同条目的披露；不进行披露需要说明原因。除了文件所列，所有企业可以披露其他有益生态保护的信息。

续表

公布时间	发布机构	文　件	企业环境信息强制披露	企业环境信息自愿披露
2017.11	中国医药企业管理协会等八大协会	医药业 CSR 指南	无	绿色制药先进技术的应用、绿色药品供应链的建设、绿色运输物流建设、可再生能源占比等。
2020.3	港交所	环境、社会及管治汇报指南最新版	港交所企业:升级披露要求,遵循不披露就要解释,鼓励企业披露三废、危险废物的排放信息。资源和能源:一次、二次能源的使用量;耗用水量;原材料使用量;包装使用量。是否推行了 ISO14001;是否获取了使用可再生能源的认证证书。新增气候变化相关披露:气候变化的潜在风险,如实体风险,包括急性的自然灾害造成的风险,如龙卷风和地震;慢性风险:包括气候变化,水平面上升,生物多样性下降的影响等。	无

表 3 环境信息披露的文献指标分类表

清洁生产类		环境绩效类		绿色产品类	
指标	频率	指标	频率	指标	频率
环境战略、理念	0.84	污染物减排情况	1.00	进行绿色产品设计	0.52
设置专门环境管理部门	0.53	废弃物回收再利用情况	1.00	绿色产品标签	0.47
环境保护具体目标	0.87	温室气体排放量及减排情况	0.74	绿色包装	0.20
采用适用环境管理体系	0.46	水资源消耗量及节约情况及对策	1.00		
建设逆向物流体系及回收再利用	0.51	原材料、包材消耗量及节约情况及对策	1.00		
选择绿色供应商	0.39	电能消耗量及节约情况及对策	0.61		
采用绿色物流	0.38	蒸汽能消耗量及节约情况及对策	0.57		
与环保部门签署自愿的环保协议	0.57	化石能源消耗量及节约情况及对策	0.76		
进行绿色办公	0.37	能源总消耗量及节约情况及对策	1.00		
记录环保投入	0.92	万元产值能耗节约量	0.64		
记录环保收益，如政府的财税激励	0.96	获得外部环境荣誉/称号或获得政府奖励	0.86		
新型环保设施	0.79	对生物多样性的保护效应或潜在损害	0.54		
采用新型环保技术	0.82				

清洁生产类		环境绩效类		绿色产品类	
指标	频率	指标	频率	指标	频率
专业环保人才引进	0.53				
对全体员工的绿色培训教育	0.66				

上市公司多采用定期披露与临时披露相结合的方式,临时披露针对突发性环境事件和重大环保处罚;定期披露涉及企业年度报告以及社会责任报告、环境报告和可持续发展报告三种独立性报告,独立性报告则在合规性的基础上披露了持续改进类信息,本研究从上述三种独立报告中评价企业的环境行为。评价基于 GRI 的标准和国家相关政策,结合药企特点、独立性报告的总体披露水平,选择评价指标。在现有研究基础上(表3),结合指标出现频度进一步筛选,获得如下的环境信息披露评价表,见表4,为进一步深入研究方便,将自愿披露信息划分为环境管理类和环境绩效类两大类指标,其中有些指标可以量化,披露的信息中采用货币化描述为 3 分,定量非货币化描述 2 分,定性描述 1 分,没有提及 0 分;如果是无法量化的指标,则定性描述 1 分,没有提及为 0 分。

表 4　自愿性环境信息披露的评分量表

环境信息分类			具体内容	满分
环境管理类	清洁生产	组织制度	环境战略、理念	1
			专门的环境管理部门的设置	1
			环境保护具体目标	1
			采用特定的环境管理体系	1
			绿色供应商的选择	1
			逆向物流体系的建设:回收再利用	1
			采用绿色物流	1
			与环保部门签署自愿的环保协议	1

续表

环境信息分类			具体内容	满分
环境管理类	清洁生产	组织制度	进行绿色办公	1
			建立环保账户、记录环保投入	3
			出具环境相关的专业报告，如CSR报告	1
			公司官网设置环境保护、环境状况专栏用于信息披露	1
			记录环保收益，如政府的财税激励	3
		技术支撑	新型环保设施	1
			新型环保技术采用	1
			业务流程的优化	1
		人才支持	专业环保人才引进	1
			对全体员工的绿色培训、教育	2
	绿色产品设计		进行绿色产品设计	1
			绿色产品标签	1
			绿色包装	1
企业环境绩效类	减排	污染物	污染物减排情况	2
		废弃物	废弃物回收再利用情况	2
		温室气体	温室气体排放量及减排情况	2
	节能	资源	水资源消耗量及节约情况及对策	3
			原材料、包材消耗量及节约情况及对策	3
		能源	电能消耗量及节约情况及对策	3
			蒸汽能消耗量及节约情况及对策	3
			化石能源消耗量及节约情况及对策	3
			能源总消耗量及节约情况及对策	3
			万元产值能耗节约量	2

环境信息分类			具体内容	满分
企业环境绩效类	其他		获得外部环境荣誉/称号或获得政府奖励	2
			对生物多样性、臭氧层空洞的保护效应或潜在损害	2

四、基于 DID 模型的环保督察对医药企业环境披露影响研究

（一）样本的选择

2015 年年底中央环保督察首先在河北开始试点，2016 年在 15 个省市开展环保督察，2017 年完成其余的 14 个省市的环保督察；2018 和 2019 年分别对上述省份回头看。中央环保督察对地方政府督查问责，地方政府加大对企业的环境监管力度。外界持续的压力传导促进企业持续改进，降低环境风险和企业的环境成本，环境行为的改进促进企业环境信息披露的内容和水平的提升，为验证这一假设，根据 2016 年和 2017 年两年环保督察的省份将药企划分为实验组和对照组，见表 5，其中实验组的样本量 58 个，对照组样本量 51 个。

表 5　实验组与对照组的企业样本分布

实验组企业所在省份	对照组企业所在省份
2016 年环保督察的 15 个省份 2016 年 5 月，第一批次：8 个督查组进驻：江苏、云南和内蒙古等八个省；2016 年 11 月—12 月，第二批次：7 个督查组进驻北京、陕西、甘肃等七个省	2017 年环保督察的 14 个省份 2017 年 4 月，第三批次：7 个督查组分别进驻湖南和福建等七个省；2017 年 8 月，第四批次：7 个督查组分别进驻新疆、吉林、青海等七个省
企业样本量：58 个	企业样本量：51 个

（二）双重差分模型构建与检验

双差分模型的应用的基本前提就是要求在政策还没实施之前，首先实验组和对照组的这些样本进行平行趋势定量检验，检验结果显示实验组和对照组的环境披露评分差别并不显著，也就是说两组有相近的评分变化趋势，在督察前这两组的披露特征没有显著的差异。

1. 因变量——EDI

研究以企业的自愿性环境信息披露（EDI）作为模型的因变量，评分标准见表 4，EDI 表达如下：

$$EDI_{in} = (\sum EDS_{in})/EDS_{total}$$

用各医药企业各年份的总得分比上满分 56 分，得到可持续型的企业环境披露指数 EDI_{in} 作为因变量。

2. 自变量-NESREAT

衡量中央环保督察是否开始的二值变量（NES）与是否实验组（TREAT）的交乘项：NESTREAT = NES * TREAT

NES（national environmental supervision）变量用于进行环保督察前后的时间区分，根据前述对于环保督察时间线的梳理，2015、2016 年此变量记为 0，2017 年此变量则取 1，自行创建 NES 自变量数据表；TREAT 是标记是否实验组省份的企业的变量，是则为 1，否记为 0。将 NES 和 TREAT 相乘后得到自变量。

当且仅当前面两个变量均为 1 时，此自变量生效，可以识别出 2016 年之后的实验组省份的披露指数。

3. 控制变量-SIZE, LEE, OC, ROE

企业的规模（SIZE）

企业的规模对于企业的公众影响、在社会上的名誉、消费者数量都有影响，规模越大则其就受到越多的关注。这样的企业倾向于向外界传达企业的好的信息，也包括在环境方面的披露。因此选择规模作为信息披露的一个控制变量（沈洪涛和冯杰，2012；Zeng et al., 2012；Li et al., 2021；Wang et al., 2021）。

地方政府的监管力度 LEE(Local environment engency)

长期以来地方环保执法,各地政府的监督力度不同,企业受到的外界直接压力不同,因此必须考虑地方政府的监管力度。本研究因此根据 PITI 中心(公众环境研究中心)最新发布的历年政府信息公开指数,其反映的是各地政府对污染源进行监管并进行公开的评价指数,以此代表当地的监管水平(张秀敏等,2016;王霞等,2013),将 PITI 指数无量纲化后作为模型的控制变量。

股权集中度(Ownership Concentration):

股权越分散说明购买上市公司股票的个体越多,这样的公司会受到更多方的监督,在媒体上的曝光度也会比较高,因此依据合法性理论,这样的公司更倾向于通过环境披露向投资者传达信号,本文选取前十大股东持有公司上市股份的比例作为集中度的衡量(王霞等,2013;Bernard et al., 2016;Surroca et al., 2010)。

净资产收益率(ROE):

代表企业通过运营赚取利润的能力大小。企业获益才能有足够资金进行环境管理和对应的持续改进型的披露(Nakao et al., 2007;沈洪涛,2014;Qiu, et al., 2016;季晓佳等,2019),企业环境信息披露的目标也是获得更多的竞争优势。

4. DID 模型的构建与回归结果

本研究使用 2015—2017 年 109 家药企的面板数据研究,并使用双固定效应模型建立回归,以个体固定效应替代比较粗的区分实验组和非实验组的分组变量,以时间效应来替代原本界定政策是否开始的粗糙时间变量,保留能够体现政策的净效应的交乘项:NES * TREAT,即 Model 1:

$$EDI_{it} = \beta_1 NESTREAT + \sum \beta_i Controls + \phi_i + \xi_t + \varepsilon_{it} \tag{1}$$

其中 ϕ_i 表示固定效应,用于识别 109 个样本没有随时间变化的特异性特征,ξ_t 表示时间固定效应,用来表征时间对 EDI 的作用,NESTREAT 交互项系数表征环保督察带来的净作用。运用 STATA16 进行回归,结果见表6。

表 6 双差分模型 (1) 回归系数表

VARIABLES (变量)	NESTREAT (政策 净效应)	LEE (地方监管)	OC (股权 集中度)	ROE (净资产 收益率)	SIZE (规模)	2016.YEAR (2016)	2017.YEAR (2017)	Constant (固定效应)
	0.0216*	−0.0183	0.000111	0.000236	−0.0233	0.0219	0.0815***	0.295
	(0.0121)	(0.0688)	(0.000629)	(0.000392)	(0.0361)	(0.0177)	(0.0196)	(0.192)

Observations　327; Number of name　109; R-squared　0.461

F-test　5.810　　Prob>F　0.000

AIC　−1158.128　　BIC　−1127.809

进一步相关系数检验,自变量间不存在强相关,因此排除共线性,该模型的整体解释度为 46.1%,模型具有较高的可靠性。环保督察净作用交互项 NES * TREAT 系数为正,而且通过显著性检验,表明环保督察对于企业环境信息披露具有正向的促进和激励作用。

企业的环境信息披露中管理类的信息披露是企业的环境管理手段和措施的采纳与执行,而绩效类的信息则是企业环境影响的效果评价,前者反映企业环境管理的手段与过程而后者强调环境管理的结果。故本研究进一步对两类的披露分别回归,参见表 4。

以管理类披露指数为因变量,构建模型 Model 2,如下:

$$MEDI_{it} = \beta_1 NESTREAT + \sum \beta_i Controls + \phi_i + \xi_t + \varepsilon_{it} \tag{2}$$

同样,以绩效类披露为因变量,构建模型 Model 3,

$$PEDI_{it} = \beta_1 NESTREAT + \sum \beta_i Controls + \phi_i + \xi_t + \varepsilon_{it} \tag{3}$$

上述两个模型的回归结果如下,见表 7:

无论是管理类还是绩效类模型的政策交互项均为正值,表明环保督察对于两类的披露都有正的净作用,但是管理类披露 MEDI 通过显著性检验,环保督察在短期内对于管理类型的披露具有显著的正向促进作用;绩效类披露 PEDI 没有通过显著性检验,说明短期内,环保督察对绩效类信息有提升作用,只是不够显著,可能与时间跨度小有关。

五、环保督察对管理类(MEDI)和绩效类(PEDI)影响的多元回归

为进一步深入研究环保督察对企业环境披露的作用影响,采用多元回归模型分析,选择 2015—2019 年的上市公司面板数据,2017 年数据(披露企业 2016 年的环保行为)中有已经完成环保督察也有没完成环保督察,因此筛去 2017 年数据,只保留完全未被督查影响的 2015、

表 7 环保督察对不同类披露作用回归系数

VARIABLES (变量)	NESTREAT (政策净效应)	OC (股权集中度)	LEE (地方监管)	ROE (净资产收益率)	SIZE (规模)	2016.YEAR (2016)	2017.YEAR (2017)	Constant (固定效应)
MEDI (管理类披露)	0.0319** (0.0159)	−0.000265 (0.000827)	−0.0401 (0.0904)	0.000183 (0.000515)	−0.0440 (0.0475)	0.0291 (0.0233)	0.109*** (0.0258)	0.504** (0.253)
PEDI (绩效类披露)	0.0127 (0.0140)	0.000438 (0.000725)	0.000645 (0.0792)	0.000283 (0.000451)	−0.00544 (0.0416)	0.0156 (0.0204)	0.0580** (0.0226)	0.113 (0.222)
Observations	327	R-squared	0.456	Number of name	109(Model 2)			
	327		0.264		109(Model 3)			

2016 年和已经被督察完毕的 2018、2019 年数据,最终留存 436 个观测进行模型研究。

自变量选择为衡量中央环保督察时间前后的二值变量:NES2(National Environmental Supervision)。2015、2016 年为督察前,此变量记为 0, 2018、2019 年为第一轮督查完成后,此变量则取 1,因变量与控制变量与上述的 DID 模型相同。

建立模型 Model 4 检验督查前后的 EDI 变化:

$$EDI_{it} = \beta_1 NES2 + \sum \beta_i Controls + \phi_i + \xi_t + \varepsilon_{it} \qquad (4)$$

采用 STATA16 将全部 109 家企业进行多元回归,结果见表 8。

NES2 的系数为正,而且通过显著性检验,F = 78.59,模型整体线性关系显著。再对模型相关系数进行检验,相关系数均小于 0.5,不存在多重共线性。结果表明,中央环保督察对企业环境信息披露具有明显的正向促进作用,与 DID 模型结论一致。此外,回归模型的地方政府监管力度(LEE)和企业的净资产收益率(ROE)通过显著性检验,这两个因素对于企业的环境信息披露水平具有显著的正向作用。

为了进一步探究不同类别的环境信息与督察的关系,替换因变量为 MEDI(管理类的披露)和 PEDI(绩效类的披露):

MEDI = MEDS/26(管理类披露满分)

PEDI = PEDS/30(绩效类披露满分)

其他变量保持,建立回归 Model 5 和 Model 6 分别如下:

$$PEDI_{it} = \beta_1 NES2 + \sum \beta_i Controls + \phi_i + \xi_t + \varepsilon_{it} \qquad (5)$$

$$MEDI_{it} = \beta_1 NES2 + \sum \beta_i Controls + \phi_i + \xi_t + \varepsilon_{it} \qquad (6)$$

得到的回归结果如下,见表 9。

无论是管理类披露还是绩效类披露都与环保督察体现明显正相关,环保督察促进了这两类信息披露,同时还与企业规模 SIZE 正相关;此外,绩效类的环境信息水平与净资产收益率 ROE 正相关。

表 8 环保督察对环境信息披露影响多元回归系数

NES2 (交互项)	OC (股权 集中度)	LEE (地方监管)	SIZE (规模)	ROE (净资产 收益率)	2016.year (2016)	2018.year (2018)	2019.year (2019)	Constant (固定效应)
0.126***	− 0.000306	0.131**	0.0104	0.000769**	0.00718	− 0.0146*	—	0.0606
(0.0125)	(0.000519)	(0.0588)	(0.0305)	(0.000387)	(0.00895)	(0.00796)		(0.169)

Observations　436　　Number of name　109　R-squared　0.632

F-test　78.586　　Prob＞F　0.000

AIC　−1386.366　　BIC　−1353.745

260

表9 环保督察对不同类环境信息披露影响多元回归系数

变量 VARIABLES	绩效类披露 PEDI	管理类披露 MEDI
NES （政策净效益）	0.0716*** (0.0164)	0.190*** (0.0153)
OC （股权集中度）	0.000116 (0.000678)	−0.000793 (0.000634)
LEE （地方监管）	0.155** (0.0768)	0.103 (0.0718)
SIZE （企业规模）	0.0730* (0.0399)	−0.0618* (0.0373)
ROE （净资产收益率）	0.00140*** (0.000506)	4.17e-05 (0.000473)
2016.year （2016）	0.000523 (0.0117)	0.0149 (0.0109)
2018.year （2018）	−0.00949 (0.0104)	−0.0204** (0.00973)
2019.year	—	
Constant （固定效应）	−0.385* (0.220)	0.575*** (0.206)
Observations	436	436
R-squared	0.355	0.670
Number of name	109	109

六、讨论与结论

企业生产过程与产品的外部不经济性普遍存在，政府管制严格迫使其改进环境行为。企业为更好应对未来更加严格的环境法规和政府管制要求，需要对生产过程的全过程管理控制，通常环境行为改进通过自愿性环境信息披露传递。本研究基于中国药企2015—2019年披露的环境信息，研究了在环保督察压力下企业环境行为改进的效果。

（1）本文选择选择2017年的环境信息披露（即企业2016年的环

境行为)作为政策执行时间点,将其分为实验组(2016 年进行环保督察)和对照组(2017 年实施环保督察),利用双重差分方法对比研究。研究结果显示中央环保督察对医药企业的自愿性环境信息披露具有正向的净效应,而且通过显著性检验,环保督察明显促进企业环境行为的改进。地方政府为避免被环境问责,将压力传递给本地企业,加强企业的地方环境监管,从而改善了企业的环境行为。此外,管理类披露显示出与环保督察明显正相关;环保督察对绩效类信息具有正向作用,但没有通过显著性检验,这与 DID 模型数据年份太短有关。

(2) 进一步选择上述 109 家企业的 2015、2016 和 2018、2019 年四年的面板数据多元回归,结果同样表明环保督察对企业的环境信息披露具有正向的促进作用,而且管理类披露和绩效类披露均有显著的正向促进作用。对比 DID 和多元回归模型研究发现,由于环境绩效具有一定的时间滞后性,当研究的时间延长后,环保督察对企业环境绩效的正向促进作用也得到明显体现。

我国实行地方环保执法,地方监管力度显示出对企业环境信息披露的正向促进作用,也对绩效类环境信息明显正相关,这与地方执法注重点源排污达标的监管有关。

(3) 双重差分模型中,无论是环境信息披露还是绩效类信息披露与企业的净资产收益率 ROE 没有显著的正相关;但是多元回归模型中,均与 ROE 具有明显正相关性。表明严格管制下市场机制开始发挥作用,企业的环境行为改进增强了企业的盈利能力,转化为企业竞争优势。

对比研究管理类披露和绩效类披露,尽管定量结果显示出相同的趋势,但总体绩效类的模型解释程度低于管理类的模型解释程度,R^2 偏低,这与企业的环境行为差距较大,绩效评价很难获得一致性有关。

研究表明,中央环保督察促进企业的环境行为改善和环境信息披露,不仅直接促进企业的环境管理水平的提升,而且在持续的环保督察之后,也明显改善的企业的环境绩效。同时,环境竞争市场机制正在形成,企业的环境行为改善与企业的经济效益正相关,必将进一步促进企业的环境行为改进和环境信息的披露水平提高。

参考文献

Arora, S., Gangopadhyay, S.(1995). Toward a theoretical model of voluntary overcompliance, *Journal of Economic Behavior & Organization*, 28 (3), 289—309.

Bernard, A. B., Moxnes, A., Saito, Y. U.(2016). Production Networks, Geography and Firm Performance. *CEP Discussion Papers*, 127 (2), 639—688.

Biglan, A.(2009). The Role of Advocacy Organizations in Reducing Negative Externalities. *Journal of Organizational Behavior Management*, 29(3—4), 215—230.

Bushman, R. M., Smith, A. J.(2003). Transparency, Financial Accounting Information, and Corporate Governance. *Social Science Electronic Publishing*, 20(1), 65—87.

Charkham, J. P. (1992). Corporate governance: Lessons from abroad. *European Business Journal*, 4(2), 8—16.

Clarkson, P. M, Li, Y., Richardson, G. D.(2008). Revisiting the relation between environmental performance and environmental disclosure: An empirical analysis. *Accounting, Organizations and Society*, 33(4—5), 0—327.

Charles, W.L., Jones, T. M.(1992). Stakeholder-agency theory. *Journal of Management Studies*, 29(2), 131—154.

Cho, C. H., Roberts, R. W., Patten, D. M.(2010). The language of US corporate environmental disclosure. *Accounting Organizations & Society*, 35(4), 431—443.

Cho, S. Y, Lee, C., Jr, R.(2013). Corporate social responsibility performance and information asymmetry. *Journal of Accounting & Public Policy*, 32(1), 71—83.

Cormier, D. & Magnan, M.(2000). Corporate Environmental Disclosure

Strategies: Determinants, Costs and Benefits. *Social Science Electronic Publishing*, 14(4), 429—451.

Cormier, D., Magnan, M.(2007). The revisited contribution of environmental reporting to investors' valuation of a firm's earnings: An international perspective. *Ecological Economics*, 62(3—4), 613—626.

Hutton, A. P., Miller, G. S., Skinner, D. J.(2008). The Role of Supplementary Statements with Management Earnings Forecasts. *Journal of Accounting Research*, 41(5), 867—890.

Li, Y. S., Zhang, X. J., Yao, T. T.(2021). The developing trends and driving factors of environmental information disclosure in China. *Journal of Environmental Management*, 288, 112386.

Patten, D. M.(2002). Media exposure, public policy pressure, and environmental disclosure: an examination of the impact of tri data availability. *Accounting Forum*, 26(2), 153—171.

Qinqin C., Jia, Q., Yuan, Z., Huang, L.(2014). Environmental risk management system for the petrochemical industry. *Process Safety & Environmental Protection*, 92(3), 251—260.

Santaló, Juan, Kock C J.(2009). Investor's Perception of Value Creation in Environmental Strategies: The Impact of Past Environmental Performance on Future Stock Market Returns. *Social Science Electronic Publishing*, (2), 189—198.

Shad M K, Lai F W, Fatt C L, Klemeš, J. J., Bokhari, A.(2019). Integrating sustainability reporting into enterprise risk management and its relationship with business performance: A conceptual framework. *Journal of Cleaner Production*, 208(PT.1-1658), 415—425.

Sharfman M P, Fernando C S.(2008). Environmental risk management and the cost of capital. *Strategic Management Journal*, 29(6), 569—592.

Solomon A, Lewis L.(2002). Incentives and Disincentives for Corporate Environmental Disclosure. *Business Strategy and the Environment*, 11(3), 154—169.

Stewart，R.(1993). Environmental Regulation and International Competitiveness. Yale Law J., 102, 2039—2106.

Surroca, J., Tribó, J. A., Waddock, S.(2010). Corporate responsibility and financial performance: the role of intangible resources. *Strategic Management Journal*, 31(5), 463—490.

Wang, H., Fan, C., Chen, S.(2021). The impact of campaign-style enforcement on corporate environmental Action: Evidence from China's central environmental protection inspection. *Journal of Cleaner Production*, 290 (3), 125881.

Wang, Y., Liu, J., Hansson L, et al.(2011). Implementing stricter environmental regulation to enhance eco-efficiency and sustainability: a case study of Shandong Province's pulp and paper industry, China. *Journal of Cleaner Production*, 19(4), 303—310.

Yu, C., Freeman, M.(2011). Corporate governance and environmental performance and disclosures. *Advances in Accounting, incorporating Advances in International Accounting*, 27(2), 223—232.

Zeng, S. X., Xu, X. D., Yin, H. T., Tam C. M.(2012). Factors that drive Chinese listed companies in voluntary disclosure of environmental information. *Journal of Business Ethics*, 109, 309—321.

杜建国、陈莉、赵龙：《政府规制视角下的企业环境行为仿真研究》，《软科学》2015年第10期，第59—64页。

方颖、郭俊杰：《中国环境信息披露政策是否有效：基于资本市场反应的研究》2018年第10期，第158—174页。

颉茂华、刘艳霞、王晶：《企业环境管理信息披露现状、评价与建议——基于72家上市公司2010年报环境管理信息披露的分析》，《中国人口·资源与环境》2013年第2期，第136—143页。

李依、高达、卫平：《中央环保督察能否诱发企业绿色创新》，《科学学研究》2021年第4期，第1—16页。

刘学之、朱乾坤、高玮璘、尚玥佟：《中国500强企业网络环境信息披露实证研究——基于2016年中国500强企业的网站调研》，《环境保护》2017年第

16 期,第 54—59 页。

孟庆峰、李真、盛昭瀚:《企业环境行为影响因素研究现状及发展趋势》,《中国人口·资源与环境》2010 年第 9 期,第 104—110 页。

沈洪涛、冯杰:《舆论监督、政府监管与企业环境信息披露》,《会计研究》2012 年第 2 期,第 72—78 页。

孙岩、刘红艳、李鹏:《中国环境信息公开的政策变迁:路径与逻辑解释》,《中国人口·资源与环境》,2018 年第 2 期,第 168—176 页。

薛求知、尹晟:《企业环保投入影响因素分析——从外部制度到内部资源与激励》,《软科学》2015 年第 3 期,第 1—4 页。

张炳、毕军、袁增伟、王仕、葛俊杰:《企业环境行为:环境政策研究的微观视角》,《中国人口·资源与环境》2007 年第 3 期,第 40—44 页。

张秀敏、马默坤、陈婧:《外部压力对企业环境信息披露的监管效应》,《软科学》2016 年第 2 期,第 74—78 页。

王霞、徐晓东、王宸:《公共压力、社会声誉、内部治理与企业环境信息披露——来自中国制造业上市公司的证据》,《南开管理评论》2013 年第 2 期,第 82—91 页。

竺效、丁霖:《中央生态环保督察推动地方持续强化环境执法》,《环境经济》2004 年第 24 期,第 48—53 页。

隐秘的角落:农村污染企业如何隐匿于乡村社会?
——山东省金村个案研究*

孙旭友**

[内容提要] 农村环境综合整治力度不断加大,乡村生态环境持续好转,但农村"散乱污"企业却难以根除。农村"散乱污"企业之所以能够继续存在,主要是其能充分利用乡村社会生活环境,重构其与基层环保部门、村民之间的社区在地关系,采取有效策略化解环境治理压力。金村的调研显示,污染企业会借助乡村社会关系网与社区生活空间优势,采取游击战、污染隐藏术、利益圈层等非制度化手段,消解村民环境诉求与政府环保执法两种"压力",为企业继续转嫁污染制造了隐秘空间。农村污染企业的隐秘空间制造,根源于生计取向的村庄经济模式、经济能人的村庄权威结构与圈层化导向的村庄社会交往方式等乡村社会基础。乡村污染企业采取更加隐秘的污染转移策略,揭示了乡村生态环境治理中的"治污盲点"。

[关键词] "散乱污"企业;熟人关系;精准治污;污染空间

[Abstract] The comprehensive improvement of rural environment continues to increase, and rural ecological environment continues to improve, but the "scattered and polluted" enterprise pollution in the rural areas is difficult to eradicate. The reason why rural "scattered and polluting" enterprises can continue to exist is that they can make full use of the rural social living environment, reconstruct the community-local relationship with grass-roots environmental protection departments and villagers, and adopt effective strategies to resolve the pressure of environmental governance. The investigation of Jincun found that, with the help of the advantages of rural social network and community living space, polluting enterprises have taken non institutionalized means such as guerrilla warfare, pollution concealment and interest circle to eliminate the two "pressures" of villagers' environmental demands and government environmental protection law enforcement, creating space for enterprises to continue to transfer pollution. Rural pollution enterprises adopt more secret pollution transfer strategies, revealing the "blind spots" in the governance of rural ecological environment.

[Key Words] "Scattered and Polluted" Enterprises, Precise Pollution Control, Acquaintance Relationship, Contaminated Space

---

* 本文系"长三角地区乡村工业绿色转型的社会机制研究"项目(项目编号:20CSH076)的阶段性研究成果。

** 孙旭友,社会学博士,山东女子学院副教授。

一、问题提出

改革开放以来,中国农村社会经济的快速发展与农业产业化、农村工业化密不可分。乡村企业在推动农村经济发展、拓展农民就业市场和增加农民收入、加快农村现代化等方面作用巨大,但是也带来环境污染、生态破坏与健康风险等负面问题。以"散乱污"企业为负面典型的污染企业是阻碍人民群众美好生活远景实现的短板之一。深入推进"散乱污"企业及集群综合整治是中国打赢蓝天保卫战、实践绿色发展道路,满足人民群众日益增长的美好生活需要的必然举措。国家为此出台了《"小散乱污"企业污染整治》(环保部,2017)、《打赢蓝天保卫战三年行动计划》(国务院,2018)等相关政策规制,并实施"散乱污"企业动态清零行动。经过多年持续综合整治,京津冀、长江流域等重点区域"散乱污"均实现了动态清零,中央政府也要求其他地区在2020年底基本完成"散乱污"企业综合整治。从整体治理效果来看,政府自上而下的"运动式"整治,难以实现"散乱污"企业治理效果的长效化。伴随着中国环境治理体系不断完善、生态文明建设持续推进、环保执法力度加码和农民环保意识增强等结构性力量对农村"散乱污"企业的合力"围剿",农村"散乱污"企业污染的环境危害仍旧无法完全消除(刘凌,2017)。"散乱污"企业屡禁不止、污染企业异地转移、企业污染就地反弹等问题,仍旧对我国生态文明建设、人民群众优美生活环境期望和基层环境治理效能等产生阻碍。相比较于城市,农村地区的"散乱污"企业动态清零工作更为艰巨,现实情况更为复杂。农村"散乱污"企业治理是一个需要持续关注的现实问题和学术议题。

推动农村社会走"生产发展、生活富裕、生态良好"的文明发展道路,是落实政府绿色发展要求与满足居民美好生活需求的必由之路。农村作为生产生活生态"三位一体"的居住空间,生产、生活与生态之间的叠加效应与影响倍数尤为突出,增加了农村环境综合治理的复杂性与难度系数，也为农村"散乱污"企业制造污染转嫁策略提供了社会机会。乡村环境综合整治场域之内，农村"散乱污"企业处于生产、生活与生态三者关系的交汇点，事关农村社会发展与环境治理样态；亦是链接基层政府与社区居民的构建节点之一，需要承接来自基层环保执法与社区居民环保需求两种压力。根据以往研究与笔者调查，农村"散乱污"企业只要能做到"不被环保部门查处、不被当地村民举报"，就能在某种程度上创造出隐匿于乡村社会的生存空间，继续从事企业污染负外部性转嫁活动。面对农村"散乱污"企业努力建构污染空间的乡村现实与环境治理困境，需要追问：农村"散乱污"企业的污染空间是如何被建构出来？农村污染企业有何乡村优势用来制造污染空间？诸如此类问题的回答，需要把乡村企业污染问题的研究视角，从"以污染为中心"转向"以企业为中心"，把基层环保执法部门、村两委组织、企业职工、社区农民等利益相关者及其与企业的互动关系拉进分析视野，搭建起以企业为中心的社区关系网与污染治理网。基于个案的典型性和调研的方便性考虑，本文选择山东省金村①为例进行研究。

山东省金村地处鲁西南沂蒙山区，全村约有 248 户，1200 余人。金村村办企业基本上都是内生于村庄而由村民自己创建、经营，主要有小型家具厂、花生油作坊、手套厂、造纸厂、预制板厂、罐头厂、木材加工厂等中小微型企业 30 多家。金村企业虽然在经营规模、污染治理力度、环境监测精准化和企业防污政策贯彻等方面有诸多差异，但是都会或多或少的带来废气废水、生产残渣、噪音等多样化污染问题，也存在污染转嫁与钻环保"空子"等投机行为。譬如依托镇罐头加工产业优势的罐头厂和依靠临沂市小商品城市场辐射优势的木材加工企业，具有劳动密集型、雇佣人员规模较大、污染得到较好监控、具有规模效益等特征，一定程度上能够遵从企业治污规章且受到执法部门定点、定时监测，但仍时常投机排污、经常不按照环保规制生产经营。那些多分散于

---

① 本文对所有涉及的地名与人名均作了技术处理。本文的经验素材来自笔者 2018 年 6 月、2019 年 1 月和 2020 年 7 月在金村 60 多天的田野调研。

村落边缘地带、甚至自家庭院之内,地点较为隐秘的手套厂、造纸厂、家具厂等家庭企业,更是因为国家环保治理视野难以纳入、环保执法触角难以触及、环保政策难以落实,企业更容易采取各种方式和手段转嫁企业污染。

笔者采取微观民族志的方法进入金村开展实证调查,对农村"散乱污"企业污染问题展开研究,所用资料主要来自三个方面:一是前期通过网络信息、政府文件等文献收集,对金村所在的镇、县、市三级行政区域的整体经济、社会、文化、环境等有了初步了解;二是走访县镇两级的工商、环保、执法等政府部门,了解有关企业经营、纳税和污染等方面的整体情况,并就企业污染治理成效、问题与对策等问题访谈相关工作人员;三是现场观察和深度访谈。通过亲身体验与现场查看,感受和体验企业生产过程、污染情况与职工日常工作安排;与此同时,访谈村民、村干部和企业负责人、职工等30多人次,可以更加详实的梳理企业运行状况、污染转嫁过程和污染治理应对、环境抗争等问题。

二、文献综述与分析框架

农村"散乱污"企业屡禁不止仍旧是农村环境治理顽疾,对农村环境治理现代化、生态宜居乡村建设与健康乡村建设带来挑战,也为学界企业污染防治研究提出新的理论议题。学界对此议题的讨论,主要从两个维度展开:

一是环保制度失效论。坚持农村环保制度失效的学者认为,环保制度是防治企业污染和实现环境公平的有效保障,但在实践中面临"市场与政府"双失灵困境,呈现环境政策失效与执法不准(汤惠琴、杨敏,2018)、企业污染转移(王晓毅,2010)、公共问责制度缺失(宋涛,2013)、规章制度的空间差异(葛继红等,2018)以及"政企合谋"(张彦博,2018)、企业环境行为难以建立(洪大用,2017)等实践困境,进而导致乡村污染企业可利用环保制度与环境执法之间的缝隙,寻找企业基础转嫁污染的政治机会、资源路径和运行空间。例如 Zheng 和 Kahn (2017)将环境政策的失败归因于典型的委托代理问题—地方官员没有动力去理与其仕途升迁无关的环境污染。

二是社区关系阻隔论。站在污染受害者立场和生活环境主义的学者提出，农民环境治理参与不足、沉默、共谋等不作为，为污染企业提供了足够的社区生存空间，使得污染企业可以嵌入乡村社会关系甚至建构出新的利益关系网。农民自身的经济依附（Gould, Kenneth A., 1991）和乡土文化束缚（王文涛，2018）、污染认知偏差（Lora-Wainwright, Anna.，2010）甚至是与村民达成污染共存的集体共识（Anna Lora-Wainwright et al., 2012）等都是导致环境污染无法问题化和企业污染无法根除的重要原因。孙旭友（2018）提出面对乡村"散乱污"企业污染，大多数村民沉默的原因是"关系圈稀释了受害者圈"，即乡村共同体意识与利益圈层双重消解了村民抗争意愿。

已有研究从"政府、市场、社会"三重失灵角度，分析了乡村企业污染何以持续存在的社会根源，但是对以"散乱污"为代表的农村企业是如何借助嵌入乡村社会的位置优势而主动应对外部环境治理压力，进而顺利实现污染转嫁，缺少系统而深入的分析。农村企业污染是国家环保执法对象和治理难题，也是农民需要面对的现实问题和美好生活阻碍。农村"散乱污"企业在农村环境治理与企业防污攻坚战中，面临"政府环保加压与农民美好生活诉求"双重压力，也带有"处于执法末端与嵌入乡村社会"生存优势。农村"散乱污"企业作为乡村工业体系的重要组成部分，既要关注其贴近乡村社会生活的特性，又需要分析企业的乡村生存策略。农村"散乱污"企业之所以继续采取粗放型生产、随意排污等负外部性转嫁行为而非绿色友好行为，是因为企业能够充分发挥乡村嵌入优势与"小灵活"的反应能力，建构出躲避农村环境整治的"隐秘角落"。

已有研究成果的两个分析维度（制度失效论与关系阻隔论）在价值立场、理论依据与方法运用等方面差异颇大，但两者对企业污染难以消除的原因分析，都指向了同一个社会事实：社区环境或地方因素对污染治理实践的消解作用。就此，克利福德·格尔茨（Clifford Geertz）提出的"地方性知识"为分析农村"散乱污"企业的乡村社会隐秘空间制造提供了很好的理论视角。格尔茨在《地方性知识：事实与法律的比较透视》(吉尔茨,1994)一文中指出,"法律就是地方性知识；地方在此处不只是指空间、时间、阶级和各种问题,而且也指特色(accent),即把对所发生的事件的本地认识与对于可能发生的事件的本地想象联系在一起。"在格尔茨的视野下,地方性知识是在一种文化与文明意义上的人类学阐释,主要是与西方文明、现代文化的对照中呈现具有某种情景化、地域性、本土化的知识体系与行动参照。地方性视角指出地方性知识生产、运用与效能的边界特征及行动空间约束力。地方的在地化预设及地域生活的特殊性,构成地方性知识生成来源。地方性视角提醒,地方化的事件、理念、关系等知识系统分析,需要关注以地方边界为识别机制的内外空间及其差异,尤其需要突显地方内在空间的特殊性。物理空间的"地域"特性与社会空间的"情境"特性构成格尔茨地方性视角的主要理论基础。这也提醒我们需要特别关注"地方"这种物理空间作为一种设置容器的特殊之处及其对相关主体思想行动的外在影响,以及内在于地方情景的利益相关者之间特有的关系模式、交往方式、利益关联等知识形成与运用问题。参照格尔茨地方性知识视角提出的两个分析论点,本文的理论假设与分析基础是:"散乱污"企业采取的农村隐秘空间制造特有策略,受到农村社会生活方式、交往模式、权力结构等社区环境影响。本文分析框架如下图所示:

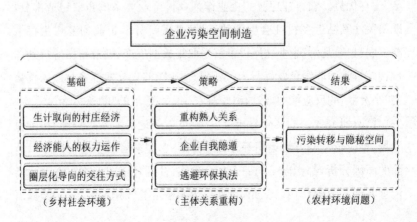

本文对金村"散乱污"企业隐蔽空间制造的分析,始于问题导向的研究逻辑与社会结构论的知识观。第一部分以金村"散乱污"企业依然隐藏于乡村社会而转嫁污染的事实/现象为基础,提出环保风暴与村民环境要求双重压力下,农村"散乱污"为何屡禁不止的学术议题。第二部分是分析农村"散乱污"企业隐秘空间的特有制造策略。金村"散乱污"隐秘空间制造是企业与基层环保执法力量、村民等治理主体互动的博弈过程。按照政府为主导、企业为主体、社会组织和公众共同参与的环境治理体系以及环境治理资源下沉的运作逻辑,农村环境污染长效治理需要基层政府、企业与村民三大主体构建治理共同体加以应对。农村污染企业隐秘的污染空间制造,是借助重构乡村熟人关系、虚假技术改造等策略,重构其与基层政府、村民之间的社区实践关系。第三部分解释金村"散乱污"企业制造隐秘污染空间的特殊环境。农村作为集"生产、生活、生态"于一体的人居环境与人际关系相对紧密的生活共同体,导致村民、企业等环境治理主体的受害者、受益者等角色模糊且多有重合,而且村庄特有的生计模式、政治结构与文化样态为污染企业隐蔽空间制造提供了乡村特有的社会基础。最后一部分对全文做了简略总结,并从企业渐进式绿化、农民主体性发挥与环境治理技术赋能三种路径提出应对之策。

三、农村污染企业的隐匿空间制造策略

伴随着生态文明建设的持续推进,美丽中国和健康中国等战略布局,提升农村人居环境、建设生态宜居村庄和推动"生产发展、生活富裕、生态良好"的文明发展道路,是乡村社会经济发展和人民群众美好生活的必然要求。在农民优美生活环境诉求不断增强、基层环保执法不断加大背景下,农村"散乱污"企业需要直面基层环保执法和农民环境诉求两种结构性压力,重构企业与基层环保执法力量、村民之间的社区关系。如何在乡村社会消解"上下挤压"的困境,创造出可以继续转移污染的隐匿空间,是农村"散乱污"企业存活的关键所在。

(一)重构熟人关系:为企业生产提供"掩护"

熟人关系或熟人社会带有的资本属性或规范效用,在发挥强化群体内部凝聚力和构建互惠型人际关系等正向作用的同时,应对其固有的负面作用保持警惕。熟人关系的消极影响主要体现在,自己人圈层塑造的私人利益交换和私人道德维护。这种费孝通"差序格局"理论形塑的差序关系,会划分自己人与外人两个群体、生成对内与对外双重行动标准。邓燕华和杨国斌(2013)的分析正确指出,村民基于自己人的"我群"意识,对本村人开办企业带来的环境污染,表现出了更大的容忍度。

农村"散乱污"企业充分利用了乡村社会熟人关系底色与共同体意识,使得企业嵌入进企业主私人关系为基础的乡村关系网。企业主也运用人情往来逻辑形塑熟人关系和自己人圈层,以此来构建企业为中心的利益关系圈,为其生产经营和污染转嫁提供掩护。

要说厂子污染或者对村子的影响肯定有。都是一个村的,大部分人也不好说什么。就是在厂子附近的那几户人家,比较难搞。要跟他们搞好关系,过年过节的给他们送礼物,经常性的送点东西,有的招进来干活。农村人就是讲个人情、面子,这样他们就不好说什么了。(造纸厂李老板)

熟人关系的乡土塑造通过"自己人认同"基础、"吃亏"逻辑(杜鹏,2019)或"人情亏欠"(宋丽娜,2009)的逻辑来达成。农村污染企业在嵌入乡村熟人关系网和利用熟人关系的同时,不断重构企业与社区、村民的关系,尤其是受到企业污染影响的周边家庭。企业通过给周边农户过节送礼物、招进厂里来打工等人情往来,再造或强化了熟人关系甚至构建出利益联盟。

旁边的手套厂开始建的时候就到家里来了,还拿了东西,不好意思说不让建啊。当时说不会有太大影响,还说到时候把媳妇招进厂子干活呢。过年过节的都来送东西。就是有点噪音、味道、废气啥的就算了,大家抬头不见低头见的。(村民范大叔)

农村"散乱污"企业在村落物理空间和社会空间的双重嵌入,导致企业与村民的生产生活存在复杂的关联。乡村企业生产涉及农民生计方式与就业安排,也影响农民生活环境与身体健康相关。农村企业在环境治理力度加大和治理方式多样化的形势下,更在意周边社区村民的环保意愿、生活要求,以求得转嫁生产成本机会和拓展生存空间。如何化解环境污染的社区影响,与村民保持"和平共处"甚至是互惠互利的关系,是农村污染企业能够隐匿于乡村社会的关键所在。

(二)自我"隐遁":减少企业污染的社区影响

熟人社会的关系结构是一种私人关系的链接,私人关系带有自我为中心的利益优先考虑和关系亲疏排序等自我主义倾向。乡村社会原有熟人关系为"本村"企业污染提供的掩护具有一定的边界与限度。当企业污染过度侵害自己权益而超出"自己人"圈层忍受限度,熟人关系构建的"掩护网"就会被突破,村民可能会为自己争取利益而与企业"反目成仇"。这就需要企业谨慎的营造村庄熟人关系网,尽量减少污染带来的社区影响,以避免村民心生怨恨而破坏乡村熟人关系构建起来的企业污染"保护网"。

农村"散乱污"企业往往会借助"虚假性技术改造"来保持乡村社会嵌入状态和维系熟人关系与私人道德力,维护"自己人"意识搭建的防护外衣和私人关系的利益联盟。一般意义上的技术改造是指企业为了提高经济效益、提高产品质量、降低成本、加强资源综合利用和三废治理等目的,采用先进的、适用的新技术、新工艺、新设备、新材料等对现有实施、生产工艺条件进行改造。金村企业"虚假性技术改造"目的仅仅是为降低生产成本和提高经济收益,其改造技术主要借助污染源头与社区影响的掩盖或隐藏,实现企业污染转移和生产成本转嫁。金村的田野调查表明,企业的"虚假性技术改造"方案主要通过两种策略达成:

一是企业生产空间置换。企业生产场所不是随意选择,而是经过周密的考察与细致的选址确定。企业所在地既不能扩展污染影响范围,也不能成为环境执法清晰目标,更要有利于企业污染源隐匿。企业往往设置在村庄边缘地带但又不能到人烟稀少之地。这样既能跟尽量减少污染空间和维护村庄关系,也可以嵌入村庄整体的生活空间体系,不至于太突兀而招致执法风险。企业通过巧妙的生产空间置换和理性化的选址设置,有效规避生产风险、执法约束和村民抱怨。

厂子不能在村里面,要不然影响太大,村民有意见,会举报、闹事;也不能离村太远,太显眼的话也有可能会被举报。就像我办的黄纸厂就在村庄边缘,既跟村落连在一起,影响也小。开厂子做生意还是要跟村里打成一片(造纸厂王厂长)。

二是生产条件改造升级。企业除了选择一个既可远离环境执法,又能保证粗放型生产的场所,还需要对企业生产污染的日常干扰和影响范围加以限制。斯诺(1998)对"日常生活的干扰"的分析中,提出了环境集体行动的发生动力和行动边界问题。亦即是说,当环境污染没有干扰村民日常生活或干扰的程度还能让农民忍受,那么环境抗争和集体行动就不会发生。企业为了维护乡村关系和实现农民环境行为的去抗争化,对企业生产条件加以改造升级,最大限度地防止企业污染扩散和影响范围。例如用电、气等清洁能源替换污染严重的煤炭,晚上偷偷生产时用塑料膜包裹窗户,把生产用的机器埋藏于地下等。

咱们村的手套厂、印刷厂这些,都是偷偷的生产,想很多办法。晚上加工手套的,怕光太大,就把厂房的窗户全糊上了黑色塑料膜。那些印刷、手套机子声音大,就被埋进了地下。有的还在地下挖洞,把废水灌里面。什么法都想。只要村里人不告,谁知道啊!(村民杜大哥)

(三)化整为零:逃避环保执法

为加强农村污染治理和生态环境保护,国家在《打赢蓝天保卫战三年行动计划》《京津冀及周边地区 2019—2020 年秋冬季大气污染综合治理攻坚行动方案》等文件中提出,坚决治理"散乱污"企业,要求坚决打击遏制"散乱污"企业死灰复燃、异地转移等反弹现象。基层政府亦通过政策宣传、12369 投诉电话、有奖举报、环保"回头看"等方式,不断加大执法力度和精准度,积极动员农民环境参与,推动农村"散乱污"企业治理和防止污染企业转移等现象。农村"散乱污"综合整治呈现政府与农民合力围剿之势。

农民对生态美好生活的需求与环保意识增强、国家对农村环境的防污攻坚与"散乱污"企业污染整治的实践切合,为农村企业污染治理提供了契机,也为农村企业生存发展提出了新的挑战。农村"散乱污"企业站在向左走还是向右走的转型档口。Benjamin Van Rooij(2006)分析了云南滇池水污染治理中,周边农村污染企业采取破产、转型和转移三种不同应对策略的原因及社会后果。按照"整顿规范一批、搬迁整合一批、关停取缔一批"的要求,以及强势推动"小散乱污"企业专项突击整治之后,诸多企业并未走上绿色发展之路,也没有彻底消失,反而在短暂的"避风头"之后,跟基层环境执法队伍玩起了"猫和老鼠"的游戏。

为逃避环保执法,金村污染企业采取"你来我走"的游击战、化整为零、打时间差、"罚款代替停产"等替代方案,使得环保执法下乡的执法成本增加和执法成效脱靶。

环保执法队不可能天天下去。只要村里没有人举报,环保局肯定不好发现。有时候风声紧了,他们就关门几天、停业,等风头过了再生产。打个时间差,晚上生产更没人知道了,那些板材厂就这么干的。当然,就是被查封了,大多也就是罚款了事。过几天还不是照常开工吗?我们环保局没办法,你也不能天天坐这里看着啊!(县环保局张队长)

企业利用嵌入乡村的位置优势和处于执法末端的距离感,使自己隐身于平静的乡村秩序之下。金村企业不仅利用白天黑夜、整顿期与非整治期的时间分化,减少对村民和乡土社会的干扰,以保证农民不去举报;也会借助"你来我走"、打时间差等行动策略,减少和干扰基层执法的精准度。当然对环境执法动向时刻关注的企业,不仅是那些暗盘生产和粗放型发展的"散乱污"小微企业,那些具有规模优势、环保达标和需要整顿提升的"小微污染"企业,也在精准逃避环境执法以减少生产成本,导致环境执法"瞄不准"。

我这个厂也安装了大型除尘器,差不多花了 5 万吧。环保那边要求的,没有就罚款。平常一般不用,太费电,如果天天开着,一个月的电

钱就要好几千。等到环保来查的时候,就开着,做做样子。(木材厂孙经理)

农村"散乱污"企业对环保执法的有意逃避和策略应对增加了执法成本,为企业污染创造出一定的实践空间。农村"散乱污"企业能够有效且执着于化解环保执法力量,是企业行动策略有效与环保制度实践失效的表征。

四、农村污染企业隐匿空间制造的村庄基础

农村"散乱污"企业之所以能够继续采取粗放型生产方式或借助"漂绿"(汪璇,2021)的形式化策略来应付环保检查,主要是其应对环保执法压力与村民环保需求的策略行动,具有一定的社会基础。农村污染企业隐匿空间制造策略的社会基础是村民生计模式、交往关系网络与村庄内部组织方式、权力运作等乡村社会生活因素交互作用的结果,亦即乡村生活空间与关系网络为污染企业隐匿于乡村社会提供生存基础。

(一)生计取向的村庄经济基础

农民生计方式多元与农村工业化同步,乡村企业得以迅猛发展,农民逐渐摆脱对土地的生计依附。尤其是伴随农村市场经济发展与商品化机制的乡村渗透,农户家庭对土地收入的"脱嵌"意愿愈加强烈。费孝通先生总结归纳的"离土不离乡与离土又离乡"现象,是农村人口流动和农民谋生的两种主要模式,曾作为农民收入非农化和增收道路被长期讨论,均涉及农民如何"去土地化"问题。农民"离土不离乡"的就地办厂或到乡镇企业上班是农民非农化生计的主要形式。无论何种形式的家庭收入非农化模式,金村的"散乱污"企业构成农民生计来源之一,也形成整个村庄重要的社会经济基础。

根据笔者的简单统计,金村有200多人(1/6的比例)在手套厂、预制板厂等附近企业上班,有的一家人全在工厂上班。土地对家庭收入的贡献甚小,甚至因为累赘而抛荒。孙大哥一家三口平常都在木质板

制造厂工作,孙大哥与儿子负责开车运送货物,孙大嫂在车间制作木板。他乐意到村内企业上班,非常藐视对种地才是农民本分的传统观念,并肯定金村企业给村民带来的收益。

> 现在谁还种地？累死累活一年赚不到 1 万块。我一个人在厂子里一个月就 8000 多,这个账一算就清楚。咱们村这么多人,到厂子上班,就是为了多赚钱。要是没有这些工厂,要么继续种地,要么要外出打工,都不如现在好。像我这种 50、60 岁的只能在家附近找活路。(孙大哥)

金村诸多离开土地到村办企业工作的农民对种地与上班的收益比较,揭开了农户依附于企业经济的"口子",即农村"散乱污"企业某种程度上成为村民生计的主要来源或家庭收入的最优选择。那些在自己家里偷偷办起手套厂、家具店等家庭作坊的农户,其家庭收入更是来源于此。他们往往借助生产生活生态高度融合的农村社会生活特性,在极为私密的家庭生活空间创造出半公开(村民了解)的生产空间,制造出方便村民生活但有害于乡村环境的产品。金村有 20 多户农民在自家生活的房间里购买了手套编制机器,从 10 台到 50 多台不等,日夜不停地编制手套。据说一台手套机月收入 1000 多元。那些自己办厂或从事非农工作的家户,在村内明显的更为富有。

农村污染企业在某种程度上替代"下地务农"与"外出务工",成为农户主要家庭收入来源,也是满足农民生活需要甚至是发家致富的首要选择。农村"散乱污"企业借助生活—生产融合的农村社会空间优势,企业运经济效益的可观性兼顾与环境有害的隐蔽性,以及农村企业生计属性和农民经济理性,为农民从事"散乱污"企业经营提供了动力。如同李阳、肖晨阳(2020)的研究指出,"这不仅仅因为'生计型类企业'违法成本低、执法成本高,更因为其带有的生计属性以及由此形成的生活方式和文化形态,因此村民采用非制度化手段、弱者的武器、'游击战'等形式坚持从事这一行业。"

（二）经济能人的乡村权力运作

农村工业化、市场化与城镇化等结构性力量推动乡村社会整体转型,经济能力成为个体化社会形成、人际关系交往、村庄社会评价与乡村社会政治秩序重构等乡村社会日常生活实践的核心指标。在此背景下,经济能人在村庄社会秩序维护、集体经济发展与社区事务治理中的作用突显。例如黄振华、卢福营等学者①早期研究不同程度的肯定了经济能人在村庄治理与集体经济发展等乡村社会事务中的作用,并给予正面评价和道德赞扬。然而,经济能人的乡村公共参与并非都是积极面向,企业运营并非全是绿色生产,其背后可能与乡村环境污染有着紧密的关联。金村的案例提醒我们,村庄能人的经济来源可能是乡村污染企业运营,也会借助经济优势和企业实体建构的村庄权威结构与政治秩序,对乡村权力加以运作,进而为"散乱污"企业运行提供"权力庇护"。

经济能人基于自身的经济创造力、社会事务运作力和村庄事务积极参与,展现出其对村民生活与乡村社会的全面影响。他们能够在村民、村"两委"甚至镇街政府层面创造出属于自己的关系网与有利于自己的权威结构,进而为企业的污染转嫁"保驾护航"。经济能人的乡村社会权威模式、地方化权力网及其运作的社会影响力,在金村是"人所共知"的秘密,村民中弥散着"羡慕嫉妒恨"的社会心理、一切向"钱"看的村庄氛围。当经济理性与经济能人成为金村村民的生活参照,会蒙蔽发现乡村企业污染的眼睛。金村张支书对村内企业了如指掌,也深知经济能人的企业经营之道,他曾在某个特殊场合,低声地对笔者说:

村里大大小小的那么多厂子哪个没有污染? 不能都给关了吧? 开厂子的哪个不是能人,没点关系? 像×××都是咱们县上的名人,更是咱们镇上的纳税大户,有点污染、违规啥的镇上也是睁一只眼闭一只眼。在村里他们有时候说话比我们好使,现在村民就看钱,谁能赚钱是真本事,就信谁的。再说了,咱们村里还指望这些人呢! 前几天修村里的路,开厂子的个个比着捐款,村民捐个百儿八十的不顶用。

①　参见卢福营:《经济能人治村:中国乡村政治的新模式》,《学术学刊》2011 年第 10 期;黄振华:《能人带动:集体经济有效实现形式的重要条件》,《华中师范大学学报》(人文社会科学版)2015 年第 1 期等相关文献。

经济能人作为乡村社会关系节点与权力轴心之一，在村民中间产生了强大的震慑力与影响力，也给村庄事务和村庄政治带来巨大影响，甚至进入体制内而产生政治影响力。尤其是在乡村社会个体化进程中，个体财富创造力及其相关社会影响力，依然是乡村社会道德评判的最重要的指标和权威来源。传统长老权威、村庄组织权威等权力结构都被经济能人构建的"能人政治"所替代甚至摧毁。经济能人在村民、村两委与基层政府之间以及在村民生活、村庄事务等方面搭建起纵横交错的村庄政治联盟，为企业制造污染转嫁空间提供了社会政治基础。

（三）圈层化导向的社会交往方式

费孝通先生笔下的"乡土底色"在当下农村社会正逐渐褪去。国家治理力量、个体化理念与市场交换逻辑合力塑造着乡村社会样态，但是传统乡村的地缘血缘关系互嵌，及其建构的共同体意识，仍旧对当下众多村落中的人际关系建构和行动导向影响明显。地缘血缘关系依然是乡村社会亲密关系和"自己人"意识的形成基础，而且村庄内部存在诸多以邻里互惠、经济互助、利益互换等基于生活、生产的日常交往建构的个人/家庭关系圈层。费孝通先生的差序格局依然是村落社会关系圈层最基本的互动模式之一。中国本土化语境下，圈层/圈子是一种基于个人交往而延伸出的关系网络，"中国社会的人际关系在个体层面呈现出以'己'为中心的差序格局，在社群层面则呈现出以精英（能人）为中心的圈子特征。"（尉建文、陆凝峰、韩杨，2021）金村经由经济能人个人交往构建出的私人关系网络与基于地缘血缘构建起的村庄社会关系网，构成农村企业污染转嫁空间制造的社会文化基础。

乡村作为长期共同生活而形成的血缘地缘共同体，"共同体意识"不仅带有滕尼斯"荣辱与共、息息相关和亲密不见、默认一致"的亲密关系，也呈现涂尔干"机械团结"和费孝通"差序格局"等概念内在表征的理性缺失、权利禁锢和关系冲突。金村田野调查表明，大部分村民在认同"自己人"的概念里，把开办企业的村民及其企业都划归为扩展性自我范畴，遵从着"自己人"的认知理念和行动逻辑，更把情感、血缘关系、人情面子等乡土因素，编织进由环境污染引发的社区人际关系建构进程。例如 Yanhua Deng and Guobin Yang(2013)的分析指出,面对本村人开办企业带来的环境污染,村民基于"自己人"的我群意识表现出了更大的容忍度。村民们"都是一个村的"共同体意识,把社区情感和村庄人际关系和谐,放置于环境权利追求之上,不愿意或不好意思去抗议、举报企业的环境污染,为企业持续转嫁污染提供了乡村文化基础。

由污染企业经济辐射的关系圈与经济能人构建的私人关系网为企业污染转嫁提供了另一种社会文化基础。这种由经济能人个体交往而延展的关系圈层分化了乡村社会,限制了村民抗争环境污染的可能性和集体行动能力。那些跟企业经济联系密切或跟经济能人交往频繁的村民,在经济和权力上更缺少主体性和行动空间,其环境抗争的意愿更软弱无力。费孝通认为,一个差序格局的社会,是由无数私人关系搭成的网络,这网络的每一个结附着一种道德要素(费孝通,2007)。附着于私人关系的利益互惠、人际交往、道德约束、情感沟通等要素,因人而异且具有权变性。当私人关系优先于集体、公共关系,私人关系的道德约束会对公共利益带来损害。"在熟人社会中,人们的行为围绕着人情关系展开,行为准则是人情规范,这种人情取向的行动规律就是乡土逻辑"(陈柏峰,2011)。熟人社会及其所承载的互惠关系、道德感染力,成为污染企业能够存活或转嫁负外部性而加以利用的工具。

五、结论与讨论

乡村"散乱污"企业有效整治与动态清零,需要关注"散乱污"企业污染转移的乡村社会环境,也需要重新分析污染企业的存活策略。农村"散乱污"企业带有深嵌乡村社会、贴近农民生活、处于执法末端、污染特别严重、企业环境友好转型艰难等内在特征。农村"散乱污"企业污染转嫁的行动策略分析,亦需重新思考农村"散乱污"企业与乡村社会、国家环境治理三者之间的实践关系,把企业置于国家自上而下执法与农民自下而上生活需求两种压力之下。企业作为具有主体能动性和自我利益的行动者,之所以能在国家环境治理保护与农民宜居生活要求两种压力下拓展出生存空间,以保持低成本运行、粗放型生产和负外部性转嫁,与其隐匿于乡村社会的生存策略密不可分。农村"散乱污"企业具有行动策略性和自我生存意识,也在积极寻找存活空间和成本转嫁路径,并非按照国家环境治理要求和绿色发展道路蓝本,在"要么改,要么死"中选择。金村的调研发现,农村"散乱污"企业走上了"既不改,也不死"或"面上改,心不改"的第三条道路,即企业在不改造升级或略微改造的前提下,借助逃避国家执法与村庄自我监管的策略行动,最大限度地保持原有企业运营方式与粗放型生产。

在农村环境治理压力加码、农民环保意识增强、污染防治技术与手段多样等多重结构压力之下,乡村社会的底层空间却为农村污染企业找到新的转嫁策略和存活空间,企业转嫁污染的策略行动也消解了国家权力意志和环境治理意图。农村"散乱污"企业应对乡村环境抗争与国家执法的策略行动是一个行动连续体。农村企业污染生产和负外部性转嫁之所以能够在国家环保执法与农民健康生活需求的夹缝中延展,得益于企业的行动策略有效、底层执法困境,也与乡村社会生产生活环境密不可分。农村企业策略性利用"你来我走"的游击战、颠倒生产时间和增加执法距离、借助罚款替代等手段,以逃避基层环保执法力量管制,增加了环保执法成本和执法惰性,有效化解"散乱污"企业专项整治的治理压力。农村"散乱污"企业内生于乡村社会且与村庄社区建构出公私兼顾的社会关系。熟人关系是"散乱污"企业的生存载体和转嫁污染的"助手",且在企业运营生产中成为其逃避环境执法的保护色和防污攻坚战无法取得持久性成果的重要短板。熟人社会的"自己人"圈层和私人关系的道德约束力,为企业逃避环境执法和稀释农民环境抗争找到隐身之处。熟人社会关系与社区共同体意识的道德约束力、集体凝聚力带有双面性,有时呈现狭隘的地方主义和社区利益导向。虽然污染企业与周围居民的社会关系是影响污染企业环境行为的重要因素,但是两者和谐相处的社会关系不一定有利于增强污染企业社会责任感和农村环境污染治理。

农村"散乱污"企业的乡村生存策略,使其能够隐匿于乡村社会"隐秘的角落",成为乡村环境治理中的"治污盲点"与生态文明建设难点,构成农民美好生活建设的障碍。这是国家基层环境治理能力建设不足的表现,也为农村环境治理体系与治理能力现代化提出了新契机,即国家对农村环境治理,需要区分治理企业污染还是治理污染企业,也需要对乡村社会关系与农村生产生活环境加以关注。农村"散乱污"企业面对国家环保执法与社区生活要求两种生存压力,其加以应对和消解的策略性行动,是解开"农村企业污染屡禁不止"的一把钥匙。有效破解农村"散乱污"企业"屡禁不止"的环保难题,从根源上消除企业污染的环境危害,需要推动生态现代化的企业生产转型和健全以农民为主体的乡村环境监管体系,亦即在农村环境治理体系与治理能力现代化建设中,真正实现政府环保执法精准、企业绿色转型有效和乡村环境参与有力的有效激活与有效链接:

一是帮扶企业逐步实现自我"自我绿化",让企业成为绿色发展主体而非环境治理对象。农村污染企业是国家环境治理对象,也事关基层农民生计与生活需要。如何在美丽宜居乡村建设与农民生产生活现代化之间达成平衡,农村"散乱污"企业并未毫无用处。这就需要对"散乱污"企业彻底清除的治理目标、一刀切的治理方式与压力传递的执法逻辑做出改变。为此,基层部门可以通过摸底农村企业需求、邀请企业方参与环境整治、指导小微企业生产绿化以及建立企业环境治理任务清单、筹建企业行业团体、采取企业生态补偿等措施,实施以"科学化、精准化、差异化"为原则的农村"散乱污"企业绿化行动,帮扶企业逐步实现"自我绿化"。

二是健全农民为主体的乡村环境治理结构,让农民真正成为环境参与者而非旁观者。农民是农村污染的受害者更是环境治理的受益者与主体,动员农民积极参与是治理企业污染的有效保障。只有通过政策宣传、理念倡导、利益引导、组织动员等多元化机制,才能让农民走出农村生活环境与关系网络的人情约束以及个体自保式行动困境,真正进入农村环境治理结构,达成培养环境公民的目标,起到生活化监管农村污染企业的全民参与环境治理目的。

三是数字化技术赋能环境治理,提升环境技术治理能力。数字化技术发展与数字乡村建设为赋能农村环境治理提供新动力。互联网、区块链等数字化技术为公众参与环境治理提供了平台,如微信群、政府留言板等构成农民监督、举报、交流等环境参与新空间;数字化监管、监测与大数据分析等技术,为政府监控、推动企业绿色转型和绿色生产过程提供有效工具。

参考文献

刘凌:《农村小微企业环境友好行为衍生机制研究——以河北定州铁网企业为例》,《社会建设》2017 年第 6 期。

汤惠琴、杨敏:《我国农村地区环境污染与治理探析——以江西省丰城市农村为例》,《吉首大学学报》(社会科学版)2018 年第 6 期。

王晓毅:《沦为附庸的乡村与环境恶化》,《学海》2010 年第 2 期。

宋涛:《乡镇工业污染与公众问责制度的缺失及重构》,《华南农业大学学报》(社会科学版)2013 年第 4 期。

葛继红、郑智聪、周曙东:《中国农村化学品企业发展存在"污染天堂效应"吗?》,《南京农业大学学报》(社会科学版)2018 年第 6 期。

张彦博:《企业污染减排过程中的政企合谋问题研究》,《运筹与管理》2018 年第 11 期。

洪大用:《企业行为与绿色发展》,《广西民族大学学报》(哲学社会科学版)2017 年第 7 期。

王文涛:《纠结与矛盾:农民面对乡镇企业污染的"乡土"心态——对 S 市 T 镇的调查研究》,《知与行》2018 年第 4 期。

孙旭友:《"关系圈"稀释"受害者圈":企业环境污染与村民大多数沉默的乡村逻辑》,《中国农业大学学报》(社会科学版)2018 年第 4 期。

杜鹏:《熟人社会的阶层分化:动力机制与阶层秩序》,《社会学评论》2019 年第 1 期。

宋丽娜:《论农村的人情规则模式——以浙东税务场村为经验基础的框架理解》,《甘肃行政学院学报》2009 年第 6 期。

费孝通:《乡土中国》,江苏文艺出版社 2007 年版,第 18—20 页。

陈柏峰:《熟人社会:村庄秩序机制的理想型探究》,《社会》2011 年第 1 期。

李阳、肖晨阳:《"散乱污企业"的生计属性——基于华北农村地区的案例研究》,《南京工业大学学报》(社会科学版)2020 年第 2 期。

汪璇:《污染企业的"漂绿"实践及其逻辑——基于 M 牧场沼液污染的经验研究》,《南京工业大学学报》(社科版)2021 年第 2 期。

尉建文、陆凝峰、韩杨:《差序格局、圈子现象与社群社会资本》,《社会学研究》2021 年第 4 期。

格尔兹:《地方性知识:事实与法律的比较透视》,梁治平主编:《法律的文化解释》(增订本),邓正来译,三联书店 1994 年版,第 126 页。

Anna Lora-Wainwright, Yiyun Zhang, Yunmei Wu, and Benjamin Van Rooij.(2012). Learning to Live with Pollution: The Making of Environmental Subjects in a Chinese Industrialized Village. *The China Journal*, 68, 106—124.

Benjamin Van Rooij.(2006). *Regulating land and pollution in China*, Leiden University Press.

Gould, Kenneth A.(1991). The sweet smell of money: economic dependency and local environmentalpolitical mobilization. *Society & Natural Resources*, 4(2), 133—150; Lora-Wainwright, Anna.(2010). An anthropology of "cancer villages": villagers' perspectives and the politics of responsibility. *Journal of Contemporary China*, 19(63), 79—99.

Q. Zheng and Matthew E. Kahn(2017). A New Era of Pollution Progress in Urban China? *Journal of Economic and Prespectives*, 31(1).

Snow, D. A.(1998). Disrupting the Quotidian Reconce ptualizing the Relationship between Break down and the Emergence of Collective Action. *Mobilization: An International Journal*, 1, 1—22.

Yanhua Deng, Guobin Yang(2013). Pollution and Protest in China: Environmental Mobilization in Context. *China Quarterly*, 214, 321—333.

专题四 公众环境参与意识与行为

互联网使用与环境关心
——基于 CGSS(2010)的多层次分析[*]

孙小逸 黄荣贵[**]

[内容提要] 将互联网技术相关变量引入环境关心研究,指出个人层面的互联网使用和作为社会情境的互联网普及率通过不同的机制对环境价值观带来型塑效应,从而为现有环境关心研究补充了新的分析视角。对 CGSS(2010)的统计分析发现,在个人层面,使用互联网的频率有助于提高环境关心水平。在城市层面,互联网普及率对环境关心具有直接和间接影响。一方面,互联网普及率与环境关心水平之间呈现倒 U 型关系;另一方面,互联网普及率作为一种社会情境,对教育程度的影响具有调节作用,教育对环境关心水平的影响随互联网普及率的提高而降低。最后讨论环境关心和互联网研究的理论启示和含义。

[关键词] 环境关心;互联网使用;创新扩散;多层次模型

[Abstract] This article introduces a new analytical perspective of information communication and internet use into environmental concern research, pointing out that individual-level internet use and city-level internet penetration rate have an influence on environmental concern through different mechanisms. Based on the statistical analysis of CGSS (2010), it finds that individual internet use increases the level of environmental concern. City-level internet penetration rate has both direct and indirect effects on environmental concern. For one, internet penetration rate presents an inverted U-curve relationship with environmental concern. For another, internet penetration rate has a moderating effect on education. The theoretical implications for environmental concern and internet studies are also discussed.

[Key Words] Environmental Concern, Internet Use, Innovation Diffusion

* 本文是教育部人文社会科学青年基金项目“基于三重治理逻辑的城市垃圾分类治理模式的生成机制、成效评估及推广路径研究”(项目编号:20YJC810011)、“大数据驱动的网络社会思潮谱系及演进规律研究”(项目编号:20YJC840017)和上海市哲学社会科学规划一般课题“中国网络民粹主义的类型、成因及演变(2013—2020)”(项目编号:2018BSH003)、复旦大学一流建设学科重点项目“面向社会转型与治理的社会学理论和方法创新平台”的阶段性成果。

** 孙小逸,复旦大学国际关系与公共事务学院副教授;黄荣贵(通讯作者),复旦大学社会学系教授。

一、引　言

随着环境问题日益受公众的广泛关注以及中国政府日益重视环境保护和绿色增长,环境关心(environmental concern)作为环境治理与环境行动的社会基础具有重要的理论和现实意义(Mol & Carter,2006;Meyer & Liebe, 2010;Clements , 2012;Munro, 2014)。现有研究文献主要从富裕程度、后物质主义价值观和客观环境问题等角度解释公众的环境关心水平(Gelissen, 2007;Franzen & Meyer,2010;Inglehart,1995;Knight & Messer,2012)。总体而言,现有研究倾向于认为环境关心与个人社会经济地位紧密相关。部分研究认为,个人对环境问题的关注程度取决于较高的社会经济地位,因为较高社会阶层的人群更愿意负担环境保护的成本;另一部分研究则认为,在发展中国家,较低社会经济地位的人群可能具有更高的环境关心水平,因为低阶层的人群更有可能受到环境污染的伤害。本文认为,随着信息技术的发展,公众对很多环境问题的认知往往超越直观感知的范畴,他们对环境问题的关注与认知越来越依赖媒体报道与网络信息。在这个意义上,现有环境关心研究的文献尚未充分考察信息传播对环境关心的生成与发展具有重要的影响。

随着新媒体技术的发展,互联网在信息传播、观念型塑等方面发挥的作用日益显著。作为一种即时性、跨时空、低成本的传播媒介,互联网有助于促进环境知识的传播与扩散,并能结合图片、视频、表情包等多元化传播载体营造视觉冲击效果,从而直观地增强人们对环境问题的认知与体悟(Bailard, 2012;Zhang & Barr, 2013)。此外,作为一种公共空间与沟通平台,互联网有助于促进人们关于环境问题的交流与分享,在此过程中形成理论化框架,提升环境议题在公共讨论中的能见度与共识度,进而促进亲环境价值观的培育与扩散(Kangas and Store,2003;Sima, 2011)。在信息技术迅猛发展的时代,互联网使用对环境关心的影响值得系统地探究。

互联网技术对环境关心的影响同时发生在个人和社会两个层面。就个人层面而言,互联网是一种便利的信息传播渠道,互联网使用通过信息等机制影响环境关心水平。就社会层面而言,互联网普及率代表了网络技术对社会的渗透程度,是社会信息情境的关键性指标(Bailanrd,2012;Stoycheff & Nisbet,2014;Best & Wade,2009),可理解为一种特定的社会情境。这种社会情境会对个人的环境认知与价值观产生直接与间接影响。互联网普及率会直接影响个人的环境关心水平,但这种影响是非线性的。由于互联网普及率变化是一个社会过程,不同的发展阶段对环境关心的影响具有差异性。在网络技术扩散的早期,互联网更多的是一种收益递增型的媒介,有助于亲环境价值观的传播与扩散。但到了后期,随着信息技术的普及,网络用户的下沉以及网络媒介的商业化和娱乐化,互联网使用逐渐产生"替代效应",即人们将更多时间用在网上娱乐和消费上,在某种程度上挤占了原本用来信息查找、严肃阅读的时间(Shah et al.,2001)。此外,环境议题的争议性意味着持有不同价值取向的网络社群之间存在极化和撕裂,这些因素也会消减互联网技术在传播亲环境认知和价值观上的潜力。另一方面,互联网普及率会调节个人教育程度与环境关心之间的关系。在某种程度上,网络技术的发展促进了创新扩散和社会学习过程(Rogers,2003),人们更容易从网上接触到与环境相关的信息与知识,由此降低了环境关心养成对个人教育程度等传统的社会化因素的依赖。

基于此,将系统考察互联网使用对环境关心的影响,并以2010年中国综合社会调查数据(CGSS 2010)对研究假设进行检验。将互联网相关变量纳入环境关心研究的理论分析框架,阐明网络信息传播对环境价值观养成的重要影响,从而拓展和补充了现有的环境关心研究。其次,整合创新扩散理论和环境关心研究,从网络社会发展的视角初步揭示并阐明同一时期不同社会群体间环境关心的横向扩散效应。

二、环境关心的现有研究

环境关心是关于人类与环境关系的一种价值观,即多大程度上强调环境因素对人类社会的影响和制约(Dunlap et al.,2000)。环境关心研究主要聚焦三种理论分析视角,包括富裕程度理论、后物质主义价值观理论和客观问题理论。富裕程度理论认为,来自富裕国家或地区的人往往具有更高程度的环境关心。这是因为环境保护需要投入大量资源,富裕群体有更高的意愿和更强的能力承担环境保护的成本。实证研究从个人和社会两个层面对富裕程度理论进行验证。个人层面的研究表明,社会经济地位对环境关心具有显著的积极影响(Gelissen,2007;Franzen and Meyer,2010;Shen and Saijo,2008;Meyer and Liebe,2010)。一项对19个国家的比较研究发现,教育、收入等要素对环境关心与环境行为具有显著的正向影响,其中教育程度影响的一致性更高(Marquart-Pyatt,2008)。就社会层面而言,具有更高经济发展水平、平均教育水平、人均收入的国家或地区倾向于呈现更高水平的环境关心,这种观点受到多项实证研究的支持(Gelissen,2007;Franzen and Meyer,2010)。

后物质主义价值观理论认为,富裕程度并不直接影响环境关心水平,而是通过后物质主义价值观的培育而间接影响人们对环境的态度(Inglehart,1995)。根据英格尔哈特的观点,后物质主义价值观形成于儿童社会化的过程中。与童年时期经历过战争和经济萧条的那代人不同,二战后在相对富裕的国家成长起来的一代人经历了从物质需求到后物质需求的转变。诸如自由、自我表达、生活质量、社会公平等更高阶的、具有审美意味的需求逐渐生成并开始在政治文化生活中占据主导地位。这种文化变迁推动了人们对环境保护和生活质量提升等问题的重视。对后物质主义价值观理论的实证检验尚未取得一致的结果,有些研究对该理论提供了支持(Kidd & Lee,1997;Gelissen,2007;Franzen & Meyer,2010),另一些则提出了挑战(Brechin & Kempton,1994;Dunlap & York,2008)。

　　与富裕程度和后物质主义价值观理论不同,客观问题理论认为环境关心并非富有群体的专有特征,来自贫困国家或地区的人可能反而具有更高程度的环境关心。现有研究发现,由环境污染引发的负面影响分布往往是不平等的(Brulle & Pellow,2006)。来自贫困地区或处于社会底层的弱势群体更有可能暴露在污染之中,受到污染的伤害,从而对环境问题产生更高的关注度。从这个角度出发,环境关心在全球范围具有普遍性。英格尔哈特(1995)也发现来自欠发达国家的人并不必然呈现较低水平的环境关心。调查分析显示,烟尘排放、空气污染和PM10颗粒物浓度等指标与环境关心呈正相关关系(洪大用、卢春天,2011;Knight & Messer,2012)。

　　在某种程度上,富裕程度、价值观念和客观污染等现有分析视角均致力于考察社会经济地位与环境关心之间的关系,即,人们对环境问题的关注受到其收入、职业或教育程度等因素的影响。然而,环境议题的一个重要特征是,许多环境问题难以被直接感知;即使有些环境污染现象能够被观察到,由于其发生的原因与可能产生的后果依赖于复杂的科学论证,对现象的诊断与归因仍然超出人们日常体验的范畴。在此背景下,人们对环境问题的认知很大程度上取决于间接的社会认知,而这反过来取决于他们从媒体上获取的信息。换句话说,人们采纳亲环境价值观不仅是因为有足够的钱来支付环保成本或者承受了污染带来的切肤之痛,也可能是源于人们听说了由于水污染导致癌症村的可怕故事,或者了解了环境恶化可能导致的后果。随着传统媒体向新媒体的发展,互联网在信息传播、观念型塑等方面的作用日益显著,其中也包括环境认知与态度。从这个意义上,信息传播对环境关心的型塑作用有待进一步探究。

三、互联网使用与环境关心：
分析框架和研究假设

　　随着互联网在世界范围的迅速普及,其在信息传播和知识获取方面发挥着越来越重要的作用（Kenski & Stroud，2006；Grönlund，2007）。在环境认知与环境行为方面，互联网不仅有助于环境相关信息的传播与扩散，还能促进人们对环境问题的参与与讨论，从而推动共同框架与价值观的形成（Kangas & Store，2003；Sima，2011；黄荣贵等，2014）。具体而言，互联网使用对环境关心的影响包括社会和个人两个层面。个人层面可将互联网视为一种信息传播渠道，考察个人互联网使用对环境关心水平的影响。社会层面则可以将互联网视为一种社会情境，考察这种情境如何形塑环境认知与价值观。

（一）个人互联网使用与环境关心

作为一种信息传播渠道，互联网有助于增进人们对环境知识的获取、对污染现状的认识以及对环境问题的讨论与反思。首先，频繁使用互联网会增强网民的信息搜寻能力（Xenos & Moy，2007）。根据偶然学习理论（Morris & Morris，2013），即使互联网使用的主要目的不是为了搜索环境知识，网民也可能偶然遇到与环境相关的知识，这些知识可能促使他们进一步探索。有研究显示，互联网具有"开窗效应"，即，人们能够通过互联网了解到不同地区的政府、企业、社会组织等在环境保护方面的行动和举措，从而提高对环境问题的关注度以及对本国政府采取环保措施的期望值（Bailard，2012）。其次，除了文字之外，互联网上还充斥着图片、视频、表情包等多种模态的传播载体，能够形成更为强烈的视觉效果（Zhang & Barr，2013）。一只小心翼翼蜷缩在一小片薄冰上的北极熊，或是由于污水排放导致的一大片漂浮在河面上的死鱼往往能使网民更直观、更清晰地了解当前的污染现状，并对其产生认知冲击。第三，互联网作为一个沟通平台，有助于促进人们关于环境问题的交流与讨论。这种讨论可能会产生"持镜效应"，敦促人们反思在环境保护中可能存在的问题（Bailard，2012）。基于此，提出以下假设：

H1：个人使用互联网的频率与高水平的环境关心呈正相关关系。

（二）互联网普及率与环境关心

作为一种社会情境，互联网普及率也会影响环境关心水平，但这种影响是非线性的。因为互联网的普及是一个不断发展的社会过程，其不同阶段对环境关心的影响可能是不同的。在扩散的早期阶段,互联网普及率的提高有助于促进环境关心的扩散。作为一种收益递增型的媒介,用户数量很大程度上决定了互联网的价值。只有一个用户时,互联网的链接作用是非常有限的。当更多用户开始使用互联网,将其创意和观点融入这个公共平台时,互联网的链接作用才开始不断凸显。并且,最先上网的往往是社会精英群体,具有较高的认知水平和开放的思维取向,更容易采纳亲环境价值观。根据扩散理论,对新理念的采纳程度取决于参照群体中先前采用者的比例。当这种比例较大时,后续采用者更有可能接受创新(Strang & Soule,1998)。互联网的普及有助于提高参照群体中持有亲环境价值观群体的比例,而这反过来又会进一步促进亲环境价值观的采纳。此外,先前采用者会对新观念进行"理论化",为后续采用者提供一个阐释框架,这个框架有助于增进环境议题在公共讨论中的能见度与共识度,调节并加速创新理念的扩散(Strang & Meyer,1993;Strang & Soule,1998)。

然而到后期阶段,互联网普及率的提高对环境关心的积极影响可能会逐渐减弱,而消极影响则会逐渐凸显。随着普及率的提高,网民使用互联网的方式也呈现多样化。早期的网民以社会精英群体为主,其互联网使用主要是信息交流和知识获取;随着互联网普及和发展,越来越多的普通百姓开始使用互联网,而他们使用互联网主要是用来社交、娱乐和购物。这种变化促使互联网逐渐朝商业化、娱乐化的方向发展,并由此产生互联网使用的"替代效应",即,人们将更多的时间花在网上娱乐和消费上,从而挤占了原本用来阅读新闻、查找信息的时间(Shah et al.,2001)。在这种情况下,互联网普及率进一步提高给环境关心带来的积极效应的强度会降低,甚至会降低人们对环境问题的关注。古德(Good,2006)的研究发现,以消费娱乐为主的互联网使用会显著降低环境关心水平,而只有专门查找环境信息的互联网使用会提高环境关心水平。随着互联网普及率的提高,网上的声音也变得更加多元化(Dahlberg,2007)。由于环境保护仍然是一个具有争议的议题,相互矛盾的观点可能会阻碍人们对亲环境价值观的采纳。以气候变化为例,虽然科学界关于气候变化正在发生且受到人类活动的影响已达成共识,但民意调查显示人们仍然不相信科学界已就此问题达成共识(Nisbet & Myers,2007)。这可能是因为尽管只有少数人对气候变化持怀疑态度,但这些观点借由数字媒介传播和扩散,最终在网络舆论场上与主流观点形成势均力敌之势。随着网络用户的下沉,网民的异质性程度提高,倾向于围绕不同的兴趣和价值取向形成不同的网络社群。有研究显示,中国网民逐渐分化为具有不同意识形态的群体,且这种分化呈现极端化倾向(Wu,2014)。在极化的网络空间,非理性站队变得比理性分析更为常见,导致对环境问题的科学分析演变为价值争论,进而影响公众对该议题的认知和态度。基于此,本文提出以下假设:

H2:城市的互联网普及率和个人环境关心水平间的关系是非线性的,即环境关心水平与城市互联网普及率之间存在倒 U 型关系。

此外,互联网普及率作为一种特定的社会情境还会调节个人社会经济地位与环境关心之间的关系。不失一般性,本研究聚焦于教育程度这一特定变量,因为在社会经济地位的常用测量指标中,教育程度对环境关心的影响尤为明显。回顾现有研究可以发现,收入和职业等指标对环境关心的影响效应往往不具有一致性,而教育的影响却得到诸多研究的一致支持(van Liere & Dunlap,1981,Dietz et al.,1998,Shen & Saijo,2008,Clements,2012),由此可见教育程度对亲环境价值观的重要影响。此外,教育程度还综合反映了个人的现代科学取向、对改变的开放程度以及理解创新所需的认知能力,这些特质对新观念的采纳和扩散尤为重要(Rogers,2003)。

互联网普及率对教育程度和环境关心两者间关系的调节效应可以用创新扩散理论进行理解。从创新扩散的社会过程看,新理念通常会从社会经济地位较高的群体向较低的群体扩散(Wejnert,2002;Pampel & Hunter,2012;Nawrotzki & Pampel,2013)。在网络社会时代背景下,社会经济地位较高的群体较早采纳亲环境价值观并主动运用互联网对这些价值观进行传播。社会经济地位较低的群体更有可能经由网络接触而采纳亲环境价值观。在一些情况下,采纳行为具有实际好处(Rogers，2003)，比如亲环境价值观有助于社会经济地位较低者发现并着力改善身边的污染问题。在另一些情况下，社会经济地位较低者则通过向社会经济地位较高者进行模仿和学习而采纳亲环境价值观。结合新社会观念的扩散规律可知，当互联网普及率较低时，亲环境价值观的培育和内化更加依赖于教育机构、阅读书籍和科学研究成果等传统的社会化渠道，而这反过来依赖于公众的教育程度、信息搜索和处理能力，并导致高教育群体和低教育群体之间的环境关心水平存在显著差异。随着互联网普及率的提高，低教育群体不仅可以通过网络阅读、环保科普视频、网络讨论等渠道获取相关知识，还可以通过接触持有亲环境价值观的社会群体并受其影响而培育起亲环境价值观，从而降低低教育群体与高教育群体之间的差异，教育对环境关心的影响也因而减弱。一项关于气候变化态度的研究表明，互联网使用对教育程度的影响具有显著的调节作用(Zhao，2009)。这可能是因为随着互联网普及率的提高，人们能够获取更多与环境相关的知识，参与环境问题的讨论也会更多，这种社会学习过程有助于亲环境价值观的培育。总之，互联网的广泛使用会降低个人教育程度和环境关心养成之间的关联强度。基于上述讨论，本文提出以下假设：

H3：互联网普及率会调节教育对环境关心的影响。互联网普及率越高，教育对环境关心的影响就越小。

四、数据和方法

使用 2010 年中国综合社会调查(CGSS 2010)来检验上述研究假设。中国综合社会调查(2010)是一项全国范围的代表性调查，总样本量为 11783。调查通过多级抽样法选取受访者，并由经过培训的访问员进行面对面访问。环境模块是总体调查的一个子模块，仅被运用于部分受访者。主要针对这一模块进行分析。排除缺失值后，最终样本量为 1583。

（一）因变量

使用新生态范式量表（NEP）测量受访者的环境关心水平（Dunlap et al.，2000）。该量表在过去 30 年中被广泛用于环境关心研究。它包括 15 个项目，从增长极限、自然平衡、人类中心主义、生态环境危机和人类例外主义五个方面测量环境关心。在这 15 个项目中，8 个是正向陈述，高分表示亲环境世界观（1＝非常不同意，5＝非常同意），7 个是反向陈述。本研究对反向陈述进行重新编码，以使高分代表亲环境世界观。洪大用（2006）将 NEP 量表应用于中国，发现量表中第 4 项（"由于人类的智慧，地球环境状况的改善是完全可能的"）和第 14 项（"人类终将知道更多的自然规律，从而有能力控制自然"）在探索性因子分析中负荷很低；相反，排除这两项能增加信度系数。我们对 CGSS 2010 数据的探索性分析也得出了类似的结论。基于此，以剩余 13 个项目建构适用于中国的环境关心测量，这个量表具有较好的信度（Cronbach alpha＝0.766），对应变量的取值范围在 13 到 65 之间。

（二）解释变量

解释变量包括个人和城市层面的特征。个人特征变量包括社会经济地位、后物质主义价值观和互联网使用，城市特征变量包括富裕程度、平均后物质主义价值观、污染程度和互联网普及率。个人变量来自调查数据，城市变量来自 2010 年《中国城市统计年鉴》。《年鉴》的变量反映了 2009 年的城市特征，这些特征早于个人属性的数据收集。虽然这种策略不能完全解决因果方向的问题，但它在一定程度上改善这一问题，因此优于仅使用同一时期的数据。在解释变量中，个人互联网使用和城市互联网普及率是本研究的关键性解释变量。

个人社会经济地位包括三个变量：个人收入（万元/年）、受教育年限和房屋所有权。对个人收入进行对数转换以调整其偏度。此外，现有研究显示，业主群体更关心他们的生活环境，因此纳入了房屋所有权这个变量（Huang and Yip，2012）。如果受访者的住所是由自己或配偶所有，那么业主变量取值为 1，否则为 0。

后物质主义价值观：问卷询问受访者目前中国应该最优先做的事

情是什么,其选项包括"维护国内秩序""在政府决策中给公民更多话语权""抑制物价上涨"和"保护言论自由"。选择"在政府决策中给公民更多话语权"或"保护言论自由"表示受访者具有后物质主义的价值观,编码为1,否则为0。

个人互联网使用是由受访者在过去一年中使用互联网的频率进行测量。数值范围从1(从不)到5(总是)。在统计分析中,该变量被视为连续变量。

城市的富裕程度是以人均国民生产总值(万元)进行测量。

城市层面的后物质主义:与洪大用、卢春天(2011)一致,将个人层面的后物质主义价值观平均值来测量城市层面的后物质主义。该指标的直观含义是居住在该城市的后物质主义者的比例。

城市污染程度包括三个指标:工业废水排放(亿吨/年)、工业二氧化硫排放(万吨/年)和工业烟尘排放(万吨/年)。

互联网普及率:由于缺乏直接测量城市互联网普及率的指数,我们使用以下指标作为替代,即互联网普及率=互联网用户数/辖区内人口数。为了检验互联网普及率的非线性效应,在统计分析中加入了平方项。

(三)控制变量

控制变量包括年龄、性别、居住地和环境知识。对中国(Shen & Saijo, 2008:43)和英国(Clements, 2012)的调查研究表明,老年人有较高的环境关心水平。然而,对CGSS 2003的分析显示,年轻人的环境关心水平更高(洪大用、卢春天,2011),这个发现与大多数调查研究的结论一致(van Liere & Dunlap, 1981; Gelissen, 2007; Franzen & Meyer, 2010)。一个可能的原因是,年轻人有更强的信息搜索能力且更容易接受新的社会价值。

国外的大多数研究表明,女性更关注当地的环境问题(van Liere & Dunlap, 1981; Franzen & Meyer, 2010; Clements, 2012)。相反,中国的研究发现男性对环境问题更加关注(洪大用、肖晨阳,2007;洪大用、卢春天,2011; Shen & Saijo, 2008)。将性别作为虚拟变量引入模型

（男 = 1；女 = 0）。

城市居民可能比农村居民更关心环境（Van Liere & Dunlap，1981）。因此，将居住地作为一个控制变量（城市 = 1；农村 = 0）。

环境知识有助于提高环境关心水平（洪大用、肖晨阳，2007；Franzen & Meyer，2010）。CGSS 2010 使用 10 个是非题来测量环境知识。正确的答案被编码为 1，错误的为 0。10 个问题的分数总和反映了受访者的环境知识水平。

（四）分析方法

使用多层次线性回归法来研究环境关心的影响因素，这其中有两方面的考量。首先，如上文所述，环境关心不仅受个人特征的影响，也取决于城市特征。自分税制以来，中国地方政府在经济发展、信息基础设施建设和环境保护等方面享有相当程度的自主权。在此背景下，对城市层面的情境变量的考察有助于增进我们对环境关心影响因素的理解。其次，使用的数据具有多层次结构，个人嵌套于城市之中，因而有可能违反最小二乘法的独立性假设。多层次线性回归根据数据聚类性质建模，能有效估计个人与城市属性的影响。本文将通过一系列随机截距模型来检验研究假设。

五、实证研究结果

（一）描述性分析

描述统计显示（见表 1），受访者来自 81 个城市。这些城市的人均GDP 为 3.9 万元。城市平均后物质主义水平变量的均值等于 0.05，表明平均每个城市只有约 5% 的居民拥有鲜明的后物质主义价值观。在城市污染方面，工业废水年平均排放量为 1 亿吨；二氧化硫年平均排放量为 6.9 万吨；工业烟尘年平均排放量为 2.1 万吨。互联网普及率的平均值为 21%。

在 1583 名受访者中，53.7% 为男性，46.3% 为女性。平均年龄为

表1 个人和城市特征的描述性统计

连续变量	平均值	标准差
个人层面(N=1583)		
环境关心(NEP量表)	48.7	6.96
年龄	45.1	15.46
年收入(万元)	2.5	7.91
受教育年限	10.6	4.80
环境知识	6.4	2.29
互联网使用	2.3	1.55
城市层面(N=81)		
人均GDP(万元)	3.9	2.25
平均后物质主义水平	0.05	0.03
工业废水排放量(亿吨)	1.0	1.50
工业二氧化硫排放量(万吨)	6.9	7.62
工业烟尘排放量(万吨)	2.1	2.18
互联网普及率	0.21	0.22
类别变量	取值	%(N)
个人层面(N=1583)		
性别	男性	53.7(850)
	女性	46.3(733)
居住地	城市	71.3(1128)
	农村	28.7(455)
业主	是	61.1(968)
	否	38.9(615)
后物质主义价值观	是	19.0(301)
	否	80.0(1282)

45.1岁,标准差为15.46。71.3%的受访者是城市居民。平均受教育程度为10.6年,大致相当于高中水平。具体而言,54.9%的受访者拥有高中学历,12.1%拥有大专学位,11.1%拥有本科或以上学历。受访者的年平均收入为2.5万元。只有19.0%的受访者拥有后物质主义价值观。互联网使用的平均得分仅为2.3,其中53.6%的受访者表示从未使用过互联网。

环境知识的平均分是 6.4 分,这表明平均每个被调查者只正确回答了 10 个环境问题中的 6 个。最后,环境关心的平均分(简化的 NEP 量表)为 48.7,标准差为 6.96。这些数据表明,中国居民的环境关心水平相对较高。

(二)环境关心的影响因素

采用一系列模型来考察环境关心的影响因素,并对研究假设进行检验(表 2)。零模型显示(模型 1),城市层面的方差为 5.9,个人层面的方差为 42.9。组内相关系数(ICC)为 0.121,这表明 12.1% 的方差是由城市间变异引起的。相对较高的 ICC(大于 0.1)表明,同一城市中的个体具有较高的相似性,不应看作独立的观察对象。这一结果支持了多层次回归模型的使用。

模型 2 包括所有个人层面的变量。与模型 1 相比,模型 2 中城市层面的方差从 5.9 降至 3.2,减少了 45.3%。这表明 45.3% 的城市间差异可以由居民属性的构成性差异所解释。统计结果显示,个人收入系数为正,但并不显著。教育的系数为 0.23,且高度显著。这表明受教育程度较高的群体具有较高的环境关心水平。业主变量的系数为 0.71,并且是显著的,这意味着业主的环境关心水平更高。总体而言,这些结果部分地支持了个人层面的富裕程度理论。此外,环境知识显著提高了环境关心水平,拥有更多环境知识的人更有可能关注环境。后物质主义价值观系数为正,但并不显著。这一发现与后物质主义理论不一致(Inglehart,1995),这可能因为中国是一个发展中国家,尚未进入后物质主义阶段。居住地、年龄和性别对环境关心均不存在显著影响,这一发现与之前的中国研究并不一致(洪大用、肖晨阳,2007;洪大用、卢春天,2011),说明这些变量的影响不具有稳健性。互联网使用的系数为 0.40,且在统计显著,这与理论预期一致。那些更经常使用互联网的人有更高的环境关心水平。因此,假设 H1 得到了数据的支持。

模型 3 加入城市层面的解释变量,包括城市平均后物质主义水平、人均 GDP 和三项城市污染指数。结果显示,虽然城市平均后物质主义具有正向影响,但并不显著。这一结论与洪大用和卢春天(2011)的研究

表 2　环境关心的多层回归模型

	模型 1		模型 2		模型 3		模型 4		模型 5		模型 6	
	系数	标准误	系数	标准误	系数	标准误	系数	标准误	系数	标准误	系数	标准误
截距	48.31**	0.33	39.97***	0.94	39.06***	1.08	39.03***	1.02	35.78***	1.25	35.34***	1.32
年龄			−0.01	0.01	−0.01	0.01	−0.01	0.01	−0.01	0.01	−0.01	0.01
性别(男=1)			−0.21	0.32	−0.19	0.32	−0.19	0.33	−0.28	0.32	−0.28	0.32
收入(对数)			0.01	0.05	0.01	0.05	0.01	0.05	0.01	0.05	0.01	0.05
教育			0.23**	0.04	0.23**	0.05	0.22**	0.05	0.55**	0.09	0.55**	0.09
业主(是=1)			0.71*	0.34	0.76*	0.34	0.73*	0.34	0.77*	0.34	0.80*	0.34
居住地(城市=1)			0.63	0.43	0.49	0.43	0.53	0.43	0.30	0.44	0.27	0.44
后物质主义价值观			0.49	0.41	0.41	0.41	0.47	0.41	0.49	0.41	0.42	0.41
环境知识			0.72**	0.08	0.71**	0.08	0.72**	0.08	0.72**	0.08	0.72**	0.08
互联网使用			0.40**	0.14	0.38**	0.14	0.39**	0.14	0.42**	0.14	0.43**	0.14
城市后物质主义					9.78	10.15					10.96	10.35
人均 GDP					0.35*	0.13					0.39*	0.19
废水排放					−0.21	0.20					−0.24	0.20

续表

	模型 1 系数	模型 1 标准误	模型 2 系数	模型 2 标准误	模型 3 系数	模型 3 标准误	模型 4 系数	模型 4 标准误	模型 5 系数	模型 5 标准误	模型 6 系数	模型 6 标准误
二氧化硫排放					0.004	0.05					0.02	0.05
烟尘排放					−0.23	0.18					−0.30	0.18
互联网普及率							7.87*	3.47	29.44**	5.90	24.68**	6.77
互联网普及率^2							−6.27*	3.02	−25.49**	5.52	−23.29**	5.86
互联网普及率×教育									−2.05**	0.45	−2.03**	0.45
互联网普及率^2×教育									1.79**	0.42	1.77**	0.42
城市层面方差	5.9		3.2		2.8		3.1		3.1		2.8	
个人层面方差	42.9		37.2		37.2		37.2		36.7		36.7	
ICC	0.121		0.079		0.070		0.077		0.078		0.071	
REML	10537.5		10304		10295.4		10292.7		10274.2		10266.4	
BIC	10559.6		10392.4		10420.7		10395.9		10392.1		10421.1	

注:(1)样本量:来自 81 个城市的 1583 名受访者。(2)如果每平方公里排放量取代年排放总量,结果没有实质性变化。(3)* < 0.05, ** <0.01。

发现相一致。换句话说,后物质主义理论没有得到支持。城市人均 GDP 呈现显著的正向影响,其系数为 0.35,即来自经济发达城市的居民更有可能采纳亲环境价值观。三个污染指数均不显著。考虑到三个污染指数之间存在较高的相关性,作者尝试依次引入污染指数而不是同时引入三个污染指数,结果发现污染指数并不会显著提高民众的环境关心水平。由此可见,客观问题理论并没有得到数据的支持。

模型 4 包括所有个人属性、城市互联网普及率和互联网普及率平方项。结果显示,互联网普及率和互联网普及率平方项的系数分别为 7.87 和 -6.27,且都是显著的。这表明互联网普及率对环境关心的影响是非线性的。我们使用效果图(Fox, 2010)对该曲线关系进行可视化。如图 1 所示,当互联网普及率小于 62.8% 时,互联网普及率的提高有助于提高环境关心水平;然而,当互联网普及率超过 62.8% 时,互联网普及率的提高反而会导致环境关心水平的轻微下降。诚然,我们没有必要过分强调这种下降趋势:一方面,在模型分析的数据中互联网普及率大于 62.8% 的城市屈指可数,因此导致置信区间相当宽;另一方面,尽管环境关心水平在互联网普及率超过 62.8% 时略有下降,但绝对水平仍然相当高。进一步的分析表明,互联网普及率为 90% 的城市与互联网普及率为 33% 的城市平均环境关心水平的均值基本相同。总之,假设 H2 得到统计模型的支持。

为了检验假设 H3,模型 5 在模型 4 的基础上加入了教育和互联网普及率、互联网普及率平方项的交互项。为了展示教育的影响如何随互联网普及率的变化而变化,再次通过效果图来直观地展示三者的关系(Fox, 2010)。考虑到互联网普及率的分布情况,我们展示了互联网普及率为 10%、30%、50% 和 70% 的条件下教育影响环境关心水平的效果图(见图 2)。结果显示,在互联网普及率为 10% 的城市,教育具有较强的正向影响。如左下角所示,当受教育年限从 1 年增加到 22 年时,环境关心水平从 44.9 上升到 52.5,增长 16.9%。在互联网率为 30% 的城市,教育仍然具有正向影响,但程度相对减弱。当受教育年限

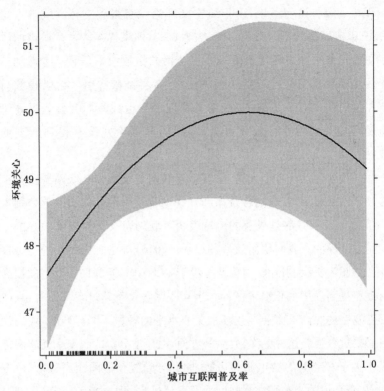

图 1　互联网普及率与环境关心水平之间的曲线关系(模型 4)

从 1 年增加到 22 年时,环境关心水平只提高了 4.2%(见右下角)。在互联网普及率为 50% 或 70% 的城市,教育对环境关心水平没有显著影响。由此,假设 H3 得到支持。

最后,模型 6 包括所有的城市属性变量。结果显示,在个人层面,教育程度和房屋所有权对环境关心仍具有显著的正向影响,而收入的影响却不显著;在城市层面,人均 GDP 对环境关心具有显著的积极影响,这部分地支持了富裕程度理论。教育程度和互联网普及率、互联网普及率平方项的交互效应仍统计显著,且系数方向保持不变,该结果进一步支持了假设 H3。

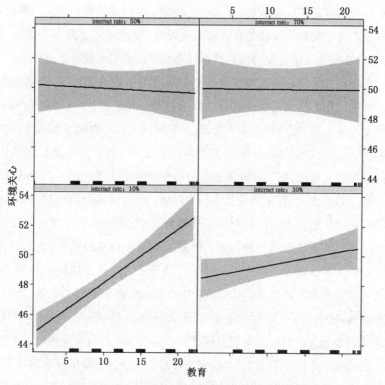

图 2　教育和互联网普及率的交互效应(模型 5)

六、结论和讨论

本文旨在考察互联网对环境关心的影响。首先回顾了三种主流理论,即富裕程度理论、后物质主义价值观理论和客观污染理论,并对其进行了检验。统计分析的结果部分证实了富裕程度理论。在城市层面,人均 GDP 对环境关心水平具有显著积极影响。然而,在个人层面,社会经济地位的影响相对复杂,房屋所有权和受教育程度对环境关心水平具有显著正向影响,但个人收入对环境关心的影响并不显著。一般而言,受教育程度较高者具有更强的认知能力和更多的环境知识,因而更有可能关注环境问题。然而,正如本研究所揭示的,教育对环境关心的影响取决于社会情境，如城市层面的互联网普及率。此外，本研究并不支持后物质主义理论和客观问题理论。无论在个人还是在城市层面，后物质主义价值观与污染指数对环境关心水平都没有显著影响。

考虑到信息传播在环境价值观型塑过程中的重要作用，着重考察了互联网相关变量对环境关心的影响，这种影响包括个人和社会两个层面。研究结果表明，在个人层面，频繁使用互联网有助于提高环境关心水平。在城市层面，互联网普及率对环境关心同时具有直接和间接的影响。一方面，城市互联网普及率与环境关心水平之间呈现倒 U 型关系。另一方面，互联网普及率作为一种社会情境，对教育程度的影响具有调节作用。当城市层面的互联网普及率较低时，个人教育程度对环境关心具有较强的积极作用。随着互联网普及率的提高，个人教育程度的影响逐渐减弱到可以忽略不计的程度。这一发现似乎表明，互联网技术加速了环境关心从受教育程度较高者向较低者的扩散。学术界普遍认为教育对环境关心有显著的积极影响（Dietz et. al，1998；Shen & Saijo，2008），而本研究则进一步阐明这种影响效应得以成立的社会情境。在这个意义上，本研究对富裕程度理论进行了阐明和补充。

本文将互联网相关变量作为重要的解释因素纳入环境关心的理论分析框架，提出并论证了信息传播对亲环境价值观的型塑作用，从而对环境关心研究进行了补充与拓展。由于环境问题的复杂性，对环境问题的诊断和归因很多时候超越直观感知的范畴，人们需要依赖新闻报道、网络信息等渠道来建构对环境问题的认知。在数字媒介迅猛发展的时代，互联网作为一个主要的信息来源，在亲环境价值观的培育与发展过程中发挥着越来越重要的作用。个人层面的互联网使用与社会层面的互联网普及率都对环境关心水平具有显著影响，这一发现与其他研究结论相一致（Good，2006；Zhao，2009；Arlt，2011）。由此可见，信息传播作为一个新的解释变量有助于丰富与拓展我国的环境关心研究。需要指出的是，在互联网使用的测量指标选取上，本文采用了互联网使用的频率，但有研究显示互联网使用的方式（如信息查找、社交、娱乐等）对亲环境价值观的形成具有差异化的影响（Good，2006），这值得进一步探究。

揭示数字媒介影响环境价值观的复杂关系，对互联网研究也具有一定的借鉴意义。互联网普及率对环境关心的影响是非线性的。当互联网普及率较低时，互联网普及率的提高有助于提高环境关心水平；然而，当互联网普及率超过一定门槛值时，互联网普及率的进一步提高反而会导致环境关心水平的轻微下降。这可能因为互联网普及率是一个不断发展的社会过程，不同阶段对环境关心的影响机制略有不同。早期的互联网作为收益递增型的媒介，有助于环境关心的扩散；随着网络生态的发展，互联网用户的下沉、网络平台的商业化和娱乐化发展所带来的"替代效应"（Shah et al., 2001）、多元观点的冲突与碰撞、及不同思潮社群间的极化和撕裂等都可能对亲环境价值观的进一步扩散带来不利的影响。由此可见，互联网影响价值观研究有必要结合网络社会的阶段特征、网络生态的特点以及它们对观念的直接影响和间接影响机制进行综合性分析。

借鉴创新扩散理论来解释互联网使用与环境关心之间的关系，有助于理解环境关心作为一种新理念在不同社会群体间的同期扩散过程，进而理解环境关心的群体差异。已有学者关注到环境关心在不同代际间的扩散。比如，具有较高社会经济地位的群体首先采纳亲环境价值观，随着时间的推移，这种价值观逐渐扩散到社会经济地位较低的群体（Pampel & Hunter, 2012；Nawrotzki & Pampel, 2013）。亲环境价值观不仅可以通过代际更替纵向扩散，还可以在同一时期不同社会群体之间进行横向扩散，这种扩散得益于互联网技术发展带来的即时性、低成本的信息传播。互联网加速了获取环境知识、参与环境问题讨论的社会学习过程，降低了环境关心养成对教育机构、大众媒介等传统的社会化渠道的依赖，从而促进了亲环境价值观从受教育程度较高的群体向教育程度较低的群体扩散。这一发现对中国环境主义研究具有启示意义。现有环境主义研究主要考察互联网在环境事件中所发挥的组织协调和社会动员作用（Huang & Yip, 2012；Huang & Sun, 2016），对互联网促进环境价值观扩散的长期影响仍缺乏应有的关注。事实上,公众环境态度与价值观的提升对中国环境治理可能具有更加深远的意义。在这个意义上,技术革新对环境价值观乃至于我国环境治理的长期影响有待进一步探究。

最后,由于本研究主要基于对 2010 年中国综合社会调查的统计分析,研究发现在多大程度上准确反映当前公众环境关心的形成机制仍有待进一步研究。尤其值得一提的是,自"十八大"以来,中央对环境保护的重视程度不断提高、相关法律法规陆续出台、环境宣传力度不断加大、互联网普及程度持续深入,公众环境关心水平可能会发生较大的变化。在这个意义上说,今后的研究需要对我国公众环境关心水平进行持续追踪,深入考察其变化趋势与影响因素,为我国绿色转型提供政策依据。

参考文献

洪大用:《环境关心的测量:NEP 量表在中国的应用评估》,《社会》2006 年第 5 期。

洪大用、卢春天:《公众环境关心的多层分析——基于中国 CGSS2003 的数据应用》,《社会学研究》2011 年第 6 期。

洪大用、肖晨阳:《环境关心的性别差异分析》,《社会学研究》2007 年第 2 期。

黄荣贵、桂勇、孙小逸:《微博空间组织间网络结构及其形成机制——以环保 NGO 为例》,《社会》2014 年第 3 期。

Arlt, D., Hoppe, I. and Wolling, J.(2011). Climate change and media usage: Effects on problem awareness and behavioural intentions. *International Communication Gazette*, 73(1—2), 45—63.

Bailard, S.(2012). Testing the internet's effect on democratic satisfaction: A multi-methodological, cross-national approach. *Journal of Information Technology & Politics*, 9(2), 185—204.

Best, M. L., & Wade, K.(2009). The internet and democracy: Global catalyst or democratic dud? *Bulletin of Science Technology & Society*, 29, 255—271.

Brechin, S. and Kempton, W.(1994). Global environmentalism: A challenge to the postmaterialism thesis? *Social Science Quarterly*, 75 (2), 245—269.

Brulle, Robert J., and David N. Pellow(2006). Environmental Justice: Human Health and Environmental Inequalities. *Annual Review of Sociology*, 27:103—124.

Clements, B.(2012). The sociological and attitudinal bases of environmentally-related beliefs and behaviour in Britain. *Environmental Politics*, 21(6), 901—921.

Dahlberg, L.(2007). Rethinking the fragmentation of the cyberpublic: From consensus to contestation. *New Media and Society*, 9(5), 827—847.

Dietz, T., Stern, P. C., and Guagnano, G. A.(1998). Social structural and social psychological bases of environmental concern. *Environment and Behavior*, 30(4), 450—471.

Dunlap, R. E., Van Liere, K. D., Mertig, A. G., and Jones, R. E. (2000). Measuring endorsement of the new ecological paradigm: A revised NEP scale. *Journal of Social Issues*, 56(3), 425—442.

Dunlap, R. E. and York, R.(2008). The globalization of environmental concern and the limits of the postmaterialist values explanation: Evidence from four multinational surveys. *The Sociological Quarterly*, 4(3), 529—563.

Fox, J.(2010). *An R companion to applied regression*. Thousand Oaks, Calif: Sage Publications.

Franzen, A. and Meyer, R.(2010). Environmental attitudes in cross-national perspective: A multilevel analysis of the ISSP 1993 and 2000. *European Sociological Review*, 26(2), 219—234.

Gelissen, J.(2007). Explaining popular support for environmental protection: A multilevel analysis of 50 nations. *Environment and Behavior*, 39(3), 392—415.

Good, J.(2006). Internet use and environmental attitudes: A social capital approach. In S. P. Depoe(ed.) *The Environmental Communication*

Yearbook, vol.3. New Jersey: Taylor and Francis, 195—216.

Grönlund, K.(2007). Knowing and not knowing: The internet and political information. *Scandinavian Political Studies*, 30(3), 397—418.

Huang R. G. and Sun, X. Y.(2016). Dynamic preference revelation and expression of personal frames: how Weibo is used in an anti-nuclear protest in China. *Chinese Journal of Communication*, 9(4), 385—402.

Huang, R. G. and Yip, N. M.(2012). Internet and activism in urban China: A case study of protests in Xiamen and Panyu. *The Journal of Comparative Asian Development*, 11(2), 201—223.

Inglehart, R.(1995). Public support for environmental protection: Objective problems and subjective values in 43 Societies. *PS: Political Science and Politics*, 28(1), 57—72.

Kangas, J., & Store, R.(2003). Internet and teledemocracy in participatory planning of natural resources management. *Landscape and Urban Planning*, 62(2), 89—101.

Kenski, K. and Stroud, N. J.(2006). Connections between internet use and political efficacy, knowledge, and participation. *Journal of Broadcasting and Electronic Media*, 50(2), 173—192.

Kidd, Q. and Lee, A.-R.(1997). Postmaterialist values and the environment: A critique and reappraisal. *Social Science Quarterly*, 78(1), 1—15.

Knight, K. W. and Messer, B. L.(2012). Environmental concern in cross-national perspective: The effects of affluence, environmental degradation, and world society. *Social Science Quarterly*, 93(2), 521—537.

Marquart-Pyatt, Sandra T.(2008). Are There Similar Sources of Environmental Concern? Comparing Industrialized Countries. *Social Science Quarterly*, 89:1312—1335.

Meyer, R. and Liebe, U.(2010). Are the affluent prepared to pay for the planet? Explaining willingness to pay for public and quasi-private environmental goods in Switzerland. *Population and Environment*, 32(1), 42—65.

Mol, A. P. J. and Carter, N. T.(2006). China's environmental governance in transition. *Environmental Politics*, 15(2), 149—170.

Morris, D. S. and Morris, J. S.(2013). Digital inequality and participation in the political process: Real or imagined? *Social Science Computer Review*, 31(5), 589—600.

Munro, N.(2014). Profiling the victims: Public awareness of pollution-related harm in China. *Journal of Contemporary China*, 23(86), 314—329.

Nawrotzki, R. and Pampel, F.(2013). Cohort change and the diffusion of environmental concern: A cross-national analysis. *Population and Environment*, 35(1), 1—25.

Nisbet, M.C., & Myers, T.(2007). The polls-trends: Twenty years of public opinion about global warming. *Public Opinion Quarterly*, 71, 444—470.

Pampel, F. C. and Hunter, L. M.(2012). Cohort Change, Diffusion, and Support for Environmental Spending in the United States. *American Journal of Sociology*, 118(2), 420—448.

Rogers, E. M.(2003). *Diffusion of innovations*. New York: Free Press.

Shah, D., Kwak, N., and Ilolbert, R. L.(2001). "Connecting" and "disconnecting" with civic life: Patterns of Internet use and the production of social capital. *Political Communication*, 18, 141—162.

Shen, J. and Saijo, T.(2008). Reexamining the relations between socio-demographic characteristics and individual environmental concern: Evidence from Shanghai data. *Journal of Environmental Psychology*, 28(1), 42—50.

Sima, Y.(2011). Grassroots environmental activism and the internet: Constructing a green public sphere in China. *Asian Studies Review*, 35(4), 477—497.

Stoycheff, Elizabeth and Nisbet, E. C.(2014). What's the Bandwidth for Democracy? Deconstructing Internet Penetration and Citizen Attitudes About Governance, *Political Communication*, 31(4), 628—646.

Strang, D. and Meyer, J. W.(1993). Institutional conditions for diffusion. *Theory and Society*, 22(4), 487—511.

Strang, D. and Soule, S. A.(1998). Diffusion in organizations and social movements: From hybrid corn to poison pills. *Annual Review of Sociology*, 24(1), 265—290.

van Liere, K. D. and Dunlap, R. E.(1981). Environmental concern: Does it make a difference how it's measured? *Environment and Behavior*, 13(6), 651—676.

Wejnert, B.(2002). Integrating models of diffusion of innovations: A conceptual framework. *Annual Review of Sociology*, 28, 297—326.

Wu, A. X.(2014). Ideological polarization over a China-as-Superpower mind-set: An exploratory charting of belief systems among Chinese internet users, 2008—2011.*International Journal of Communication*, 8, 2243—2272.

Xenos, M. and Moy, P.(2007). Direct and differential effects of the internet on political and civic engagement. *Journal of Communication*, 57(4), 704—718.

Zhang, J. Y. and Barr, M.(2013). Recasting subjectivity through the lenses: new forms of environmental mobilisation in China. *Environmental Politics*, 22(5), 849—865.

Zhao X. Q.(2009). Media use and global warming perceptions: A snapshot of the reinforcing spirals. Communication Research, 36(5), 698—723.

环保组织、环境信息公开与环境治理

何晨阳　符　阳*

[内容提要]　随着我国环境治理体系的不断完善,越来越多的环保组织参与到环境治理中,并发挥积极有效的促进作用。而我国环保组织参与环境治理的有效作用机制之一为:通过向公众宣传政府公开的环境信息,并帮助公众利用公开的信息进行问责,来促进污染物的减排,亦即推动环境信息公开的减排作用。本文基于城市污染源信息公开指数(PITI)和笔者自行建立的环保组织数据库构建以省级为单位的一项面板数据(2009—2018),统计结果显示:环境信息公开的污染物减排作用,在环保组织,尤其是草根类环保组织发展成熟的地区,更为显著。相较于草根环保组织,具有官方背景的环保组织则在环境治理中起到不同的作用。

[关键词]　信息公开;环境治理;环保组织;公众参与

[Abstract] Environmental non-government organizations (eNGOs) are playing an increasingly vital role in China's environmental governance. One way is to facilitate the pollution reduction role of environmental information disclosure through publicizing the disclosed information and utilizing the information to hold relevant parties accountable. Based on statistical analysis of a panel data set containing Pollution Information Transparency Index (PITI) and an original eNGO directory in China, this study testified the moderating effect of eNGOs in the way that the pollution reduction effect of disclosed environmental information is more significant in regions where eNGOs, especially grassroots eNGOs, are more developed. Compared with grassroots eNGOs, government-organized eNGOs, or eGONGOs play a different role in China' environmental governance.

[Key Words] Information Disclosure, Environmental Governance, Non-Government Organizations, Public Participation

* 何晨阳,复旦大学国际关系与公共事务学院博士后;符阳,深圳大学政府管理学院助理教授,特聘研究员,硕士生导师。

一、引　言

自 1978 年改革开放以来,我国经济发展取得了举世瞩目的成就,但随之而来的是日益恶化的环境污染问题。为了控制环境污染,中央政府不遗余力地完善环境保护相关制度,加强环保治理能力,并持续加大地方政府的环境保护投资(Lo, Lee, & Zhan, 2012)。尽管这一系列举措颇有成效,我国的环境治理仍面临许多问题(Lo, Fryxell, Van Rooij, Wang, & Li, 2012)。其中得到学术界普遍关注的,我国环境治理体系的漏洞之一,为公众参与的缺乏,即公众很难对污染企业与相关执法部门进行监督问责(Economy, 2011; Johnson, 2011)。国家环境保护总局前副局长潘岳①就曾在一次公开发言中提及"当前中国环保形势仍然十分严峻,公众参与程度太低是重要原因之一⋯⋯公众参与的民主法制机制更为重要"。②在此背景下,大量以环境保护为主要任务、不以营利为目标的环保组织,在我国应运而生(Yang, 2005)。自90 年代初我国第一家民间环保组织自然之友在北京成立以来,环保组织不仅在数目上日益稳定增长,其活动领域也逐渐覆盖动植物保护、水污染、大气污染、垃圾分类等各环境议题,其活动策略也从最初的环境教育逐步扩展至企业监督、政策倡导等形式(Tang & Zhan, 2008; Zhan & Tang, 2013)。那么,环保组织能否推动我国环境污染问题的改善呢? 其具体的作用机制又是怎么样的呢?

我国环保组织参与环境治理的有效作用机制之一,为通过利用政府及企业所公开的环境信息,来促进污染物的减排,亦即推动环境信息公开的减排作用。进入信息时代后,环境治理越来越多地依赖信息的

---

① 环境保护总局于 2008 年升格为环境保护部,后又于 2018 年的国务院机构调整中整合为生态环境部。

② 潘岳:《中国环保形势严峻　公众参与程度低是要因》,中国新闻网,http://www.chinanews.com/news/2006/2006-01-16/8/678597.shtml。

流通和信息技术的使用(Mol,2006)。我国自 2008 年颁布《政府信息公开条例》后,环境信息公开也逐渐成为环境治理与环境政策执行的重要工具之一。信息公开的主要作用体现在消除由信息不对称而产生的委托代理问题(Bolognesi & Pflieger,2021),即通过促进各级政府、企业等利益相关方之间的信息交流,来鼓励多方参与并消解信息不对称,进而提升公共治理水平。但学者同时提出,信息公开或公共治理的透明度(transparency)并不足以改善治理水平。政府所公开的信息,只有在能准确到达使用者(publicity)及被有效使用进行问责(accountability)的情况下,才能产生作用(Lindstedt & Naurin,2010)。而环保组织开展的活动,不仅可以帮助公众接收并理解公开的环境信息(publicity),还可以推动公众利用公开的信息对政府、企业进行问责(accountability)。

因此,环保组织的良好发展及其对信息的传播和使用,是我国环境信息公开最终得以改善环境治理的重要条件(Johnson,2011;A. L. Wang,2017)。换言之,在环保组织较为发达的地区,环境信息公开对环境治理的促进作用将会更为显著;而在缺少环保组织的地区,尽管已有环境信息得以公开,但由于信息无法被公众接受、理解或是使用,其改善环境的作用将会十分有限。

在现有研究中,关注到环保组织推动环境信息的环境改善作用的,大多采取个案分析的方法,缺少大样本的定量分析(Johnson,2011,2014)。为弥补这一文献中的不足,本文以公众环境研究中心(IPE)的城市污染源信息公开指数(PITI)数据和笔者自行收集的环保组织数据库为基础,构建以省级为单位的面板数据(2009—2018),从而利用统计分析验证环保组织对环境信息公开减排作用的调节作用。结果显示,环境信息公开对我国的污染物减排发挥了积极影响,且这一减排作用,在环保组织发展更为充分的地区更加明显。同时,受现有研究的启发,本文将环保组织分为两大类,即草根环保组织(eNGO)和具有官方背景的环保组织(eGONGO),来探讨其在环境治理中的作用机制(H. Li, Lo, & Tang,2017;Zhan & Tang,2016)。

本文对于既有研究的贡献主要体现在以下三个方面。首先,证实了环保组织可以有效推动我国环境治理的改善,其作用机制之一为促进环境信息公开的减排作用。环保组织的发展,可以推动公众接受、理解及使用环境信息,从而加速环境信息公开发挥功效。同时,进一步证实两类环保组织,即草根类和官办类,在环境治理中的不同作用机制。第三,也为环境信息公开研究提供来自中国的实证分析,不但证实了环境信息公开在中国同样可以推动环境治理,还创新性地阐释了环保组织的调节作用,即在环保组织,尤其是草根环保组织发达的地区,环境信息公开更能发挥其污染减排作用。这一结果明确了环境信息公开作为一种政策工具,需在特定条件下才能发挥较好的政策效果。

二、中国的环保组织与环境信息公开

(一) 中国的环保组织

环保组织,在西方语境下意指以环境保护为主要活动领域的非营利组织(non-profit organization)或非政府组织(non-government organization)(Worth, 2013),在我国则一般被称为民间组织、公益组织、社会组织等。与企业不同,这类组织不以营利为目的,而是致力于提供公共产品如环境保护;同时,与政府不同,这类组织一般由公民自发成立并运行。也因此,环保组织的发展代表了我国公民自发参与环境保护的历程。我国环保组织的发展始于 20 世纪 90 年代初,当时的环保组织多活跃于动物保护、生态保护、环境教育等领域,如成立于 1993 年的自然之友,其早期最知名的活动小组即为保护野生鸟类的观鸟组①。随着我国环境污染问题的严重和政府环境治理手段的加强,环保组织的活动领域也逐渐涉及企业污染监督、污染受害人救助、水资源保护、大气保护等。同时,环保组织的活动策略也朝着更为专业化的方向发展,如成立于 2012 年的磐之石环境与能源研究中心,是一家以开展独

---

① 有关自然之友的详细信息见 http://www.fon.org.cn/story/history。

立、深入、专业的政策研究为主要活动的环保组织①。有学者的追踪调查发现,我国环保组织也越来越多地参与到政策倡导中,具体方式包括提交政策修改意见、提起环境公益诉讼等(Zhan & Tang, 2013)。

在学术界和实践中,一般认为我国的环保组织包含两大类:草根类的环保组织(本文用 eNGO 表示)及有政府背景的环保社会组织(本文用 eGONGO 表示)。两者的主要区别在于其成立方式、与政府关系的紧密度及注册形式等。我国特有的历史背景产生了事业单位这一组织类型,而大部分 eGONGO 的前身就是事业单位,如几乎各地都会成立的环保产业协会就是一个例子。自 21 世纪初开始的事业单位改革以来,eGONGO 被要求去除事业单位身份,转而成为独立的、在民政部门登记注册的社会组织(Tang & Lo, 2009)。因此,eGONGO 的成立往往由政府部门主导,且即使在独立后也与政府部门保持着较为密切的互动关系(H. Li et al., 2017)。与 eGONGO 不同,eNGO 是由公民自发形成的,与政府的关系相对没有那么紧密。也因此,eNGO 在登记注册上面临更大的挑战。在我国,环保组织要想在民政部门登记注册为拥有法人身份的社会组织,不但需要民政部门的审批,还需要找到另外一家政府部门作为其业务主导单位,这种"双重登记"的制度,使得许多 eNGO 选择注册为企业,或干脆不注册。尽管自 2013 年起,"双重登记"制度已逐步在某些省份取消,但仍有不少 eNGO 并未成功在民政部注册(Spires, Lin, & Chan, 2014)。也正是由于两类环保组织在成立方式、注册形式、与政府关系等方面的差异,其活动开展方式也不尽相同。有研究发现,相较于 eNGO,eGONGO 由于其与政府的紧密关系,会更多地开展与环境政策倡导有关的活动(H. Li et al., 2017)。因此,两者在推动我国环境问题改善的方式上,也理应存在不同。

环保组织的参与能否真的推动我国环境问题的改善呢? 同时,eGONGO 和 eNGO 在推动环境治理中的作用机制又存在怎么样的差异? 目前针对这一问题的研究,大多采用个案分析的方法,也因此缺乏

① 有关磐之石环境与能源研究中心的详细信息见 http://www.reei.org.cn/about-us。

对两类组织的对比。如在获得全国关注的怒江大坝水电站争议中,有研究发现,草根环保组织绿家园和云南大众流域等,通过与媒体的合作,成功影响了政府有关水电站工程的决策(Büsgen,2006)。类似的,在诸如有关焚烧厂建设的争议中,草根环保组织也凭借其更为专业的知识背景,建设性地为当地居民提供建议(Johnson,2010,2013)。随着我国环境治理体制的不断完善,环保组织也有了更多可以参与环境治理的方式,其中重要方式之一即为对政府公开的环境信息的利用(Johnson,2011)。因此,本研究旨在回答:(1)环保组织能否以及如何推动环境信息公开的减排作用;(2)两类环保组织的作用是否不同。在构建理论分析框架及提出研究假设前,本文将先简单回顾我国的环境信息公开历程。

(二)中国的环境信息公开

现有研究认为,尽管我国近年来的环境治理已取得很大成绩,但仍存在环境保护执法未能在地方充分落实的问题(Lo,Fryxell,et al.,2012)。而地方环保执法的漏洞主要源于中央政府与地方政府在环境保护与经济发展目标平衡间的利益冲突。虽然相关环保法规不断完善,但环保执法一直主要依赖地方政府实施。出于地方发展与政府考核目标要求,地方政府优先考虑经济发展目标,而在(可能影响地方经济发展的)环保执法中和中央政府的环保目标并不一致(Liu,Tang,Zhan,& Lo,2018a)。相应的,污染企业也不会将达到环保标准作为企业的优先目标,这进一步损害了企业的环境表现(Liu,Tang,Zhan,& Lo,2018b)。

在此背景下,中国政府采取了一系列环境信息公开措施来提升地方政府的环境保护治理效果。当然,环境信息公开的目的不仅是促进地方政府落实环保执法,也是为了减小由严重环境污染问题而产生的舆情压力(Johnson,2014)。我国法律中涉及环境信息公开的规定,最早可追溯到1989年出台的《环境保护法》,其中要求重点城市政府公布环境污染信息,如42个环保重点城市被要求每日发布空气质量报告。之后,随着我国环境保护制度的不断完全,有越来越多的环保法律法规出台,其中很多涉及信息公开的要求。如 2002 年实施的《清洁生产促进法》,要求地方环保局在政府网站或大众媒体上公布污染企业名单(环保黑名单),2005 年国务院出台的《关于落实科学发展观加强环境保护的决定》,要求省级政府公开包括城市噪音污染,水污染等数据在内的环境评估报告,2006 年环保总局发布的《环境影响评价公众参与暂行办法》,则规定地方政府应公开建设项目的环境影响评价信息。

中国环境信息公开的一个重要里程碑是 2008 年环境保护总局颁布的《环境信息公开办法》。此前,国务院在 2007 年颁布《政府信息公开条例》,要求所有政府部门向公众广泛公开一系列政府信息。《环境信息公开办法》第一次总领式地规定了何类信息应该在何种条件下面向何类群体公开,亦规定了未按规定公开的处罚措施。办法要求的信息公开主体主要有两类:地方政府与严重污染企业。地方环境保护部门必须面向公众公布包括环保法规、环保罚款数据、污染排放许可信息、行政处罚决定、环境质量报告等 17 种环境信息。同时,严重污染企业(环保黑名单在列企业)需公布企业主要污染物排放量、污染处理设施等相关数据。此外,办法中的"依申请公开"条款要求环境保护部门必须在 15 个工作日内回复居民提出的信息公开申请。地方政府主动进行环境信息公开的行为,不包括企业的信息公开行为和政府的被动信息公开,或"依申请公开"。原因在于,政府在主动信息公开上的表现,是推动后两者开展的基础。

2008 年之后,我国有关环境信息公开的制度建设也在不断完善。首先,2015 年开始实施的新修订的《环境保护法》,涵盖了更多与环境信息公开相关的规定。其次,环保部出台了多份信息公开指南,以细化信息公开要求并指导地方政府进行公开,其中包括 2013 年的《建设项目环境影响评价政府信息公开指南》、《关于加强污染源环境监管信息公开工作的通知》,2014 年的《企业事业单位环境信息公开暂行办法》等。第三,除环保部门外,其他部委如水利部、住房和城乡建设部、农业部等,也纷纷出台了政策以推动环境信息公开工作的展开(王华、郭红燕和黄德生,2016)。

有效的制度保障毫无疑问极大推动了我国的环境信息公开进程，一个最为直观的体现即是逐年提升的全国城市污染源信息公开指数（PITI）平均分。自 2009 年，即《环境信息公开办法》实施后的一年起，公众环境研究中心（IPE）联合自然资源保护委员会（NRDC），每年都会发布 PITI 报告，该指数以百分制的形式给我国地方政府的环境信息公开表现进行打分。被打分的地级市从 2009 年的 113 个逐渐增加至 2014 年的 120 个，绝大多数为国家环保重点城市①。在 2009 年，仅有一个地级市的 PITI 得分高于 70，而这一数字在 2018 年增长到了 18 个②。然而，不同地方政府在环境信息公开上的表现仍存在较大的差异，原因在于某些地方的环保部门并不愿意公开当地支柱企业的污染排放信息，尤其是那些涉及地方经济增长与就业的重点企业（F. Li, Xiong, & Xu, 2008）。此外，办法规定涉及贸易及国家安全机密的数据可以豁免公开，但同时又并未具体定义哪些信息属于涉密信息，地方政府经常以信息涉密为由拒绝信息公开请求（Johnson, 2011）。不过，这种差异化的信息公开水平恰恰为我们检验环境信息公开是否会在环保组织更为发达的地区，对环境治理产生更大影响提供了机会。接下来，将在文献综述的基础上，剖析环保组织是如何调节环境信息公开改善环境治理作用的，并提出相应的研究假设。

三、文献综述与研究假设

政策工具或治理工具是指政府为了达成特定政策目标，在政策执行过程中运用的各类手段与方式（Howlett, Ramesh, & Perl, 2009）。政府为了达成污染防治与环境修复等环境治理目标可以选择的政策工

---

① IPE 最新的 PITI 报告于 2020 年发布，测评的是城市在 2018—2019 年的环境信息公开表现。见 IPE 网站：http://www.ipe.org.cn/about/about.aspx。

② 数据来源：《2018—2019 年度 120 城市（PITI）报告》，https://wwwoa.ipe.org.cn//Upload/202001091245122846.pdf。

具相当广泛（Fischer & Newell，2008；Krause，Hawkins，Park，& Feiock，2019；Richards，1999）。第一代环境治理政策工具主要是管制类或命令-控制（command-and-control）类政策工具，这类工具依赖政府直接干涉与强制力实现政策目标（Krause et al.，2019），未能达到政策要求的主体将会面临政府的直接处罚（R. Li & Ramanathan，2018）。如企业被要求安装减排设施，未达标企业将面临罚款、停业直至关停等处罚，就是典型的管制类政策工具。但是，管制类政策工具也有其局限性，其强制性的执行方式并不利于企业的发展，在处理非点源型污染时往往效果有限（Böcher，2012；Feiock，Tavares，& Lubell，2008）。随着80年代新公共管理运动的兴起，柔性治理的价值更为凸显，作为传统管制类工具的重要补充，依托市场力量的激励类政策工具逐渐被推广（Krause et al.，2019）。与管制类工具不同，激励类工具主要是"劝说"企业行为合规或鼓励企业自发形成行业组织，非合规企业往往不会受到政府的直接处罚，但其长期市场成本可能会上升。2018年，中国政府使用环境税替代了排污费，就是运用激励类政策工具代替了管制类工具（R. Li & Ramanathan，2018）。相对而言，激励类政策工具的主要缺点有：一是不确定性高。企业是否因为激励而进行减排，是很难提前预测的，当激励不足时，企业会坚持原有的生产形式。二是滞后性，即激励类政策的影响力通常需要在相当长的时间内才能显现政策效果（Goulder & Parry，2008）。

在此背景下，以信息公开为代表的第三类治理工具应运而生，成为加强政府治理能力的重要手段。信息公开在公共治理及公共政策执行中的作用，已在多个领域得到证实。如，信息公开被证实可有效提升政府的反腐表现（Lindstedt & Naurin，2010）；在疫情期间，信息公开则可以显著推动公民参与抗疫（Y. Wu et al.，2021）。而聚焦到环境治理上，也有不少研究证实，信息公开能够降低企业的有毒污染物排放，改进企业的生产行为，从而提升环境治理效果（Auld & Gulbrandsen，2010；Fung & O'rourke，2000）。具体到我国的环境治理，信息公开的作用可体现在以下两方面：一方面，信息公开可以暴露了地方政府在环境污染与环保执法方面的漏洞,从而增加了地方政府被上级政府问责的可能性(A. L. Wang,2017)。另一方面,信息公开赋予了公众发现环境问题并采取行动的能力,公众可以利用公开的信息对相关政府部门或企业进行问责。

但在信息公开的作用被不断强调的同时,学者也提出,信息公开或公共治理的透明度(transparency)不足以改善治理水平。政府公开的信息,只有在公众能够充分接触公开信息(publicity)和存在正式渠道使得公众可以利用公开的信息进行问责(accountability)的条件下,才能产生作用(Lindstedt & Naurin,2010)。如 Hale(2008)在他的研究中所述:行动人 A 只有在(1)其能够充分了解 B 的行为,以及(2)能够对 B 施加压力从而改变 B 的行为的情况下,才能够通过信息公开对行动人 B 进行监督。

与信息的公开(disclosure)不同,信息宣传(publicity)的重点在于公开的信息可以顺利被目标群体接收及理解。在信息治理中,学者强调"公开"的信息并不一定会被公众"看到"(Lindstedt & Naurin,2010)。其背后的原因包括:一是公众并不会对所有的议题或公开的信息感兴趣,如有关企业的污染信息,可能只有污染的潜在受影响居民才会关注。有些时候,公众的不感兴趣可能会使一些问题得不到应有的重视。二是公众未必有接受或理解处理信息的能力(Fung, Graham, & Weil,2007)。如现在我国的环境信息公开,多以网上公开为主,在方便一部分公众获取信息的同时,其实也天然地减少了那些不使用或鲜少使用互联网的公众的获取能力。同时,即使公众可以便捷地获取信息,也未必能理解信息内后的含义。以污染信息的公开为例,政府或企业公开的往往是污染物排放的原始数据;但数据背后的信息,如排放量超过怎么样算是违规,则是普通公众难以快速理解的。

因此,信息公开要想产生作用,信息的宣传(publicity)至关重要,其重点在于要让信息可以便捷地被信息接收方或公众收到、理解并重视。而环保组织的存在,无疑可以推动这一过程。相较于西方环保组织,我国草根的环保组织发展较晚,产生于 20 世纪 90 年代初;但相较于国内其他领域的组织,环保组织自产生以来一直是国内社会组织发展的"领头羊"(F. Wu,2013a;Zhan & Tang,2013)。其在发现问题、环境教育、政策倡导等多方面均发挥了重要作用,如,有学者总结到环保组织正在越来越多地参与到政策倡导中(Zhan,Lo,& Tang,2013;Zhan & Tang,2013),通过采取多样且灵活的倡导策略,环保组织成功使得许多之前不被重视的环境议题得到更多公众的关注(Dai & Spires,2018)。因此,基于环保组织在我国的发展及活动,环保组织在推动环境信息的宣传(publicity)中也起到重要作用。如前文所提到的IPE,作为一家位于北京的草根环保组织,自2006年起就逐步建立中国的环境污染数据库,所有数据均来源于政府公开的信息,既涵盖以市级为单位的环境表现(如 AQI、水质)及重点污染物(如 PM 2.5)的排放情况,也包括重点污染企业的排污数据、监管记录与其他相关环境信息。IPE 在汇总整理各地、各级政府公开的信息后,最终以互动地图"蔚蓝地图"的形式将以数字为主的公开资料转化为方便易懂的信息呈现给公众①。如"蔚蓝地图"将公众关注的 PM 2.5 的排放,分为"优"到"爆表"七个等级,并将每个级别赋予不同的颜色,公众可以通过颜色更为直观、便捷地发现对比各地的空气质量。在推动公众理解已经公开的环境信息的基础上,此举也能帮助公众发现可能被忽略的环境问题,从而引起更多人对于污染物排放、环境质量等方面的兴趣和重视。

与信息的宣传(publicity)类似,信息的接收方,即公众能否,及多大程度上可以利用现有的正式渠道对相关负责人(如企业或政府)进行问责(accountability),也是信息公开在多大程度上可以改善环境质量的重要影响因素(Seligsohn et al.,2018)。如 Mol(2010)认为,信息公开要想改善环境治理,必须满足以下情况:信息利用者有充分的获取渠道;公布的信息具有较高质量且数据可靠;且公布的数据易于被公众用于检举(违规行为)。类似地,Johnson(2011)在研究中归纳说,只有在

---

① 有关"蔚蓝地图"的详细介绍见 https://www.ipe.org.cn/AirMap_fxy/AirMap. Html?q = 1&vv = pm2_5&text = PM2.5。

两种情况下信息公开才会有效，即信息的可得性必须充分保障且有特定群体能够利用公开信息进行监督。同时，Johnson（2011）还认为，中国的环境信息公开在初期并未达到预期效果的关键原因之一，即在于公众缺乏且不了解利用信息进行问责的渠道。

自《环境信息公开办法》实施至今已有十余年，公众可利用的对政府及企业的问责渠道也日益完善，但仍存在的问题是，许多公众尚不知如何利用已经存在的正式渠道。基于现有文献，环保组织的存在可以推动利用信息进行问责这一形式。首先，环保组织可以引导公众合理利用现有的正式渠道，通过举报投诉等形式进行问责。如前文提到的"城市黑臭水体整治公众监督"平台，在运行初期并未被公众了解熟知。在平台运行后不久，位于长沙的环保组织"绿色潇湘"，发布了针对该平台的使用指南，不仅鼓励公众利用该平台对周边的黑臭水体进行举报，同时还详细列出了使用中的注意事项和可能出现的问题。①其次，相较于普通公众，环保组织拥有更多的资源来进行问责。一个代表性的方式是环境公益诉讼。自2015年起，符合条件的环保组织可以发起针对地方政府或企业的环境公益诉讼。以位于北京的自然之友为例，作为我国最早成立的草根环保组织，截至2020年，共提起过49例环境公益诉讼（14例大气污染案，11例生态多样性案，8例土壤污染案，4例水污染案，2例气候变化案，2例行政诉讼，1例海洋污染案）。据统计，在2015—2018年间，每年由环保组织发起的环境公益诉讼大约为53—69例（Xie & Xu，2021）。

综上所述，环境信息的公开在我国可以起到推动环境治理改善的作用，同时，这一改善作用在环保组织较为发达的地方更为明显。在环保组织发展不足或力量较为薄弱的地区，即使存在环境信息的公开，信息也很难被普通公众接收、理解或使用。换句话说，在环保组织发展较为滞后的地区，信息的公开（disclosure）也较少会伴有信息的宣传（pub-

---

① 有关该指南的详细介绍见绿色潇湘的官方网站，http://www.greenhunan.org.cn/。

licity)和问责（accountability），信息公开对于环境治理的提升作用自然也更为不明显。与此同时，两类环保组织，即草根类和具有官方背景的环保组织，在推动信息公开产生作用上，存在不同的影响效果。上述可以推动信息的宣传（publicity）和问责（accountability）的，大多是草根类环保组织（eNGO），而具有官方背景的环保组织（eGONGO）对于信息公开改善环境治理的调节作用并不明显。主要原因包括：首先，由于eGONGO 和政府环保部门较为紧密的关系，在获取环境信息上具有优势，有时甚至能得到尚未公开的相关信息，因此，一个合理的推论是eGONGO 对于公开的环境信息的使用度相对 eNGO 来说较低。其次，相较于 eNGO，eGONGO 更多地依赖来自政府部门的资助，而为了维持资源的可获得性和与政府的紧密关系，eGONGO 会尽可能地避免"激怒"资助方，也因此会较少参与推动公众利用信息进行问责（Almog-Bar & Schmid，2014）。因此，本文的研究假设为：

　　假设1：更高的草根类环保组织发展水平会加强环境信息公开对于环境治理效果的积极影响。

　　假设2：具有官方背景的环保组织对环境信息公开改善环境治理的调节作用并不显著。

　　图1展示基本分析框架。下一部分阐释变量定义、测量、数据收集与模型设定等问题。

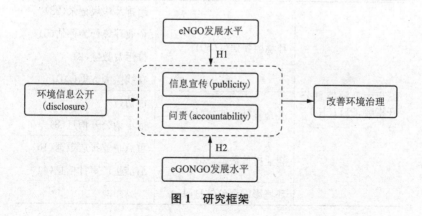

图1　研究框架

四、数据与方法

（一）数据收集与变量

为验证上述的两个研究假设,通过搜集多种来源的数据,构建一项2009—2018 年的省级面板数据。

环境信息公开(EID performance)。使用 IPE 发布的城市污染源信息公开指数(PITI)来衡量地方政府在环境信息公开上的表现。PITI以地级市为单位,对当地政府在以下四方面的表现进行打分:环境监督信息公开,公民互动及反馈,企业污染数据公开,及环境影响信息公开(具体评分标准见表 1)。根据信息公开及与公民互动程度的不同,每个城市将获得一个百分制的得分,分数越高则意味着该城市在当年的环境信息公开表现好。由于分析单位为省级,因此将 PITI 所涵盖的在同一省份的城市的平均分,作为该省的环境信息表现得分。由于 PITI并未包含任何来自西藏和海南的城市,因此后续的统计分析将不包括这两个省份。诚然,PITI 包含的城市肯定不足以代表该省的环境信息

表 1　PITI 的打分体系

城市污染源信息公开指数,PITI(100)	环境监督信息(50)	超排及违规记录(23)
		企业环境行为评估(5)
		排污费数额(2)
		在线监测数据(20)
	公众互动及回复(15)	信访(7)
		依申请公开信息(8)
	企业排放数据(20)	重点企业排放数据(16)
		清洁生产审计信息(4)
	环境影响评价信息(15)	

注:括号内数值为每一项的满分。

表现(Johnson，2011)，实际上，由于 PITI 所评估的城市大都为国家环保重点城市，因此它们在环境信息的公开上，理应高于同省份内的其他城市。但在衡量不同省份信息公开表现的差异和不同年份同一省份信息公开表现的变化上，PITI 的作用仍十分显著。由于环境信息公开本身的复杂性，对地方政府信息公开表现的衡量，一直是一项难题。也正因此，现有关于中国环境信息公开的研究，大多使用 PITI 作为代理变量来衡量地方政府在环境信息公开上的表现(G. Li et al.，2018；Zhong et al.，2021)，本文自然也不例外。

环保组织数目。环保组织在各地的发展程度一般由环保组织数目来衡量。诚然，在环保组织较为成熟且发达的西方国家，组织的数量不一定能代表其影响力，个别成熟、有声望的环保组织，可以比多个小型环保组织产生更大的影响力。但我国的国情是，环保组织尚处于初级发展阶段，大部分仍处于初创期，即使是最早成立的自然之友，也不过仅有 30 年历史，更遑论在许多城市，环保组织还尚未产生。因此，采用环保组织数目来衡量环保组织发展水平是合理的。

那如何获取 eNGO 和 eGONGO 这两类环保组织的数目呢？eGONGO 数目的获取较为便捷，我国民政部门每年公布的统计年鉴中，含有生态环境类社会组织这一细分条目，而该条目涵盖的组织大多为 eGONGO，因此被用来衡量 eGONGO 数目(Yu，2011)。而对 eNGO 数目的统计，则相对更艰难。如前所述，由于"双重登记"政策的长期存在，很多 eNGO 未选择或未成功在民政部门进行注册，因此，我国尚不存在有关 eNGO 数目的官方数据。在现有文献中，作者大多采用自主收集的方式来获取 eNGO 数目(H. Li et al.，2017；F. Wu，2013a)。因此，本文也试图独立构建一个中国草根环保组织的数据库。首先整合列有我国环保组织信息的三大线上平台的数据，包括中国发展简报、NGO 2.0 和合一绿学院；这三家平台均包含大量我国草根环保组织的详细信息。通过对比和删除重复组织条目，初步建立中国草根环保组织的名录。接下来，进一步搜索国内各大基金会对环境保护的支持项目，以试图发现更多新的环保组织。这些基金会包括 SEE 基金会、南都基金会、万科基金会等。最终发现,截至 2017 年底,全国共有 393 家草根环保组织(eNGO)。我们的名录还包括组织的注册地、注册时间、组织大小、活动领域等详细信息。这 393 家组织中,组织数目前五的省级地区为北京、四川、湖南、广州和上海。

环境表现。与信息公开表现类似,某地的环境表现也包含很多方面。狭义来说,环境表现指当地在各环境领域,如水、空气、土壤、生态等方面的表现,但广义来说,环境表现还应包括公众对环境的满意度、地方政府对污染行为的治理度等方面。考虑到数据的可获得性,用污染物的排放来作为代理变量,衡量当地的环境表现;污染物排放的减少就意味着环境表现的提升。具体来看,与现有研究一致,采用工业"三废"(即废水、废气、废物)的排放量来衡量省级层面的环境表现(Dong, Ishikawa, Liu, & Hamori, 2011; G. Li et al., 2018)。省级政府在环境信息公开表现上的改善,理应带来污染物排放的减少。工业"三废"的数据来源于《中国环境统计年鉴》(2010—2019)。为降低异方差性(heteroskedasticity)带来的影响,使用原始数据的对数($lnwater$, $lngas$, $lnsw$)进行分析。

控制变量。通过对现有文献的回顾,控制了以下可能会对地方环境表现产生影响的变量。(1)经济发展($GDPpc$)。根据环境库兹涅茨曲线,当某一经济体处于发展早期阶段时,经济的发展会伴随着污染排放的增加,从而导致环境恶化。但随着经济持续发展至某一程度,企业拥有更多的资源和技术进行创新,从而可以扭转经济发展与污染物排放间的正向关系。虽然我国是世界第二大经济体,但仍是发展中国家,因此普遍认为,环境库兹涅茨曲线中的拐点(turning point),在我国绝大部分地区尚未出现。使用人均 GDP 来衡量各个省份的经济发展程度。(2)产业结构($ind2$)。文献中证实的另一影响地方环境表现的因素是产业结构,一般认为,工业占比越高的地区,其环境污染排放也更多(G. Li et al., 2018)。采用各省工业占 GDP 的比率来衡量其产业结构,这一比率越高,污染排放也越多。(3)政府环境支出($lnexp$)。普遍认为,中国环境治理中最重要的问题为地方政府无法完全执行中央政府关于环境保护的要求,而执行不利的一大原因在于资源尤其是资金的不足(Lo, Fryxell, et al., 2012)。因此,在地方政府环境支出多的地区,其环境表现理应更好。(4)外商直接投资(*lnfdi*)。现有研究认为,外商直接投资的数目也会影响当地的环境表现。部分学者发现,外商的投资往往还会伴随着新科技,尤其是清洁生产技术的进入,因此会提升当地的环境表现(J. Wu, Xu, & Zhang, 2018)。但与之相对的,也有学者发现,由于大部分的外资会流入能源密集型产业,因此外商多的地方反而会面对更大的污染排放问题(Cheng, Li, & Liu, 2020)。采用各省外商投入的对数来衡量其外商直接投资水平。四个控制变量数据,来自《中国统计年鉴》(2010—2018)和《中国环境统计年鉴》(2010—2018)。

（二）模型

数据主要来源于三种渠道,即 IPE 所公开的 PITI 指数、我原创性建构的草根环保组织数据库,及官方统计年鉴。在此基础上,构建了29 个省份的跨越 10 年的面板数据,也正因此,常见的最小二乘法回归(OLS)并不适用于本数据。因此,我采用固定效应模型(fixed effect, FE model)或随机效应模型(random effect, RE model)来进行分析(Lecy & Van Slyke, 2012):

$$Pollution_{it+1} = \beta_0 + \beta_1 \times PITI_{it} + \beta_2 \times eNGO_{it}$$
$$+ \beta_3 \times PITI_{it} \times eNGO_{it} + \beta_4 \times X_{it} + \mu_i + \varepsilon_{it} \quad (1)$$
$$Pollution_{it+1} = \beta_5 + \beta_6 \times PITI_{it} + \beta_7 \times eGONGO_{it}$$
$$+ \beta_8 \times PITI_{it} \times eGONGO_{it} + \beta_9 \times X_{it} + \mu_i + \varepsilon_{it} \quad (2)$$

在式(1)中,i 代表省份,纳入分析的共有 29 个省份;t 代表时间即年份,从 2009—2017 年。因变量为$Pollution_{it+1}$,代表的是省份 i 在年份 $t+1$ 的污染物排放量。因变量被设置为滞后一年,以更好地解决数据的内生性问题。$PITI_{it}$ 代表的是省份 i 在 t 年的 PITI 得分,$eNGO_{it}$ 代表的是省份 i 在 t 年的草根环保组织数目,$PITI \times eNGO$ 则为 PITI 和 eNGO 两者相乘计算出一项交叉项,而X_{it} 则代表的是控制变量。

μ_i 及 ε_{it} 均为误差,其中 ε_{it} 代表的是会随时间及省份改变的误差,而 μ_i 表示的是那些与省份相关,但不会随时间改变而改变的影响。与式 (1)不同,式(2)将 eNGO 替换为 eGONGO,目的为检测草根环保组织 与具有官方背景的环保组织相比,是否会带来不同的影响效果。

分析的第一步需要对面板数据执行 Hausman test,以决定固定效 应模型还是随机效应模型更合适。两者之间的差别在于如何处理 μ_i, 固定效应模型允许 μ_i 受自变量的影响,而随机效应模型则认为 μ_i 的 变化与自变量无关,是随机的。Hausman test 的结果显示,固定效应模 型更为合适。

五、结果与分析

表 2 为各变量的描述性统计,表 3 则为统计分析结果的汇总表格。 模型 1—3 并未包括交叉项,因此检验的是草根环保组织和信息公开对 污染排放的作用,尽管并非本文的研究重点,但仍显示出一些有意思的 结果。具体来看,环境信息的公开的确会带来污染物排放的减少,但这 一减排效应仅存在于废气排放上($\beta = -0.818$,$\rho < 0.05$),废水和废物 的排放则不会随着信息公开的加强而减少。这一结果证明,作为第三 波政策工具,尽管信息公开也可以在我国产生改善环境的作用(Mol, 2010;A. L. Wang, 2017),但其减排效应并非会出现在所有污染排放 物上。其背后的原因可能极为复杂,亦超出本文的研究范围,但其中一 个可能的原因是,相较于其他类型的环境污染,空气污染的治理在我国 享有更高的重视,因为空气的污染最容易也最直接地会被公众感知到。 自 PM2.5 事件在全国引发关注及讨论后,空气污染防治就一直是我国 环境治理的首要任务(C. Shi, Guo, & Shi, 2019)。中央政府已经连续 出台多项法规政策,并采取多种政策工具防治空气污染,其中自然也包 括对信息的使用。如一个广为人知的信息公开项目为对全国 74 个重 点监测城市的排名项目。该项目每月都会公开这 74 个城市的综合空

气质量指数（CAQI）并对其进行排名，尤其会点名表扬前十名的城市和点名批评后十名的城市。有研究发现，这一信息公开项目虽然对前十名的作用有限，却可以显著地改善后十名城市的空气污染情况（C. Shi et al., 2019）。

表2 各变量的描述性统计

变　量	观测值	平均数	标准差	最小值	最大值
PITI	261	44.137	14.992	10.2	76.9
eNGO	261	7.698	6.583	0	33
eGONGO	261	260	223	16	1033
GDPpc	261	4.361	1.721	2.567	11.656
ind2	261	47.542	6.567	22.4	59
lnexp	261	4.474	0.586	2.592	5.776
lnfdi	261	7.239	0.612	5.711	8.438
lnwater	261	43.798	25.564	3.495	161.27
lngas	261	124.912	85.334	4.552	540.176
lnsw	261	21.79	26.138	0.335	255.026

表3 固定效应回归分析

	(1) lnwater	(2) lngas	(3) lnsw	(4) lnwater	(5) lngas	(6) lnsw
GDPpc	2.268 ** (0.923)	4.789 (4.086)	0.621 (1.809)	1.955 ** (0.927)	2.768 (4.102)	0.272 (1.778)
ind2	− 0.006 (0.267)	2.421 ** (1.181)	− 1.146 (0.815)	0.089 (0.271)	2.641 ** (1.2)	− 1.152 (0.827)
lnexp	6.576 (5.672)	− 23.973 (25.105)	− 10.470 (11.874)	3.207 (5.539)	− 38.474 (24.514)	− 11.362 (11.78)
lnfdi	10.736 *** .(3.830)	33.017 * (16.954)	32.506 *** (10.802)	9.584 ** (3.846)	28.468 * (17.019)	31.447 *** (10.527)
PITI	− 0.053 (0.088)	− 0.818 ** (0.390)	− 0.055 (0.154)	− 0.076 (0.092)	− 0.805 ** (0.408)	− 0.039 (0.159)
eNGO	− 0.785 ** (0.344)	− 3.347 ** (1.522)	− 0.443 (0.795)			
eGONGO				− 0.012 (0.017)	0.032 (0.075)	0.013 (0.03)

续表

	(1) lnwater	(2) lngas	(3) lnsw	(4) lnwater	(5) lngas	(6) lnsw
PITIÍ * eNGO						
PITI * eGONGO						
_cons	− 64.579 ** (28.408)	− 81.013 (125.745)	− 104.699 (64.982)	− 46.327 (28.072)	− 19.538 (124.229)	− 98.646 (63.635)
Observations	261	261	261	261	261	261
R-squared	0.197	0.114	0.111	0.177	0.093	0.11

	(7) lnwater	(8) lngas	(9) lnsw	(10) lnwater	(11) lngas	(12) lnsw
GDPpc	2.555 *** (0.923)	6.190 (4.075)	0.775 (1.813)	1.941 ** (0.906)	2.572 (4.066)	0.191 (1.777)
ind2	− 0.038 (0.265)	2.265 * (1.168)	− 1.246 (0.820)	− 0.043 (0.266)	2.316 * (1.191)	− 1.234 (0.826)
lnexp	3.511 (5.786)	− 38.959 (25.539)	− 9.949 (11.877)	3.367 (5.417)	− 38.412 (24.303)	− 11.843 (11.818)
lnfdi	10.341 *** (3.797)	31.087 * (16.762)	29.359 *** (11.186)	10.501 *** (3.77)	30.842 * (16.911)	32.494 *** (10.658)
PITI	− 0.068 (0.088)	− 0.895 ** (0.387)	− 0.087 (0.157)	− 0.1 (0.09)	− 0.857 ** (0.404)	− 0.038 (0.158)
eNGO	− 0.372 (0.389)	− 1.328 (1.715)	− 0.326 (0.802)			
eGONGO				− 0.018 (0.017)	0.034 (0.076)	0.02 (0.03)
PITIÍ * eNGO	− 0.026 ** (0.012)	− 0.128 ** (0.052)	− 0.033 (0.030)			
PITI * eGONGO				− 0.001 (0.01)	− 0.003 (0.002)	0 (0.001)
_cons	− 55.243 * (30.343)	− 56.353 (133.94)	− 85.397 (71.217)	− 53.595 * (27.749)	− 48.726 (124.487)	− 98.239 (64.449)
Observations	261	261	261	261	261	261
R-squared	0.216	0.140	0.118	0.182	0.113	0.114

*** $p < 0.01$, ** $p < 0.05$, * $p < 0.1$。

模型1—3的结果同时显示,eNGO数量与废水、废气的排放呈显著负相关($\beta = -0.785$,$\rho < 0.05$;$\beta = -3.347$,$\rho < 0.05$),即环保组织的发展可以有效促进当地环境治理的改善。不过,当我们把草根环保组织数目替换为eGONGO数目后,根据模型4—6的结果,对于环境治理的改善作用消失了,eGONGO数目不与任何污染物排放有显著关系。这一发现可以帮助我们更好地分辨两类环保组织的不同作用。现有的研究证明,官办环保组织和草根环保组织在资金的获取、活动的展开及倡导活动的参与等方面,均存在不同(H. Li et al., 2017;Zhan & Tang, 2016)。而本文则进一步证实,两者在推动环境治理上的作用也不同。当然这一研究发现并不必然意味着eGONGO不会在环境治理中发挥正面作用,如前所述,污染物排放仅是环境治理的一个维度,并非全部,eGONGO可能在环境治理的其他方面发挥作用。

模型7—9在模型1—3的基础上加入交叉项 $PITI \times eNGO$,以检验eNGO对信息公开减少环境污染这一作用的调节效应,结果显示,假设1得到支持。具体来看,在模型7中,交叉项 $PITI \times eNGO$ 与废水排放呈显著负相关($\beta = -0.026$,$\rho < 0.05$),为更好地理解这一调节作用,我们分别绘制了当eNGO数目较多和较少时 PITI 与废水排放间的关系(见图2)。显而易见的是,PITI只会在环保组织较为发达的地区,才会显著减少污染物排放(simple slope test:$\beta = -0.440$,$\rho < 0.05$),而这一减排效应,随着eNGO数目的减少则会慢慢消失(simple slope test:$\beta = -0.096$,$n.s.$)。也就是说,良好的草根环保组织的发展,是信息公开得以减少废水排放的必备条件。

类似的,模型8显示交叉项 $PITI \times eNGO$ 也与废气的排放量呈现显著的负相关关系($\beta = -0.128$,$\rho < 0.05$),图3则绘制了在eNGO数目较多和较少两种情况下,PITI与废气排放之间会是怎样的关系。与废水的排放不同,即使在eNGO数目少的地区,环境信息的公开依然会显著减少废气的排放(simple slope test:$\beta = -1.035$,$\rho < 0.01$),但随着eNGO数目的增加,这一减排效应也会加强(simple slope test:$\beta = -2.724$,$\rho < 0.01$)。换句话说,环保组织,尤其是草根环保组织的

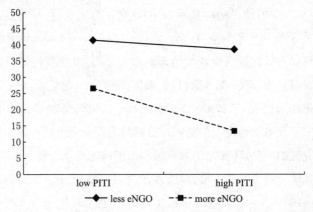

图 2 eNGO 数目对于 PITI 与废水排放关系的调节作用

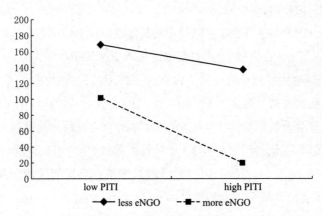

图 3 eNGO 数目对于 PITI 与废气排放关系的调节作用

发展,可以有效加强环境信息公开的减排效应。

模型 7 和 8 中的结论,有效地支持了环保组织的发展在推动信息公开有效性上的作用。正如现有文献所说,信息的公开(disclosure)不足以显著地改善环境,更为重要的是公开的信息可以被公众接收、理解并利用(Johnson,2011;Tan,2014)。而在中国,当公民的环境意识尚在不断提升阶段时,环保组织可以在推动环境信息治理中起到至关重要的作用。一方面,环保组织由于其组织使命使然,对公开的环境信息尤为感兴趣,并有能力和资源利用公开的信息进行问责。以一家位于苏州的草根环保组织"绿色江南"为例，其主要活动为对企业污染行为的监督。在过去，对企业的监督需要大量的实地调研和监测，因此绿色江南的活动范围一度仅在江苏省内。但随着我国环境信息的不断公开，绿色江南可以利用公开的线上实时排污数据，对企业进行监督。目前，其监督覆盖全国的 13000 多家企业。[①]另一方面，环保组织的发展，可以帮助公众更便捷地获取环境信息，从而推动公众利用环境信息进行问责。如位于上海的草根环保组织青悦环保信息技术服务中心，其主要组织愿景即为推动信息公开及协助公众获取知情权和对环境质量的监督权，为此，青悦免费向公众提供多项尤其是自助汇总整理的环境信息数据库。[②]

模型 10—12 则是在模型 4—6 的基础上加入交叉项 $PITI \times eGONGO$，以检验 eGONGO 对环境信息公开减排作用的调节效应，统计结果并不显著，因此假设 2 也得到支持。这一发现显示 eGONGO 和 eNGO 在参与环境治理中存在不同的作用机制，以本研究中的环境信息公开为例，相较于 eNGO，eGONGO 对于公开的环境信息的关注和利用可能较少。但这并不意味着 eGONGO 在环境治理中起到的作用会必然地比 eNGO 少，实际上，已有不少研究发现，相较于 eNGO，eGONGO 因其与政府部门间的紧密关系，可以更好地起到上传下达、缓和矛盾的作用。不过，有关其具体作用机制的阐释，需要更多后续的实证研究。

六、结　　语

作为管制类与激励类政策工具的重要补充，基于信息公开的第三波政策工具日益成为提升环境治理效能的重要手段（Mol，2006）。通过消解利益相关方间的信息不对称，提升公众的监督能力，信息公开能

---

① 详细情况介绍见 PITI 报告，https://wwwoa.ipe.org.cn//Upload/202001091245122846.pdf。

② 详细情况介绍见上海青悦数据的官方网站，http://www.epmap.org/。

督促政府机构落实监管法规,同时监督相关企业纠正环境污染行为来改善环境治理的总体效果(Johnson,2011;Tan,2014;A. L. Wang,2017)。通过 PITI 指标验证了地方政府环境信息公开的确对于污染物减排具有显著积极影响。因此,环境信息公开对环境治理效果的正面作用也在中国的制度环境下获得了实证数据支撑(C. Shi et al.,2019)。

更为重要的是,进一步深化了基于信息公开等相关政策工具的研究,探讨了环保组织对于信息公开有效性的调节作用(Mol,2010;Schleifer et al.,2019)。结果显示,在草根环保组织(eNGO)发展更为成熟的区域,环境信息公开对环境治理效果的积极影响更为明显。环保组织,尤其是草根环保组织,是运用环境公开信息与数据的重要力量,他们一方面能够整合利用网络上大量公开的环境数据,增强对于非法排污企业的监督能力;另一方面,草根环保组织也提升了公众对于环境公开数据的可得性和理解程度,增强了环境信息公开对于减排的作用。我们的发现进一步验证了环境信息公开只在公众有渠道获取足够信息,且能够运用信息开展监督的前提下,才能提升环境治理效果(Johnson,2011)。

本文证实环保组织对环境信息公开影响污染减排的作用进一步深化了参与式环境治理研究。自 1990 年以来,中国环保组织的发展被认为是公民参与环境治理的重要体现(F. Wu,2013a;Yang,2005;Zhan & Tang,2013)。但尚未有研究实证分析环保组织在多大程度上以及如何影响了中国环境治理(G. Li et al.,2018;Tan,2014;H. Wang et al.,2004)。我们通过实证填补了这一研究空白,并且解释了草根环保组织(eNGO)如何利用环境公开数据影响和参与环境治理。

本研究对于环境治理亦具有实践意义。某些区域的环境信息公开并不能显著提升环境治理,而可能的原因之一即为缺少成熟的环保组织,尤其是草根环保组织。对于这些地区,应当进一步鼓励环境保护组织的发展,提升普通民众对于环保公开数据的可得性和理解。与此同时,环保组织也应进一步加强对于环境公开数据的汇总整理和利用,让民众有更便捷的渠道理解复杂的环境公开信息。

诚然,本文也有局限。首先,选取的 PITI 数据虽然是普遍认可的环境信息公开指标,但是 PITI 在衡量地方政府环境信息公开水平时亦存在局限。目前,PITI 主要面向国家公布的环保重点城市发布环境信息公开指数,这可能会高估中国城市整体的环境信息公开水平。我们呼吁后续研究或实践能够更为全面地评估全国城市的信息公开水平。其次,环境治理的效果不仅包括污染物减排,我们期待未来的研究能对环境治理的效果有更为精准全面的评估,例如将减排的资金与人力投入作为环境治理的成本考虑在内。第三,如前所述,具有官方背景的环保组织和草根环保组织在环境治理中,起到的作用是不同的,后续研究可将研究重点转向 eGONGO,剖析其推动环境治理的作用机制。最后,我们呼吁未来研究能够聚焦于信息公开质量等影响信息公开效果的条件因素。

参考文献

王华、郭红燕、黄德生:《我国环境信息公开现状、问题与对策》,《中国环境管理》2016 年第 1 期,第 83—91 页。

Almog-Bar, M., Schmid, H.(2014). Advocacy activities of nonprofit human service organizations: A critical review. *Nonprofit and Voluntary Sector Quarterly*, 43(1), 11—35.

Auld, G., Gulbrandsen, L. H.(2010). Transparency in nonstate certification: consequences for accountability and legitimacy. *Global Environmental Politics*, 10(3), 97—119.

Böcher, M.(2012). A theoretical framework for explaining the choice of instruments in environmental policy. *Forest Policy and Economics*, 16, 14—22.

Bolognesi, T., Pflieger, G.(2021). In the shadow of sunshine regulation: Explaining disclosure biases. *Regulation & Governance*, 15(1), 200—225.

Büsgen, M.(2006). NGOs and the search for Chinese civil society environmental non-governmental organisations in the Nujiang campaign. *ISS*

Working Paper Series/General Series, 422, 1—61.

Cheng, Z., Li, L., & Liu, J.(2020). The impact of foreign direct investment on urban PM2. 5 pollution in China. *Journal of Environmental Management*, 265, 110532.

Dai, J., Spires, A. J.(2018). Advocacy in an authoritarian state: How grassroots environmental NGOs influence local governments in China. *The China Journal*, 79(1), 62—83.

Dong, Y., Ishikawa, M., Liu, X., & Hamori, S.(2011). The determinants of citizen complaints on environmental pollution: An empirical study from China. *Journal of Cleaner Production*, 19(12), 1306—1314.

Economy, E. C.(2011). *The river runs black: The environmental challenge to China's future*: Cornell University Press.

Feiock, R. C., Tavares, A. F., & Lubell, M. J. P. S. J.(2008). Policy instrument choices for growth management and land use regulation. 36(3), 461—480.

Fischer, C., Newell, R.(2008).Environmental and technology policies for climate mitigation. *Journal of environmental economics management*. 55(2), 142—162.

Fung, A., Graham, M., & Weil, D.(2007). *Full disclosure: The perils and promise of transparency*. Cambridge, UK: Cambridge University Press.

Fung, A., & O'rourke, D.(2000). Reinventing environmental regulation from the grassroots up: Explaining and expanding the success of the toxics release inventory. *Environmental Management*, 25(2), 115—127.

Goulder, L. H., & Parry, I. W.(2008). Instrument choice in environmental policy. *Review of Environmental Economics Policy*, 2(2), 152—174.

Hale, T. N.(2008). T ransparency, accountability, and global governance. *Global Governance: A Review of Multilateralism and International Organizations*, 14, 73—94.

Howlett, M., Ramesh, M., & Perl, A.(2009). *Studying public policy: Policy cycles and policy subsystems* (3 ed.): Oxford University Press.

Hsu, A., Weinfurter, A., Tong, J., & Xie, Y.(2020). Black and Smelly Waters: how citizen-generated transparency is addressing gaps in China's environmental management. *Journal of Environmental Policy & Planning*, 22(1), 138—153.

Johnson, T.(2010). Environmentalism and NIMBYism in China: Promoting a rules-based approach to public participation. *Environmental Politics*, 19(3), 430—448.

Johnson, T.(2011). Environmental information disclosure in China: Policy developments and NGO responses. *Policy & Politics*, 39(3), 399—416.

Johnson, T.(2013). The health factor in anti-waste incinerator campaigns in Beijing and Guangzhou. *China Quarterly*, 214, 356—375.

Johnson, T.(2014). Good governance for environmental protection in China: Instrumentation, strategic interactions and unintended consequences. *Journal of Contemporary Asia*, 44(2), 241—258.

Krause, R. M., Hawkins, C. V., Park, A. Y., & Feiock, R. C. J. P. A. R.(2019). Drivers of Policy Instrument Selection for Environmental Management by Local Governments.

Lecy, J. D., Van Slyke, D. M.(2012). Nonprofit sector growth and density: Testing theories of government support. *Journal of Public Administration Research and Theory*, 23(1), 189—214.

Li, F., Xiong, B., & Xu, B.(2008). Improving public access to environmental information in China. *Journal of Environmental Management*, 88(4), 1649—1656.

Li, G., He, Q., Shao, S., & Cao, J.(2018). Environmental non-governmental organizations and urban environmental governance: Evidence from China. *Journal of Environmental Management*, 206, 1296—1307.

Li, H., Lo, C. W. H., & Tang, S. Y.(2017). Nonprofit policy advocacy under authoritarianism. *Public Administration Review*, 77(1), 103—117.

Li, R., Ramanathan, R.(2018). Exploring the relationships between different types of environmental regulations and environmental performance:

Evidence from China. *Journal of Cleaner Production*, 196, 1329—1340.

Lindstedt, C., Naurin, D.(2010). Transparency is not enough: Making transparency effective in reducing corruption. *International political science review*, 31(3), 301—322.

Liu, N., Tang, S.-Y., Zhan, X., & Lo, C. W.-H.(2018a). Policy uncertainty and corporate performance in government-sponsored voluntary environmental programs. *Journal of Environmental Management*, 219, 350—360.

Liu, N., Tang, S.-Y., Zhan, X., & Lo, C. W.-H.(2018b). Political commitment, policy ambiguity, and corporate environmental practices. *Policy Studies Journal*, 46(1), 190—214.

Lo, C. W. H., Fryxell, G. E., Van Rooij, B., Wang, W., & Li, P. H.(2012). Explaining the enforcement gap in China: Local government support and internal agency obstacles as predictors of enforcement actions in Guangzhou. *Journal of Environmental Management*, 111, 227—235.

Lo, C. W. H., Fryxell, G. E., & Wong, W. W. H.(2006). Effective regulations with little effect? The antecedents of the perceptions of environmental officials on enforcement effectiveness in China. *Environmental Management*, 38(3), 388—410.

Lo, C. W. H., Lee, Y. S. F., & Zhan, X.(2012). China's green challenges in the rise to global power under the leadership of Hu Jintao. In J. Y. Cheng (Ed.), *China: A New Stage of Development for an Emergint Superpower*, Hong Kong: City University of Hong Kong Press, 415—445.

Mol, A. P.(2006). Environmental governance in the information age: The emergence of informational governance. *Environment and Planning C: Government and Policy*, 24(4), 497.

Mol, A. P.(2010). The future of transparency: Power, pitfalls and promises. *Global Environmental Politics*, 10(3), 132—143.

Richards, K. R.(1999). Framing environmental policy instrument choice. *Duke Environmental Law & Policy Forum*, 10, 221.

Schleifer, P., Fiorini, M., & Auld, G.(2019). Transparency in transnational governance: The determinants of information disclosure of voluntary sustainability programs. *Regulation & Governance*, 13(4), 488—506.

Schwartz, J.(2003). The impact of state capacity on enforcement of environmental policies: The case of China. *The Journal of Environment & Development*, 12(1), 50—81.

Seligsohn, D., Liu, M., & Zhang, B.(2018). The sound of one hand clapping: transparency without accountability. *Environmental Politics*, 27(5), 804—829.

Shi, C., Guo, F., & Shi, Q.(2019). Ranking effect in air pollution governance: Evidence from Chinese cities. *Journal of Environmental Management*, 251, 1—8.

Shi, H., & Zhang, L.(2006). China's environmental governance of rapid industrialisation. *Environmental Politics*, 15(2), 271—292.

Spires, A. J., Lin, T., & Chan, K. M.(2014). Societal support for China's grass-roots NGOs: Evidence from Yunnan, Guangdong and Beijing. *China Journal*, 71, 65—90.

Tan, Y. (2014). Transparency without democracy: The unexpected effects of China's environmental disclosure policy. *Governance: An International Journal of Policy, Administration, and Institutions*, 27(1), 37—62.

Tang, S. Y., Lo, C. W. H.(2009). The political economy of service organization reform in China: An institutional choice analysis. *Journal of Public Administration Research and Theory*, 19(4), 731—767.

Tang, S. Y., Zhan, X.(2008). Civic environmental NGOs, civil society, and democratisation in China. *The Journal of Development Studies*, 44(3), 425—448.

Van der Kamp, D. S.(2021). Blunt force regulation and bureaucratic control: Understanding China's war onpollution. *Governance*, 34(1), 191—209.

Wang, A. L.(2017). Explaining environmental information disclosure in China. *Ecology Law Quarterly*, 44, 865—924.

Wang, H., Bi, J., Wheeler, D., Wang, J., Cao, D., Lu, G., & Wang,

Y.(2004). Environmental performance rating and disclosure: China's Green Watch Program. *Journal of Environmental Management*, 71(2), 123—133.

Worth, M. J.(2013). *Nonprofit management: Principles and practice*. Thousand Oaks, CA: Sage.

Wu, F.(2013a). Environmental activism in provincial China. *Journal of Environmental Policy & Planning*, 15(1), 89—108.

Wu, F.(2013b). Environmental politics in China: An issue area in review. In *Political Science and Chinese Political Studies*, 103—124, Springer.

Wu, J., Xu, M., & Zhang, P.(2018). The impacts of governmental performance assessment policy and citizen participation on improving environmental performance across Chinese provinces. *Journal of Cleaner Production*, 184, 227—238.

Wu, Y., Xiao, H., Yang, F.(2021). Government information disclosure and citizen coproduction during COVID-19 in China.*Governance*.

Xie, L., Xu, L.(2021). Environmental Public Interest Litigation in China: A Critical Examination. *Transnational Environmental Law*, 1—25.

Yang, G.(2005). Environmental NGOs and institutional dynamics in China. *The China Quarterly*, 181(1), 44—66.

Yu, K.(2011). Civil society in China: Concepts, classification and institutional environment. In *State and civil society: The Chinese perspective*, 63—96, World Scientific.

Zhan, X., Lo, C. W. H., & Tang, S. Y.(2013). Contextual changes and environmental policy implementation: A longitudinal study of street-level bureaucrats in Guangzhou, China. *Journal of Public Administration Research and Theory*, 24(4), 1005—1035.

Zhan, X., Tang, S. Y.(2013). Political opportunities, resource constraints and policy advocacy of environmental NGOs in China. *Public Administration*, 91(2), 381—399.

Zhan, X., Tang, S. Y.(2016). Understanding the implications of government ties for nonprofit operations and functions. *Public Administration*

Review, 76(4), 589—600.

Zhong, S., Li, J., Zhao, R.(2021). Does environmental information disclosure promote sulfur dioxide (SO₂) remove? New evidence from 113 cities in China. *Journal of Cleaner Production*, *299*. doi: https://doi.org/10.1016/j.jclepro.2021.126906.

激励措施对生活垃圾分类意愿及行为影响

——以广州市为例

林文亿　李舒婷　袁定欢[*]

[内容提要]　城市垃圾分类政策能否有效执行，能否达到预期目标，与公民是否认同、接受和支持政策分不开。本文对372个广州市居民开展问卷调查，研究政府激励措施对居民生活垃圾分类意愿及行为的影响，分析何种激励措施对生活垃圾分类意愿或行为的促进作用更大。研究结果显示：相对于"奖罚措施皆无"的居住社区"奖罚措施皆有"的居住社区有助于增强居民厨余垃圾和其他垃圾的分类意愿；相对于"奖罚措施皆无"的居住社区"奖罚措施皆有"的居住社区均有助于促进四类生活垃圾分类行为。除此以外，"只有罚没有奖"的居住社区对厨余垃圾分类行为能起到促进作用，"只有奖没有罚"的居住社区则有助于促进其他垃圾分类行为。

[关键词]　垃圾分类意愿；垃圾分类行为；激励措施

[Abstract] Whether the urban waste classification policy can be effectively implemented and whether it can achieve the expected goals are closely related to whether citizens agree，accept and support the policy. This study conducts a survey among 372 Guangzhou residents to explore the impact of government incentives on residents' garbage classification willingness and behavior，and analyzes which incentive measures have a greater role in promoting the willingness and behavior of garbage classification. The results show that compared with the community with "no reward and punishment measures"，a community with "all reward and punishment measures" can help enhance residents' willingness to sort kitchen waste and other wastes. Compared with the community with "no reward and punishment measures"，a community with "all reward and punishment measures" is helpful to promote the four categories of garbage classification behavior. In addition，the community with "only punishment but no reward" can promote kitchen waste sorting behavior，and the residential community with "only reward and no punishment" can help promote other garbage sorting behaviors.

[Key Words] Waste Sorting Willingness，Waste Sorting Behavior，Incentives

*　林文亿，暨南大学公共管理学院/应急管理学院副教授；李舒婷，暨南大学硕士；袁定欢，暨南大学公共管理学院/应急管理学院讲师。

一、研究背景与研究问题提出

2018 年中国城市垃圾产量约为 2.28 亿吨,预测到 2030 年,中国城市垃圾年总量将达到 4.09 亿吨。治理"垃圾围城",生活垃圾分类是必由之路(周誉东,2020)。根据 2014 年至 2019 年《全国大、中城市固体废物污染环境防治年报》有关数据显示,从 2015 年起,广东省连续 5 年位列各省城市生活垃圾产生量第一;2017 年和 2018 年,城市生活垃圾产生量广州市跃升至第三名(中华人民共和国生态环境部,2019)。根据广州市统计局网站统计年鉴数据显示,2000 年到 2018 年,广州市生活垃圾清运量从 166 万吨/年增加到 557.56 万吨/年(广州市统计局,2019)。广州市政府为推行垃圾分类作出了不少努力。首先,尝试过企业主导分类与政府主导分类的"东湖模式"和"广卫模式",但因条件不成熟难以为继(危伟汉、熊孟清、尹自永,2015)。2011 年,广州市出台全国第一个规范垃圾分类管理的地方政府规章《广州市城市生活垃圾分类管理暂行规定》。2015 年为适应环境发展要求,废止《暂行规定》,正式实施《广州市城市生活垃圾分类管理规定》。2017 年广州市作为46 个重点城市之一先行实施生活垃圾强制分类。2018 年 7 月 1 日施行《广州市生活垃圾分类管理条例》,《管理条例》共七章六十四条,明确生活垃圾的类别和分类标准,加强政府及其部门的职责,构建生活垃圾的分类投放、收集、运输与处置规则,制定生活垃圾的源头减量措施以及居民生活垃圾分类投放的引导和激励机制,健全生活垃圾分类处理的监督管理制度,并规定违反《管理条例》的法律责任。《管理条例》意味着广州市生活垃圾分类从"强制时代"进化至"法治时代"。2019 年6 月 11 日,国家住建部等部门发文宣布自 2019 年起在全国地级及以上城市全面启动生活垃圾分类工作。从 2019 年 7 月开始,广州市全面启动整体推进城乡生活垃圾强制分类工作,并要求 7 月 20 日前,各区制定全面推进生活垃圾强制分类实施方案,明确阶段工作目标,细化工作内容,量化工作任务。

居民是城市生活垃圾的主要产生者,也是垃圾分类源头减量和分类投放的实施者,提高居民生活垃圾分类意愿及分类投放参与率对于源头减量意义重大。《管理条例》第四十六条明确,应建立生活垃圾源头减量和分类的鼓励和引导机制,通过多种方式鼓励和引导居民开展生活垃圾源头减量和分类工作,并对垃圾分类成绩突出的单位、个人和生活垃圾分类管理责任人给予奖励。2019年,广州市开展创建生活垃圾分类示范片区和示范村工作,其中,对"建立分类投放激励机制,对准确分类投放的家庭给予奖励"的样板小区(社区)在年终考核评估中进行加分。2020年7月1日起,《广州市生活垃圾源头减量和分类奖励暂行办法》施行,其中第三条明确"生活垃圾源头减量和分类奖励工作坚持公平公正、择优评选、鼓励创新的原则,以通报表扬为主,资金奖励为辅"(广州市人民政府,2020)。

在此背景下对广州市居民开展问卷调查,试图研究政府激励措施对居民生活垃圾分类意愿及行为的影响,分析何种激励措施对生活垃圾分类意愿或行为的促进作用更大,以提高居民生活垃圾分类意愿和行为。

二、文献综述

对居民垃圾分类意愿和行为的微观研究主要基于行为理论和环境行为学的 A-B-C 理论研究个体垃圾分类意愿和行为(Karim Ghani,2013;Ankinée Kirakozia,2016;王晓楠,2019;陈健、林伟彬、李育峻,2020;田华文,2020;王晓楠、曾宪杨,2021)。宏观研究则主要从治理和政策视角出发研究垃圾分类的政策效果(Iyer & Kashyap,2007;Troschinetz & Mihelcic,2009;Ankinée Kirakozia,2016;田华文,2020)。还有一些学者将微观和宏观视角进行整合分析内部和外部因素对个体垃圾分类意愿或行为(徐林、凌卯亮、卢昱杰,2017;孟小燕,2019;王晶、李淑而、蔡小明,2020;叶林、杜联繁、郭怡武,2021;叶林、郭宇轩,2021)。徐林等(2017)选取杭州市某街道七个社区的居民作为研究对象,通过宏观层面政策因素和微观层面个体因素分析对垃圾分类参与意愿的影响,发现宏观层面"宣传教育政策"变量对居民生活垃圾分类行为有正向显著影响,"经济激励政策"变量对居民垃圾分类水平正向影响更强,此外微观层面的居民个体行为心理指标均具有显著正向影响。王晶等(2020)研究行为态度、主观规范、感知行为控制、政策宣传、情境因素等五个因素如何影响广州市居民参与垃圾强制分类意向,发现居民垃圾分类意向高但垃圾分类知晓率较低、不同区域居民垃圾分类意向存在差异等结果。孟小燕(2019)以苏州市为案例,发现居民生活垃圾分类行为主要由四个主观因素和七个外部情景因素共同作用的结果,且外部条件因素的综合影响是个体主观因素的近两倍。

已有的实证研究关注了个体和外部政策因素对个体垃圾分类意愿或行为的影响,但在宏观治理或政策层面的讨论主要集中于政策宣传或经济激励政策的影响,缺少对各种政策工具的具体分析。在具体实践中,国内大多数城市近年来实施生活垃圾强制分类政策规范居民的垃圾分类行为。强制分类政策实施过程中一些地方政府采用不同的政策工具推动政策有效运行,而关于政策工具有效性的实证研究较少(田华文,2020)。

国内外学者对政策工具的分类有不同的观点,在垃圾分类领域常用的政策工具包括家庭与社区、志愿者、宣传教育、奖励、外包以及管制等(田华文,2020)。大多数学者认为使用单一的政策工具不能有效规范居民垃圾分类的行为,应当综合使用强制、激励和教育三类政策工具(陈绍军、李如春、马永斌,2015;蒋培,2019;钱坤,2019)。已有的一些实证研究已经证实惩罚性措施有助于提升居民垃圾分类的行为(陈绍军、李如春、马永斌,2015;蒋培,2019;高明、吴雨瑶,2020),但是在地方政策强制性垃圾分类政策出台后尚缺少对激励政策工具有效性的实证研究。

综上所述,对于垃圾分类政策执行情况的研究中,不少学者关注到激励措施对于政策的实现具有一定作用,但未区分不同激励措施作用的差异性,而且忽略了奖惩政策工具的组合对垃圾分类意愿和行为的影响作用。在实践中,不同的社区采用的奖惩政策工具有不同的组合情况,需要详细分析不同政策工具组合的影响。此外,已有的研究将不同类型的垃圾分类意愿和行为综合分析,未详细分析激励政策工具对不同类型的垃圾分类意愿和行为的具体作用。本研究在广州地区对社区居民及农村居民进行问卷调查,探讨激励政策对垃圾分类意愿和行为的关系,验证具体何种激励措施更能促进居民生活垃圾的意愿和行为,并进一步分析奖惩政策工具组合情况对居民垃圾分类意愿和行为的影响。

基于已有的理论和实证研究,提出三个基本假设:一是激励政策有助于促进居民生活垃圾分类意愿和行为;二是不同激励措施对居民生活垃圾分类意愿和行为的影响不同;三是奖惩政策工具组合对居民垃圾分类意愿和行为有不同的影响效果。

三、研究设计

(一) 问卷设计

前期通过实地走访、咨询政府服务热线及查阅相关文献等方式,结合本次研究目的设计了调查问卷。问卷设计分为三个部分,共 16 题。第一部分为被调查人员的基本信息,包括社区居民或村民、性别、年龄、受教育程度、月收入情况等;第二部分为被调查人员日常生活垃圾分类的实际意愿和分类频率等因变量;第三部分为被调查人员所在社区实施了哪些精神激励、物质激励,实施了哪些精神惩罚和物质惩罚措施,并问及他们认为上述措施对于垃圾分类意愿和行为起到促进或阻碍作用的看法。问卷中涉及的精神激励、物质激励、精神惩罚和物质惩罚措施选项则是通过实地走访及咨询 P 区镇街工作人员建议列举的。

变量赋值情况见表 1。因变量有两个:一是分类意愿,用二元

logistic 回归分析,"愿意分类"赋值为1,"不愿意分类"赋值为2;二是分类行为,通过每周分类频率描述分类行为,用"高频率""中频率"和"低频率"分别指代"每周5—7天""每周2—4天"和"每周0—1天"的分类频率,分别赋值为1、2和3。自变量共9个,包括设置光荣榜、颁发奖状、书面表扬、口头表扬、派发感谢信等5个精神激励措施和奖励实物奖品、奖励现金、积分制兑换实物、减免相关费用等4个物质激励措施。

表1 变量赋值说明

类　别	变量名称	变量赋值说明
因变量	生活垃圾分类意愿	愿意＝1,不愿意＝2
	生活垃圾分类行为	高频率行为(每周5—7天)＝1 中频率行为(每周2—4天)＝2 低频率行为(每周0—1天)＝3
自变量	精神激励措施	有＝0,没有＝1
	物质激励措施	有＝0,没有＝1
	设置光荣榜	没有＝0,有＝1
	颁发奖状	没有＝0,有＝1
	书面表扬	没有＝0,有＝1
	口头表扬	没有＝0,有＝1
	派发感谢信	没有＝0,有＝1
	奖励实物奖品	没有＝0,有＝1
	奖励现金	没有＝0,有＝1
	积分制兑换实物	没有＝0,有＝1
	减免相关费用	没有＝0,有＝1
控制变量	居住区域	农村社区＝1,城镇社区＝2
	性别	女＝1,男＝2
	受教育程度	初中学历以下＝1,初中学历＝2,高中学历＝3 大专学历＝4,本科学历及以上＝5
	个人月收入水平	3000元以下＝1,3001—6000元＝2, 6001—9000元＝3,9001—12000元＝4, 12000元以上＝5
	精神惩罚措施	有＝0,没有＝1
	物质惩罚措施	有＝0,没有＝1

（二）数据收集

由于本次调研考虑到《奖励暂行办法》开始实施时间从 2020 年 7 月 1 日起,综合考虑基层执行该项政策以及居民适应政策的时间,本次调查问卷调研时间为 2020 年 11 月至 2020 年 12 月 31 日。2020 年 11 月通过微信朋友圈发放问卷进行试调查,持续了大概一周,收回 10 份问卷。问卷修改后进入正式调研阶段。本次数据收集开展时间正值新型冠状病毒感染肺炎疫情防控阶段,社区居委会及村委会工作人员表示防疫期间不方便对居民开展问卷调查,因此我利用问卷星通过方便抽样方法派发电子问卷收集样本,共发出问卷 372 份,收回答卷 372 份,回收率为 100%。剔除非广州地区人员填写的无效调查问卷后,保留有效问卷共 366 份,有效率约为 98.4%。

四、研究结果

（一）社会人口统计变量描述性统计

表 2 显示受访者的基本情况如下:受访者以社区(小区)居民为多,社区(小区)居民占总受访者人数 83.1%,为村民的 4 倍多。受访者性别比率,女性受访者略高于男性,占 55.7%。受访者年龄最小为 8 岁,最大为 68 岁,青年所占比率较大,年龄分布较为集中在 20—39 岁间,占受访者总数的 74.3%。广州市统计年鉴显示,2020 年广州市常住人口中非农业人口与农业人口比为 4.1∶1,女性人口略多于男性人口(男女性别比为:1∶1.01),18—60 岁人口占 60.14%(广州市统计局,2020)。本研究样本分布基本符合广州市总体情况。受访者整体文化程度较高,比重相对偏向本科学历及以上,占 68.3%,大专学历次之,占 22.4%,高中及以下文化程度仅占 9.3%。个人月收入水平以高收入为主,主要集中在 12000 元以上及 3001—6000 元这两段,6001—9000 元及 9001—12000 元约为 19%,3000 元以下仅占 8.2%。

表 2　样本人口社会经济地位统计变量

变　量	选　项	人　数	百分比（%）
居住区域	农村社区	62	16.9
	城镇社区	304	83.1
性别	女	204	55.7
	男	162	44.3
年龄	19 岁及以下	9	2.5
	20—29 岁	114	31.1
	30—39 岁	158	43.2
	40—49 岁	60	16.4
	50—59 岁	21	5.7
	60 岁及以上	4	1.1
受教育程度	初中学历以下	5	1.4
	初中学历	10	2.7
	高中学历	19	5.2
	大专学历	82	22.4
	本科学历及以上	250	68.3
个人月收入	3000 元以下	30	8.2
	3001—6000 元	86	23.5
	6001—9000 元	71	19.4
	9001—12000 元	73	19.9
	12000 元以上	106	29.0

1. 因变量

因变量有两个,一是生活垃圾(可回收垃圾、厨余垃圾、有害垃圾和其他垃圾)的分类意愿,二是生活垃圾(可回收垃圾、厨余垃圾、有害垃圾和其他垃圾)的分类行为。调查问卷中关于分类意愿的问题,被调查人员需分别回答对四类生活垃圾是否愿意分类;关于分类行为的问题,被调查人员需回答四类生活垃圾每周的分类频率:每周 0—1 天、2—4 天和 5—7 天。

从表 3 可知,被调查人员对于四类生活垃圾的分类意愿均较高,不愿意分类的人数较少,其中可回收垃圾的分类意愿最高,有害垃圾次之,厨余垃圾是四类生活垃圾中愿意分类的人数是最少的。

表3 可回收垃圾、厨余垃圾、有害垃圾和其他垃圾的分类意愿

	愿意人数	百分比(%)	不愿意人数	百分比(%)
可回收垃圾	354	96.7	12	3.3
厨余垃圾	325	88.8	41	11.2
有害垃圾	342	93.4	24	6.6
其他垃圾	332	90.7	34	9.3

从表4可知,高频率分类人数最多的是厨余垃圾,占44.8%,中频率分类人数最多的是可回收垃圾,占36.9%,低频率分类人数最多的是有害垃圾,占43.4%。

表4 可回收垃圾、厨余垃圾、有害垃圾和其他垃圾每周分类频率

	0—1天	百分比(%)	2—4天	百分比(%)	5—7天	百分比(%)
可回收垃圾	101人	27.6	135人	36.9	130人	35.5
厨余垃圾	124人	33.9	78人	21.3	164人	44.8
有害垃圾	159人	43.4	90人	24.6	117人	32.0
其他垃圾	119人	32.5	120人	32.8	127人	34.7

2. 自变量

激励措施的自变量有两类:一是精神激励措施,二是物质激励措施。调查问卷中关于居住区域有何种精神激励措施的问题,被调查人员可选六种精神激励措施(设置光荣榜、颁发奖状、书面表扬、口头表扬、派发感谢信)或单选"没有精神激励措施";关于居住区域有何种物质激励措施的问题,被调查人员可选五种物质激励措施(奖励实物奖品、奖励现金、积分制兑换实物、减免相关费用、其他物质激励)或单选"没有物质激励措施"(见表5)。

从表5可知,被调查人员所在的居住区域在生活垃圾分类上"设置光荣榜"这一项精神激励措施最多,85人,"口头表扬"次之,61人,选择"书面表扬"、"颁发奖状"、"派发感谢信"等精神激励措施选项分别为

表5 精神激励措施、物质激励措施统计情况

变　量	选　项	人　数	百分比(%)
有精神激励措施	设置光荣榜	85	23.2
	颁发奖状	42	11.5
	书面表扬	48	13.1
	口头表扬	61	16.7
	派发感谢信	41	11.2
	其他精神激励	13	3.6
有物质激励措施	奖励实物奖品	77	21
	奖励现金	48	13.1
	积分制兑换实物	76	20.8
	减免相关费用	43	11.7
	其他物质激励	5	1.4
无精神激励措施	没有精神激励措施	214	58.5
无物质激励措施	没有物质激励措施	240	65.6

48、42 和 41 人。有物质激励措施的社区,77 人选择"奖励实物奖品","积分制兑换实物"人数与之十分接近,选择"奖励现金"及"减免相关费用"分别为 48 人和 43 人。没有精神激励措施的居住区域比没有物质激励措施的少,说明被调查人员所在的居住区域较重视精神激励措施的实施。

本研究把精神惩罚措施及物质惩罚措施纳入控制变量。调查问卷中关于居住区域有何种精神惩罚措施的问题,被调查人员可选四种精神激励措施(口头批评、书面批评、曝光垃圾分类不文明行为、其他精神惩罚)或单选"没有精神惩罚措施";关于居住区域有何种物质惩罚措施的问题,被调查人员可选四种物质激励措施(罚款、积分账户扣减积分、加收相关费用、其他物质惩罚)或单选"没有物质惩罚措施"(见表6)。

从表6可知,被调查人员所在的社区(小区)或农村在生活垃圾分类上设置"口头批评"及"曝光垃圾分类不文明行为"这两项精神惩罚措施人数相当,96 人,"书面批评"次之,54 人。有物质惩罚措施的社区(小区)或农村,"罚款"措施最多,"积分账户扣减积分"次之,61 人,"加

表 6　精神惩罚措施、物质惩罚措施统计情况

变　量	选　项	人　数	百分比(%)
有精神惩罚措施	口头批评	96	26.2
	书面批评	54	14.8
	曝光垃圾分类不文明行为	96	26.2
	其他精神惩罚	7	1.9
有物质惩罚措施	罚款	76	20.8
	积分账户扣减积分	61	16.7
	加收相关费用	45	12.3
	其他物质惩罚	7	1.9
无精神惩罚措施	没有精神惩罚措施	188	51.4
无物质惩罚措施	没有物质惩罚措施	243	66.4

收相关费用"为 41 人。没有物质惩罚措施的居住区域比没有精神惩罚措施的多,说明被调查人员所在的居住区域较重视精神惩罚措施的实施。

(二)影响居民生活垃圾分类意愿的二元 logistic 回归分析

按照生活垃圾四种类别进行二元 logistic 回归分析,通过使用强制进入法,将所有自变量和控制变量纳入回归模型中,考察各类变量对分类意愿的影响。从表 7 可知,精神激励对居民其他垃圾的分类意愿影响显著($B=1.177$, $p<0.05$),即精神激励有助于提升居民其他垃圾的分类意愿。

根据表 8 可知,激励措施中"设置光荣榜"($B=-3.135$, $p<0.05$)和"书面表扬"($B=1.805$, $p<0.1$)对居民可回收垃圾分类意愿影响显著,但"设置光荣榜"对分类意愿的影响是积极的,而"书面表扬"是消极的。激励措施对居民厨余垃圾分类意愿没有显著影响。"设置光荣榜"($B=-2.895$, $p<0.01$)、"书面表扬"($B=2.098$, $p<0.01$)和"派发感谢信"($B=1.379$, $p<0.05$)对居民有害垃圾分类意愿影响显著,但"设置光荣榜"的影响是正向的,而"书面表扬"和"派发感谢信"的影响是负向的。"积分制兑换实物"对居民其他垃圾的分类意愿影响显著($B=-1.500$, $p<0.1$),即"积分制兑换实物"对居民其他垃圾的分类意愿有正向影响。

表 7 影响居民生活垃圾分类意愿回归模型

变 量	可回收垃圾		厨余垃圾		有害垃圾		其他垃圾	
	B	Exp(B)	B	Exp(B)	B	Exp(B)	B	Exp(B)
性别	1.542	4.674**	0.237	1.267	1.119	3.061	0.800	2.226**
受教育程度	−0.148	0.863	−0.128	0.880	−0.376	0.686	0.112	1.118
个人月收入水平	0.061	1.063	0.093	1.097	0.119	1.127	0.007	1.007***
年龄	−0.053	0.948	−0.078	0.925***	−0.055	0.946*	−0.081	0.922**
精神激励	0.861	2.365	0.505	1.656	−0.306	0.737	1.177	3.246**
物质激励	1.387	4.004	0.229	1.257	0.759	2.137	0.046	1.047
精神惩罚	−1.572	0.208**	−0.005	0.995	−0.781	0.458	0.158	1.171
物质惩罚	−0.753	0.471	0.495	1.640	0.429	1.536	−0.101	0.904
常量	−4.067	0.017	−0.501	0.606	−1.597	0.202	−2.278	0.102

注：* p＜0.1，** p＜0.05，*** p＜0.01。

表 8　具体激励措施与居民生活垃圾分类意愿回归模型

变　量	可回收垃圾		厨余垃圾		有害垃圾		其他垃圾	
	B	Exp(B)	B	Exp(B)	B	Exp(B)	B	Exp(B)
性别	1.906	6.728**	0.304	1.355	1.222	3.394	0.932	2.539**
受教育程度	-0.027	0.973	-0.077	0.926	-0.312	0.732	0.096	1.101
个人月收入水平	0.046	1.047	0.093	1.097	-0.038	0.962	-0.024	0.977
年龄	-0.070	0.932	-0.078	0.925***	-0.042	0.958	-0.086	0.917***
设置光荣榜	-3.135	0.044**	-0.325	0.722	-2.895	0.055***	-0.772	0.462
颁发奖状	1.968	7.155	0.165	1.180	1.013	2.754	0.869	2.384
书面表扬	1.805	6.078*	0.348	1.416	2.098	8.147***	-0.093	0.911
口头表扬	-1.408	0.245	-0.748	0.473	-0.479	0.619	-18.955	0.000
派发感谢信	-0.935	0.393	-0.955	0.385	1.379	3.970**	0.020	1.021
奖励实物奖品	-0.572	0.564	0.366	1.442	-0.303	0.738	0.799	2.223
奖励现金	0.249	1.282	0.608	1.837	0.256	1.291	0.117	1.124
积分制兑换实物	-1.749	0.174	-0.570	0.565	-1.240	0.289	-1.500	0.223*
减免相关费用	-18.043	0.000	-0.095	0.909	-0.414	0.661	-0.670	0.512
精神惩罚	-1.635	0.195**	0.017	1.017	-0.584	0.558	0.210	1.233
物质惩罚	-0.716	0.489	0.771	2.161	0.303	1.354	-0.079	0.924
常量	-2.509	0.081	-0.428	0.651	-1.563	0.209	-1.009	0.365

注：* $p < 0.1$，** $p < 0.05$，*** $p < 0.01$。

（三）影响居民生活垃圾分类行为的多元线性回归分析

另一个因变量为居民生活垃圾分类行为，通过每周分类频率来统计描述，划分为高（5—7 天）、中（2—4 天）、低（0—1 天）三个频率维度。按照生活垃圾四种类别进行多元线性回归分析，通过使用强制进入法，将所有自变量纳入回归模型中，以考察自变量对分类行为的影响。表9 显示"书面表扬"对居民可回收垃圾分类行为的影响显著（B＝0.287，p＜0.1），但影响是消极的。"设置光荣榜"对居民厨余垃圾分类行为的影响是正向显著的（B＝－0.120，p＜0.1），而"颁发奖状"对居民有害垃圾的分类行为影响是负向显著的（B＝0.431，p＜0.05），对居民其他垃圾的分类行为影响也是负向显著的（B＝0.443，p＜0.05）。

表10 总结了两类激励措施对居民生活垃圾分类意愿及行为影响情况。总体看，精神激励措施中"设置光荣榜"和"书面表扬"对居民可回收和有害垃圾分类意愿有显著影响，"派发感谢信"对居民有害垃圾分类意愿有显著影响；物质激励措施中，"积分制兑换实物"对居民其他垃圾分类意愿有显著影响。但是物质激励措施对居民垃圾分类行为没有显著影响，精神激励措施中，"设置光荣榜"对居民厨余垃圾分类行为有显著影响，"颁发奖状"对居民有害和其他垃圾分类行为有显著影响，"书面表扬"对居民可回收垃圾分类行为有显著影响。

（四）奖罚措施组合变量对垃圾分类意愿及行为的影响

由于惩罚措施在其他地区对居民的生活垃圾分类意愿及行为有较大影响，因此本研究希望了解"奖罚措施皆有""只有奖没有罚""只有罚没有奖"和"奖罚措施皆无"等政策工具组合对居民生活垃圾分类意愿和行为的影响是否存在显著性差异。

问卷结果显示，选择"奖罚措施皆有"的被调查人员共 149 位，占 40.7%；与其相当的是选择"奖罚措施皆无"的居民，共 147 人，占 40.2%；只有单一措施的共 19.1%，其中"只有奖没有罚"占 7.9%，"只有罚没有奖"占 11.2%。通过二元 logistic 回归分析，研究上述四类政策工具组合对垃圾分类意愿及行为的影响。

表 9　具体激励措施与居民生活垃圾分类行为的回归分析结果

变量	可回收垃圾		厨余垃圾		有害垃圾		其他垃圾	
	B	Beta	B	Beta	B	Beta	B	Beta
常量	2.009		2.499		2.879		1.937	
性别	0.085	0.054	-0.018	-0.010	-0.026	-0.015	0.060	0.036
受教育程度	0.041	0.043	-0.042	-0.039	-0.008	-0.008	0.098	0.098*
个人月收入水平	-0.022	-0.038	0.016	0.024	0.002	0.003	-0.027	-0.044
年龄	-0.009	-0.109*	-0.018	-0.195***	-0.021	-0.228***	-0.011	-0.129**
设置光荣榜	-0.136	-0.073	-0.251	-0.120*	-0.172	-0.085	-0.112	-0.058
颁发奖状	0.159	0.064	0.004	0.002	0.431	0.160**	0.443	0.172**
书面表扬	0.287	0.122*	0.156	0.060	-0.042	-0.016	-0.116	-0.048
口头表扬	-0.052	-0.025	0.126	0.053	-0.056	-0.024	-0.110	-0.050
派发感谢信	-0.050	-0.020	0.037	0.013	-0.008	-0.003	-0.035	-0.014
奖励实物奖品	-0.148	-0.076	-0.205	-0.095	-0.029	-0.014	-0.222	-0.111
奖励现金	-0.123	-0.052	0.035	0.013	-0.203	-0.080	0.025	0.010
积分制兑换实物	-0.031	-0.016	0.133	0.061	0.056	0.027	0.079	0.039
减免相关费用	-0.109	-0.044	-0.019	-0.007	-0.120	-0.045	-0.224	-0.088
精神惩罚	-0.008	-0.005	0.131	0.075	0.055	0.032	0.055	0.034
物质惩罚	0.071	0.043	0.193	0.104	0.031	0.017	0.033	0.019

注：* $p < 0.1$，** $p < 0.05$，*** $p < 0.01$。

表 10　激励措施对居民生活垃圾分类意愿和行为的影响

类　别	变量名称	分类意愿	分类行为
精神激励措施	设置光荣榜	可回收、有害垃圾显著	厨余垃圾显著
	颁发奖状	不显著	有害、其他垃圾显著
	书面表扬	可回收、有害垃圾显著	可回收垃圾显著
	口头表扬	不显著	不显著
	派发感谢信	有害垃圾显著	不显著
物质激励措施	奖励实物奖品	不显著	不显著
	奖励现金	不显著	不显著
	积分制兑换实物	其他垃圾显著	不显著
	减免相关费用	不显著	不显著

表 11 显示不同的政策工具组合对居民可回收垃圾分类意愿无显著性差异影响，相对于"奖罚措施皆无"的居住区域，"奖罚措施皆有"的居住区域有助于增强居民的厨余垃圾分类意愿。但只有一种政策工具（或奖或罚）的居住区域与"奖罚措施皆无"的相比，在增强居民厨余垃圾分类意愿中并无显著性差异影响。不同的政策工具组合对居民有害

表 11　奖罚措施组合变量对居民生活垃圾分类意愿的影响

变　量	可回收垃圾 B	厨余垃圾 B	有害垃圾 B	其他垃圾 B
（截距）	0.532	− 0.320	0.186	− 1.519
奖罚措施皆无			参照组	
奖罚措施皆有	0.114	0.712*	− 0.066	1.480***
只有奖没有罚	19.661	0.059	1.380	0.415
只有罚没有奖	− 1.464	0.582	− 0.237	0.405
性别			控制	
居住区域			控制	
受教育程度			控制	
个人月收入			控制	
年龄			控制	

注：* $p < 0.1$，** $p < 0.05$，*** $p < 0.01$。

垃圾分类意愿无显著性差异影响。相对于"奖罚措施皆无"的居住区域,"奖罚措施皆有"的居住区域有助于增强居民的其他垃圾分类意愿。但只有一种政策工具(或奖或罚)的居住区域与"奖罚措施皆无"的相比,在增强居民其他垃圾分类意愿中并无显著性差异影响。

表12显示相对于"奖罚措施皆无"的居住区域,"奖罚措施皆有"的居住区域有助于促进居民可回收垃圾的分类行为。但只有一种政策工具(或奖或罚)的居住区域与"奖罚措施皆无"的相比,在促进居民可回收垃圾分类行为中并无显著性差异影响。相对于"奖罚措施皆无"的居住区域,"奖罚措施皆有"和"只有罚没有奖"的居住区域有助于促进居民厨余垃圾的分类行为。但"只有奖没有罚"的居住区域与"奖罚措施皆无"的相比,在促进居民厨余垃圾分类行为中并无显著性差异影响。相对于"奖罚措施皆无"的居住区域,"奖罚措施皆有"的居住区域有助于促进居民有害垃圾的分类行为。但只有一种政策工具(或奖或罚)的居住区域与"奖罚措施皆无"的相比,在促进居民有害垃圾分类行为中并无显著性差异影响。相对于"奖罚措施皆无"的居住区域,"奖罚措施皆有"和"只有奖没有罚"的居住区域有助于促进居民其他垃圾的分类行为。但"只有罚没有奖"的居住区域与"奖罚措施皆无"的相比,在促

表12　奖罚措施组合变量对居民垃圾分类行为的影响

变　量	可回收垃圾 B	厨余垃圾 B	有害垃圾 B	其他垃圾 B
(截距)	2.460	2.731	2.954	2.672
奖罚措施皆无			参照组	
奖罚措施皆有	− 0.217**	− 0.358***	− 0.185*	− 0.240**
只有奖没有罚	− 0.245	− 0.211	− 0.227	− 0.282*
只有罚没有奖	− 0.016	− 0.346**	− 0.135	− 0.071
性别			控制	
居住区域			控制	
受教育程度			控制	
个人月收入			控制	
年龄			控制	

注：* p<0.1，** p<0.05，*** p<0.01。

进居民其他垃圾分类行为中并无显著性差异影响。

综合以上结果,相对于"奖罚措施皆无"的居住区域,"奖罚措施皆有"的居住区域有助于增强居民厨余垃圾和其他垃圾的分类意愿;相对于"奖罚措施皆无"的居住区域,"奖罚措施皆有"的居住区域均有助于促进四类生活垃圾分类行为。除此以外,"只有罚没有奖"的居住区域对厨余垃圾分类行为能起到促进作用,"只有奖没有罚"的居住区域则有助于促进其他垃圾分类行为。不同的政策工具组合对居民可回收和有害垃圾的分类意愿无显著性差异影响。

五、讨　论

在前人的研究成果中,高明和吴雨瑶(2020)通过仿真模拟发现奖励和惩罚政策都能推动垃圾分类,但惩罚性政策比激励性政策更为有效。本研究在一定程度上支持了上述观点,但进一步分析了奖励和惩罚政策组合对提升居民分类意愿和行为的影响。

首先,激励措施在一定程度上能提升居民的生活垃圾分类意愿,促进其生活垃圾分类行为。上海、厦门和东京三个国内外典型城市在垃圾分类管理中的做法均采取了经济激励等诱导机制,实现居民达到政策预期目标——自主进行生活垃圾分类(刘绍鹏,2021)。但是有垃圾分类管理工作做到位了,才有可能把原本应投入聘请人员和购置机器的金钱作为物质奖励回馈到居民身上,实现一举多得。

其次,要因地制宜选择不同的激励措施。不同的居住区域应该结合实际情况制定本地居民喜闻乐见的激励措施,如果激励措施无法长久有效铺开实施,则可以借鉴台北市的做法——鼓励居委会、村委会向上级申请经费或争取考核成绩达优获得奖金,或把可回收垃圾的收益作为物质激励措施的部分资金来源(吴晓林,邓聪慧,2017)。

第三,奖罚措施强强联合助推居民生活垃圾分类。参考上海等地的先进经验,并结合本研究奖罚措施组合变量对生活垃圾分类意愿和行为影响分析结果,相对于奖罚措施皆无的居住区域,既有奖又有罚的居住区域有助于促进生活垃圾的分类行为,对于厨余垃圾以及其他垃圾这两类生活垃圾的分类意愿也有增强作用。因此,奖罚措施联合将带来更优效果。至于如何奖以及如何罚,建议各地根据实际情况以及居民可接受的方式试行开展,以获取最佳的效果。

六、研究局限性及进一步研究展望

本研究存在以下局限性:第一,采用方便抽样方法,样本存在选择偏差问题,样本居住区域相对集中在社区(小区)、年龄相对集中在青年段、受教育程度及个人月收入均在中上水平。第二,调查问卷的题项设计虽然前期通过走访社区和咨询广州市政府服务热线等渠道敲定选项,但走访和咨询范围仅限于番禺区,未必能代表广州市其他区情况。第三,调查问卷在生活垃圾分类行为的问题设置上,选取了每周分类频率作为参考指标,受样本角色影响,未能充分反映居民垃圾分类客观行为。第四,因为问卷收集时未收集激励程度的数据,如现金激励金额,所以不能在数据分析部分呈现激励程度的影响。将来进一步研究时希望能克服上述几个局限性,并进一步探讨垃圾分类意愿和行为的关系。

此外,在对数据进行多次检验后,有一些激励措施的负向作用,如,"书面表扬"对居民可回收垃圾和有害垃圾分类意愿和可回收垃圾分类行为的影响负向显著;"派发感谢信"对有害垃圾分类意愿的影响负向显著;"颁发奖状"对居民有害垃圾的分类行为的影响是负向显著的,对居民其他垃圾的分类行为的影响也是负向显著的。一个可能的解释是将惩罚措施控制住后,会对这些激励措施有干扰。但具体的干扰机制需要进一步研究。

参考文献

Iyer, E.S. and Kashyap, R.K.(2007). Consumer recycling: role of incentives，information，and social class. Journal of Consumer Behaviour，6，32—47.https：//doi.org/10.1002/cb.206.

Karim Ghani，W. A. W. A.，Rusli，I. F.，Biak，D. R. A.，& Idris，A.(2013). An application of the theory of planned behaviour to study the influencing factors of participation in source separation of food waste. Waste Management，33(5)，1276—1281. doi：https：//doi.org/10.1016/j.wasman.2012.09.019.

Ankinée Kirakozian（2016）. The determinants of household recycling：social influence，public policies and environmental preferences，Applied Economics，48(16)，1481—1503，DOI：10.1080/00036846.2015.110284.

Troschinetz，A. M.，& Mihelcic，J. R.(2009).Sustainable recycling of municipal solid waste in developing countries. Waste management（New York，N.Y.），29(2)，915—923. https：//doi.org/10.1016/j.wasman.2008.04.16.

陈绍军、李如春、马永斌：《意愿与行为的悖离：城市居民生活垃圾分类机制研究》，《中国人口·资源与环境》2015 年第 9 期，第 168—176 页。

徐林、凌卯亮、卢昱杰：《城市居民垃圾分类的影响因素研究》，《公共管理学报》2017 年第 1 期，第 142—153、160 页。

蒋培：《规训与惩罚：浙中农村生活垃圾分类处理的社会逻辑分析》，《华中农业大学学报》(社会科学版)2019 年第 3 期，第 103—110、163、164 页。

钱坤：《从激励性到强制性：城市社区垃圾分类的实践模式、逻辑转换与实现路径》，《华东理工大学学报》(社会科学版)2019 年第 5 期，第 83—91 页。

陈健、林伟彬、李育峻：《影响垃圾分类的意愿与行为的实证研究——以广州市为例》，《城市观察》2020 年第 1 期，第 133—143 页。

田华文：《生活垃圾强制分类是否可行？——基于政策工具视角的案例研究》，《甘肃行政学院学报》2020 年第 1 期，第 36—45 页。

高明、吴雨瑶：《激励与惩罚：城市生活垃圾源头分类中的主体行为分析——基于演化博弈的视角》，《太原理工大学学报》(社会科学版)2020 年第 5 期，第 47—57 页。

叶林、杜联繁、郭怡武：《城市居民生活垃圾分类政策何以从引导转向强制?——基于政策工具的视角》,《天津行政学院学报》2021 年第 1 期,第 33—45 页。

叶林、郭宇轩:《城市生活垃圾分类中的居民动力与人群差异——基于广州市的调查研究》,《北京行政学院学报》2021 年第 1 期,第 54—63 页。

孟小燕:《基于结构方程的居民生活垃圾分类行为研究》,《资源科学》2019 年第 6 期,第 1111—1119 页。

广州市人民政府:《广州市城市管理和综合执法局关于印发广州市生活垃圾源头减量和分类奖励暂行办法的通知》(2020 年),http://www.gz.gov.cn/gfxwj/sbmgfxwj/gzscsglhzhzfj/content/post_5894272.html。

广州市统计局:《广州统计年鉴》(2019),http://210.72.4.58/portal/queryInfo/statisticsYearbook/index。

刘绍鹏:《垃圾分类管理中的外压机制与诱导机制分析》,《中国资源综合利用》2021 年第 1 期,第 187—189、204 页。

王晶、李淑而、蔡小明:《广州市居民参与垃圾强制分类意向研究法制与社会》2020 年第 7 期,第 154—156 页。

危伟汉、熊孟清、尹自永:《广州垃圾分类探索前行》,《城市管理与科技》2015 年第 5 期,第 42—44 页。

吴晓林、邓聪慧:《城市垃圾分类何以成功?——来自台北市的案例研究》,《中国地质大学学报》(社会科学版)2017 年第 6 期,第 117—126 页。

中华人民共和国生态环境部:《2019 年全国大、中城市固体废物污染环境防治年报》,http://www.mee.gov.cn/ywgz/gtfwyhxpgl/gtfw/201912/P02019-1231360445518365.pdf。

周誉东:《固体废物污染环境防治法修订草案二审:多措并举治理"垃圾围城"》,《中国人大》2020 年第 1 期,第 2 页。

城市居民垃圾分类处置偏好的阶层差异研究 *

吴灵琼 **

[内容提要] 以 N 市有害垃圾分类试点小区为例,对城市居民生活垃圾分类处置偏好的阶层差异进行考察。研究区分四种不同的垃圾分类处置偏好类型,即不采取垃圾分类的疏离模式、仅分类变卖可回收物的实用主义模式、仅分类投放有害物的公共参与模式以及对两种类型垃圾均进行分类处置的环境主义模式。结果表明,疏离模式与无业关联紧密;实用主义模式与无业、低收入及低教育水平呈现一定关联;公共参与模式与中高收入和高教育水平关联紧密;环境主义模式与中低收入及中教育水平呈现一定关联。研究结果部分支持消费分层假设,不支持后物质主义价值假设。

[关键词] 垃圾分类处置;公共参与;绿色消费;消费分层;多元应对分析

[Abstract] By taking the pilot communities of waste classification in city N as a case, the characteristic as well as structural difference by social class of urban residents' recycling preference was investigated. Four types of recycling preference were identified, i.e., 1) alienation model, which involves no recycling actions, 2) pragmatism model, which only involves recyclable-waste selling, 3) public participation model, which only involves community-based recycling participation, and 4) environmentalism model, which involves both recyclable-waste selling and community-based recycling participating. The results showed that alienation model was closely related to unemployment; pragmatism model was associated with unemployment, low income and low education level; public participation model, in contrast, was related to middle and high income as well as high educational level; environmentalism model was associated with middle and low income and median educational level. The results partly supported the consumption stratification hypothesis, but not supported the postmaterialist value hypothesis.

[Key Words] Waste Treatment, Public Participation, Green Consumption, Consumption Stratification, Multiple Correspondence Analysis

---

* 本研究系中国博士后基金项目资助(项目编号:2020M671310)、国家社科基金项目(项目编号:20BSH125)的研究成果。

** 吴灵琼,南通大学经济与管理学院讲师,河海大学环境与社会研究中心博士后。

一、引　言

随着我国人口增长和城乡一体化进程的不断推进，城市生活垃圾产生量持续增长。截至 2019 年，我国 196 个大、中城市生活垃圾产生量已达 2.4 亿吨（中华人民共和国生态环境部，2020）。倡导节约和适度消费意识，动员居民参与垃圾分类行动，是我国应对"垃圾围城"问题的基本手段之一。尤其在 2017 年国家发改委和住建部颁布《生活垃圾分类制度实施方案》后，生活垃圾分类备受社会关注。居民垃圾分类行为也相应成为国内环境研究领域的一个热点议题。

以往研究从消费者行为、亲环境行为及集体行动等视角对居民垃圾分类行为的影响因素及其作用机制展开了丰富的讨论。消费者行为视角将居民垃圾分类行为视为绿色消费的基本组成，假定垃圾分类行为是社会结构、人格、心理及情境等多因素综合作用的结果；研究侧重探讨分类群体特征（即目标市场）及促进垃圾分类行为改变的营销策略。亲环境行为视角则将垃圾分类行为理解为一种私人领域的环境责任行为，假定社会结构因素最终通过心理因素影响个体垃圾分类行为，因而研究侧重探讨个体垃圾分类行为的社会心理机制。其中，以价值—信念—规范模型（Stern，2000）为代表的利他视角和以计划行为理论（Ajzen，1991）为代表的经济理性视角是该研究领域两个经典的理论解释视角。随研究深入，研究更倾向基于"复杂人"假设，将利他和利己因素整合起来以构建更为综合的行为理论模型。近年来，随学者对"态度—行为"差距问题的关注，探讨情境因素如何影响"态度—行为"关系的研究逐渐累积，为垃圾分类行为研究领域贡献了一个权变的解释视角。2000 年前后，曲英（2009，2011）将国外经典行为理论模型（包括计划行为理论、规范激活理论、价值—信念—规范模型和态度—行为—情境模型等）引入国内并对我国居民垃圾分类行为的影响因素进行了初步的经验研究。此后，不少学者对影响我国居民垃圾分类回收行为的心理、情境以及制度因素进行了探讨(陈绍军等,2015;李长安等,2018;童昕等,2016;王晓楠,2019;问锦尚等,2019;徐林等,2017)。一些学者还鉴于我国居民垃圾分类行为的公共参与特征,从集体行动视角探讨了社会资本对居民垃圾分类参与的影响(何兴邦,2016;韩洪云等,2016;贾亚娟、赵敏娟,2020;裴志军、何晨,2019;张郁、徐彬,2020)。尽管以往研究在揭示我国居民垃圾分类行为的关键影响因素及其作用机制方面有较丰富的知识积累,但研究存在以下局限:(1)以往研究多在个体主义范式下探讨社会心理因素如何影响居民垃圾分类行为,极少探讨居民垃圾分类行为的社会结构差异。部分研究虽将性别、年龄、收入、教育、政治面貌等社会结构因素纳入分析模型,但主要将其作为控制变量或者通过群组比较来检验心理变量与垃圾分类行为之间关系的稳健性,并未就垃圾分类行为的群体差异展开深入讨论;(2)以往研究将垃圾分类行为简约为一种由生态价值引导的单向度线性发展的个体行为,在操作层面将分类习惯的有无、分类频次或细分程度作为衡量居民垃圾分类参与程度的标准,而忽略了对分类处置方式及其实践意义差异的考察。比如,对于可回收物,分类变卖和投递就可能受不同动机驱使。若不加以区分,则由动机不同带来的差异可能会被整体效应遮掩。

基于此,以 N 市 C 区分类试点小区为例,从垃圾分类处置偏好视角来探讨社会阶层(social class)与居民垃圾分类行为之间的关系。所选案例小区单设有害垃圾分类试点。在研究开展期间,试点项目处于居民参与摸底调查期,故暂未采取强制分类或激励措施。这恰好为居民垃圾分类处置偏好研究提供了一个"自然实验"。在非强制性分类和无激励干预的条件下,居民凭自愿进行有害垃圾分类投递和进行可回收物分类变卖实践。由此,可通过居民对这两类垃圾的不同分类处置方式来确定分类处置偏好类型。在研究方法上,借助多元对应分析(Multiple Correspondence Analysis,MCA)探讨垃圾分类处置偏好与社会阶层的关联。MCA 是研究消费分层的一种常用方法。作为一种非线性多变量分析方法,MCA 并不预设变量之间必须线性相关,也不预设变量分布,因此尤其适用于涉及定类及定序变量的分析(朱迪,2012;范国周、张敦福,2019)。还将垃圾分类知识、道德规范、感知行为控制、社区分类规范、社区社会资本和支付意愿等社会心理因素同时纳入多元对应分析。这些社会心理因素均在促进居民垃圾分类行为方面扮演重要作用(如李长安等,2018;陈绍军等,2015;贾亚娟、赵敏娟,2020;问锦尚等,2019;徐林等,2017;张郁、徐彬,2020)。通过考察上述社会心理变量在水平尺度上与社会阶层及分类处置偏好各类别的关联来把握不同分类处置偏好在社会心理方面的细节差异及其潜在的结构特征。

二、理论基础

(一)社会阶层与居民垃圾分类行为

垃圾分类是绿色消费的一个内在构成(Peattie,2010)。本研究对社会阶层与垃圾分类行为之间关系的考察建立在消费分层理论和后物质主义价值理论基础之上。社会阶层与消费之间的关系是消费社会学领域的一个经典议题。一般认为社会阶层地位相近的人具有相似的消费实践,消费实践反过来具有阶层区隔的社会功能。韦伯的社会分层理论认为生活方式(包括消费方式)是相对封闭和稳定的群体化形式,由相似的家庭背景、教育和职业经历发展而来,因此将其作为表征地位群体的关键指标(刘精明、李路路,2005)。布迪厄进一步提出惯习(即习惯性的行为倾向)概念,认为文化资本(主要是受教育程度和文化艺术修养水平)、经济资本和独特的人生轨迹共同形塑了阶级惯习;个体在阶级惯习的引导下选择符合其阶级身份的文化消费实践,并由此建构阶级区隔(刘欣,2003)。鲍德里亚(2014)的符号消费理论也强调消费的阶层区隔作用,认为消费者通过购买具有符号意义的物品来表征社会地位和身份。

具体在消费的阶层差异方面,学者主要基于马斯洛的需求层次理论提出消费需求分层假设。需求层次理论假定引导人类行为的五大内在需求由低到高依次为生理、安全、归属与爱、尊重和自我实现等；只有较低层次的需求被满足后，较高层次的需求才有可能被激活进而影响行为。延伸到消费领域，则经济资本相对匮乏的下等阶层在消费决策时会侧重物品的使用价值，偏好能满足基本物质需求的生存性消费或节俭消费；而对于收入较高的中上阶层，其低层次需求大多得到满足，因此更侧重尊重和自我实现等高层次需求，更偏好能满足精神需求的发展性消费或象征身份的奢侈消费（张翼，2016；朱迪，2012）。在绿色消费研究领域，学者认为绿色消费者普遍关注环境和社会福祉，其消费行为受社会或环境责任等自我实现的高需求驱使（Berger，1997；Webster，1975）。因此受过良好教育且经济状况良好的中上阶层更可能具有绿色消费行为。Inglehart(1995)的后物质主义价值理论也蕴含类似假设。该理论主张包含自我表达、自由、和平、社会正义、环境保护及生活质量等后物质主义价值是现代工业社会发展的必然产物，以发达的社会经济基础为前提。因此只有社会经济地位较高的中上阶层，才更有可能关注环境问题，并受环境价值支配而采取环保行动。此外，较高的社会经济地位也意味有能力及资源来支付环保参与成本（比如金钱、时间等）（王琰，2015）。基于消费需求分层理论和绿色消费的后物质主义价值假设，可有以下命题：

社会经济地位越高，越可能采取旨在提升社会和环境福祉的垃圾分类行为（命题1）。结合案例非强制性分类制度的特殊性，旨在提升社会和环境福祉的垃圾分类行为具体指涉参与有害垃圾分类投递的分类处置偏好（包含仅参与有害垃圾分类投递和既参与有害垃圾分类投递也进行可回收物分类变卖两种类型）。

然而，垃圾分类也有可能受节俭意识驱使。同样基于消费需求分层理论，可认为经济资本有限的较低阶层由于更注重物的使用价值和效用，会倾向通过分类回收行为将"无用"的垃圾变现为"有用"的积分或现金从而实现物的效用最大化；而经济资本充裕的富裕阶层则更可能通过物的剩余或浪费来彰显其社会地位，因而更排斥分类回收行为。

基于此,提出以下命题:

社会经济地位越低,越有可能采取旨在获取物质和经济收益的垃圾分类行为,而社会经济地位较高的中上阶层则倾向排斥受实用主义驱使的垃圾分类行为(命题2)。本研究旨在获取物质和经济收益的垃圾分类行为具体指涉不参与有害物分类投放但进行可回收物变卖的分类处置偏好。

(二)垃圾分类行为的社会心理基础

在垃圾分类行为的社会心理研究方面,利他行为和经济理性行为是两个最具代表性的理论视角。利他行为视角将垃圾分类行为视为一种利他价值指向的道德行为。遵循该视角的研究多借助 Stern (2000)的价值—信念—规范模型来检验环境价值、环境信念、道德规范对垃圾分类行为的影响。道德规范是指个人内化的社会规范,表现为实施某种行为的责任感,也称个体规范(Schwartz,1977)。基于该模型,道德规范对垃圾分类行为具有直接影响;生态价值和环境信念作为个体道德规范的关键前导变量,通过道德规范影响垃圾分类行为。以往诸多经验研究表明个体道德规范对垃圾分类行为有显著预测作用;且其作用具有跨文化稳定性(Tang et al.,2011;Thøgerson,1996;Bertoldo and Castro,2016)。

与之相对,经济理性行为视角将垃圾分类行为视为利己导向的理性决策过程,注重行为结果对行为动机和意向的影响,强调社会情境约束及个体能力在行为决策中的作用。Ajzen(1991)的计划行为理论从态度、主观规范、感知行为控制和行为意向等四个方面考察个体理性决策的影响因素。其中,行为意向和感知行为控制是影响行为的核心变量;主观规范和态度均通过行为意向间接对个体行为产生影响。该模型变量对我国居民垃圾分类行为的预测作用获得了较好的经验数据支持(问锦尚等,2019;Tang et al.,2011;徐林等,2017)。

支付意愿作为一种主观价值评估方法,最早用于环境政策的成本效益分析(Whitehead and Haab,2013)。在绿色消费领域,支付意愿反映个体对既定绿色产品或环境公共产品的偏好。学者也将其视为行为意向的一个维度(曲英,2011;Perkins,2010)。以往研究惯常从金钱成本评估支付意愿(Whitehead and Haab,2013)。但对于垃圾分类行为,时间成本同样重要。朱迪(2017)提出可持续消费的时间/生活节奏假设,指出时间作为一种资源影响可持续消费实践;基于CGSS2010的数据分析,她发现休闲时间对垃圾分类行为有显著预测作用,这为时间支付意愿与垃圾分类行为的关系提供了一个佐证。

无论利他行为还是经济理性行为,均建立在一定的认知基础之上。以往研究表明,尽管一般环境知识与亲环境行为的关联很微弱,但环境问题知识、行为成效知识以及行动策略知识(也称程序/操作类知识)是促进亲环境行为改变的重要变量(Hungerford and Volk,1990;Kaiser and Fuhrer,2003;Schultz,2002)。环境问题知识和行为成效知识能通过影响行为后果感知进而影响道德规范的激活过程(Schultz,2002);行动策略知识则通过增强能力信念促进个体对既定行为的执行(Hungerford and Volk,1990)。针对我国居民群体的经验研究证实分类知识对垃圾分类行为有显著预测作用(Tang et al.,2011;陈绍军等,2015)。

社区分类规范属于社会规范的概念范畴,是居民在居住社区所感知的垃圾分类规范(包括正式的分类制度和非正式的描述性规范)。特里安迪斯的人际行为理论将社会规范视为行为的重要情境约束变量(Bamberg and Schmidt,2003)。人们之所以遵从社会规范,或为了满足基本的心理需要(如安全感、归属感)或为了规避惩罚(陈维扬、谢天,2018)。在经验层面,社会规范被证明是影响绿色消费行为(包括垃圾分类行为)的重要因素(Schultz,2002;White et al.,2019;White and Simpson,2013)。近年来,我国学者还从公共参与视角探讨社会资本对居民垃圾分类参与行为的影响。尽管不同学者对社会资本的界定不同,但一致认为社会资本是嵌于社会网络的一种资源,具有公共性(边燕杰,2004;张文宏,2003)。在缺乏外在正式的强制性规范的前提下,通过社会关系培育的公平互惠规范能有效约束个体的机会主义动机,从而促进成员间的合作(即公共参与)(高春芽,2012)。社会资本还能促进社会规范的扩散,从而强化社会规范的影响(边燕杰,2004)。此外,社会网络能增加成员获取相关垃圾分类知识的机会,进而增加分类参与的可能性(Schultz,2002)。社会资本对我国居民垃圾分类参与行为的促进作用也获得较一致的经验数据支持(张志坚等,2019;贾亚娟、赵敏娟,2020;裴志军、何晨,2019)。

三、研究设计

(一)案例概况

N市C区垃圾分类试点小区工作的最显著特征在于仅单设有害垃圾进行分类试点。试点小区在公共区域设置专用红色有害垃圾回收箱以便居民进行有害垃圾分类投递。分类设施统一由C区分类管理办公室购置,而小区分类工作(包括宣传动员和有害垃圾清运)由社区负责落实。除有害垃圾,有条件的小区还与周边可再生资源回收企业共建服务网络,由小区物业提供企业信息,由企业提供可回收物上门回收服务。在所有试点小区,有害垃圾分类系统与传统生活垃圾混合清运系统并行。这意味着对居民而言,有害垃圾分类只是一种备选方案,是否参与分类全凭自愿。虽然部分有条件的试点小区通过积分激励机制动员居民参与分类,但这种小区仅为极个别情况。由于在试点小区,有害垃圾分类并非一个强制要求,因此可认为居民主要受利他的行为动机驱使(比如避免有害物对他人或环境造成伤害)而参与有害垃圾分类投放。

(二)样本选取

采用多阶段抽样和典型抽样相结合的方法获取样本。具体按照"街道—社区—小区—楼栋—楼层—户"的多阶段抽样方法,同时兼顾垃圾分类模式、小区物业管理类型、新老小区特征以及常住住户数进行抽样。借助入户问卷调查获取数据。调研人员现场指导,问卷当场回收。为避免社会赞许等因素影响,在填写问卷之前特别强调调查的学术目的、自愿性和匿名性。共发放问卷 873 份,剔除年龄在 17 岁以下以及胡乱作答的问卷后,最终获取有效问卷 617 份,有效回收率为 70.7%。样本基本人口背景信息如表 1 所示。基于 2020 年 N 市人口普查数据,该样本较总体常住人口而言,60 岁以上人口比率偏高,但从业人口比例相当,性别结构一致;且研究采用多阶段和典型抽样以期覆盖所有分类小区类型和分类模式,因此样本具有代表性。较高的老年人口比率可能由青年人与老年人周末闲暇方式上的差异所致。由于调查多数在周末白天进行,而青年人更可能在此时间段外出,因此导致老年人样本比率较高(张文宏,2019)。

表 1 样本基本人口背景信息

变 量	选 项	人 数	占 比
性别	男	251	40.7
	女	366	59.3
年龄	20—29	23	3.7
	30—39	94	15.2
	40—49	93	15.1
	50—59	132	21.4
	>60	275	44.6
婚姻	已婚	577	93.5
	其他	40	6.5
家庭人口数	1	21	3.4
	2	135	21.4
	3	196	31.8
	4	102	16.5
	5	121	19.6
	6	42	6.8
住房类型	自住	584	94.7
	租用	33	5.3
入住时间	>6 个月	590	95.6
	≤6 个月	27	4.4

变 量	选 项	人 数	占 比
受教育程度	初中及以下	230	37.3
	高中(中专、技校等)	157	25.4
	大专及本科	216	35.0
	研究生	14	2.3
个人可支配月收入(元)	<3000	249	40.4
	3000—5000	214	34.7
	5000—8000	94	15.2
	>8000	60	9.7
职业/就业状态	机关干部/经理人员	28	4.5
	专业技术人员	31	5.0
	办事人员	73	11.8
	个体户/自由职业	92	15.9
	商业/服务业/工业	54	8.8
	退休	309	50.1
	无业/待业	30	4.9
户口类型	本市非农业	524	84.9
	本市农业	24	3.9
	居住证	61	9.9
	其他	8	1.3

(三)问卷设计

按照研究目的,设置垃圾分类处置行为、分类认知与心理以及人口统计信息等模块。其中,社会阶层指标包含在人口统计信息模块。参照李培林和张翼(2008),选择个人可支配月收入、受教育程度和职业等三个指标反映居民客观阶层地位。职业选项按照陆学艺(2002)提出的十大社会阶层设置。

垃圾处置行为方面,从分类处置方式及处置频率两个维度具体考察居民分类处置可回收物和有害垃圾的行为。基于前期走访及访谈调查,选取"废纸品"(比如快递盒、硬纸板等)和"废塑料"(比如废旧塑料玩具、包装袋及空塑料瓶等)两类废品作为衡量可回收物处置行为的指标,选取"废旧电池""过期药品"以及"废旧灯管"三种废品作为衡量有害垃圾处置行为的指标。在处置方式上,设置"投放到小区专用垃圾分类回收箱""变卖""其他"(比如馈赠他人)等选项;在处置频率上,设置"从不""2—3次/半年""2—3次/季度""2—3次/月"以及"1—3次/周"等选项。

分类认知方面,从垃圾分类政策类知识和垃圾分类操作类知识两个维度考察。垃圾分类政策类知识指居民对所在地方垃圾分类管理体制和制度的系统性认知。垃圾分类操作类知识则指与垃圾分类实施相关的技能性知识(比如分类投递途径、回收箱使用以及不同垃圾种类的辨识等)。政策类知识通过是否知晓"所在地区垃圾分类标准""所在地区垃圾分类主管单位"以及"所在小区垃圾分类试点情况"等三方面进行评价。操作类知识则通过居民是否能正确识别"剩菜剩饭""废灯管""食品包装袋""废充电电池""过期药品""玻璃酒瓶"以及"废餐巾纸"等七种常见生活垃圾的类别来测评。对以上题项,选项正确计"1"分,错误计"0"分。基于 Rasch 模型分析发现,政策类知识题项在难度(0.45—0.70)和区分度(1.70—1.86)方面均具有较高一致性,故将三个题项分值加和以创建政策类知识复合变量。而操作类知识题项明显地分化两组,一组难度系数在 0.39—0.76 之间(简称较难组),另一组难度系数在 -3.00—0.66 之间(简称较易组),较难组区分度(-0.83—1.47)显著优于较易组(1.2—2.7),故仅对较难组题项(即"剩菜剩饭""食品包装袋""废充电电池",以及"废餐巾纸")分值加和以创建操作类知识复合变量。

分类心理方面,包括道德规范、行为控制、社区分类规范、社区社会资本和支付意愿五个变量。前四个变量均使用 4 个题项来测评。对道德规范,参照 Thøgersen(2006)的道德规范概念框架设计题项如下:(1)"我感觉我有责任和义务践行垃圾分类";(2)"将有害垃圾当成一般垃圾直接扔掉是极端不好的行为";(3)"对我而言,垃圾分类是件非常重要的事";以及(4)"进行垃圾分类能带来很多益处,值得提倡"。对行为控制,参照 Ajzen(2002)从感知外部阻碍和行为可控性两方面测量,具体包括:(1)"能否进行垃圾分类受外部环境干扰太多,并不是我自己想做就能做的";(2)"将可回收或有害垃圾从普通垃圾中分离出来会占用我大量的时间和精力";(3)"能否践行生活垃圾分类这件事,并不是我个人能决定或控制的事";以及(4)"在家里进行垃圾分类很困难,受很多因素干扰"。对社区分类规范,基于案例的实际情况,从感知分类氛围、分类信息扩散程度、分类提示明确程度以及分类设施覆盖程度等方面考察,具体包括:(1)"小区的垃圾分类氛围很好,大部分居民在参与";(2)"我在小区获得了很多关于如何进行垃圾分类的知识";(3)"在我们小区,随处可见垃圾分类的导向性说明";以及(4)"从我家去小区的垃圾分类投放点非常方便"。对以上变量题项采用李克特五点计分法评价。"1"表示"很不同意","5"表示"很同意"。

社区社会资本是指基于居民居住社区社会网络而形成的集体社会资本。综合参照边燕杰(2004)以及桂勇和黄荣贵(2008)的研究,从地方性社会网络、社区参与和社区信任等维度对社区社会资本进行测量。具体包括"参与社区文体活动的频繁程度""与邻居及小区其他住户交流的频繁程度""对所在社区居委会/公共服务中心的了解程度"以及"对所在社区居委会/公共服务中心的信任程度"。采用5点计分法评价。"1"表示"极小程度","5"表示"极大程度"。

采用探索性因素分析检验心理量表的结构效度。结果析出4个主因子,共解释69.7%的总方差。正交旋转后,发现这些题项按照各自理论归属,分别负载在四个不同的因子上(载荷在0.65—0.85之间)。这表明量表具有良好的结构效度。鉴于此,将各变量题项得分加和平均以构建道德规范、行为控制、社区分类规范及社区资本复合变量。

对支付意愿,从时间支付意愿和金钱支付意愿两个维度考察。均采用一个题项进行测量。采用5点计分法评价。对时间支付意愿,设置"不愿意""1—3次/年""1—3次/季度""1—3次/月"以及"1—3次/周"等选项;对金钱支付意愿,设置"不愿意""0—30元/月""30—60元/月""60—90元/月""90—120元/月"等五个选项。

四、居民垃圾分类处置偏好的特征分析

（一）分类处置习惯

居民分类处置习惯的有无及处置频率因处置的是可回收物还是有害物而存在显著差异。大部分居民有分类变卖可回收物的习惯（分类变卖废纸和废塑料的居民分别占 61.9% 和 49.9%），而参与有害物分类投递的居民不足 40%（分类投递废电池、过期药品及废灯管的居民分别占 37.1%、22.9% 和 20.3%）。这说明与可回收物分类变卖相比，参与有害物分类投递的行为属于"小众"行为。

针对有垃圾分类处置习惯的样本，不同品类在处置频率上也有区别。对有害物，居民大多以半年为周期进行分类处置（43.7%—56.7%）；而对于可回收物，以半个月（36.2%—40.9%）为周期进行分类处置的情况更为常见。这种分类处置频率上的差异可能由居民生活方式和物品本身的不同特性所致。一方面，当前消费者（尤其是新中产阶层）对即时、便捷消费的追求使网络购物和外卖成为一种新的生活方式。①这是导致纸制品和塑料制品消耗大的一个重要结构性因素。另一方面，纸制品和塑料制品属于易耗品，而诸如电池、灯管等日用品则相对更经久耐用，且后者在体积上就比前者占地更小，因此导致可回收物积攒得比有害物更多更快。

（二）分类处置偏好

由居民分类处置习惯的描述性分析结果可知，居民对可回收物和有害垃圾的处置习惯存有显著差异；但在可回收物和有害垃圾分类处置频率上呈现的差异主要受宏观结构因素的影响，与垃圾分类动机关联不大。鉴于此，以垃圾分类处置习惯的有无为关键指标来区分居民

---

① 2020 年，我国网民数量达 9.89 亿，网络购物用户达 7.82 亿；线上购物规模达 117601 亿元，约占全球的 40%。见李勇坚：《中国新消费崛起：新中产的力量》（2021 年 5 月 31 日），澎湃网，https://www.thepaper.cn/newsDetail_forward_12854441。

的垃圾分类处置偏好。在数据处理上,将两种可回收物和三种有害垃圾分别合并,构建"可回收物分类变卖"和"有害垃圾分类投放"等两个综合性分类处置习惯变量。对可回收物,将在"废纸品"和"废塑料"任意一项上有分类变卖行为的被认定为有分类处置习惯,赋值为"1",否则赋值为"0";同样,对有害垃圾,将在"废旧电池""过期药品"和"废旧灯管"任意一项上有分类投放行为的被认定为有分类处置习惯,赋值为"1",否则为"0"。基于此,将居民的分类处置偏好分为四种类型:(1)既不分类变卖可回收物,也不参与有害垃圾分类投递;(2)仅分类变卖可回收物;(3)仅参与有害垃圾分类投递;以及(4)既分类变卖可回收物,也参与有害垃圾分类投放。

由于涉及的试点小区并非强制执行有害垃圾分类,因此可将居民主动参与有害垃圾分类投放的行为视为典型的利他或合作行为,体现了参与者配合小区分类试点以共同促进社会与环境和谐发展的行为动机。相比之下,居民分类变卖可回收物的行为动机更为复杂;其既可以理解为一种单纯寻求物的效用最大化的自利行为,也可以理解为一种亲环境的利他行为。鉴于有害垃圾分类投放由利他价值驱使的特性,可通过居民在可回收物和有害垃圾分类处置习惯的协同性来区分可回收物变卖动机。若个体以经济效益最大化的价值为导向,则其不大可能在分类变卖可回收物的同时还耗费额外的时间和精力参与有害垃圾分类投放;然而,若个体在变卖可回收物的同时也参与有害物分类投放,则可认为两种行为同时受亲环境价值引导。最后,若个体既不变卖可回收物,也不参与有害垃圾分类投放,则可认为其对垃圾分类和公共参与的社会意义是不认同或漠视的,这可能是疏离的社会关系所致(张海东、毕婧千,2014)。

基于上述考虑,将仅进行可回收物分类变卖的分类处置偏好界定为实用主义模式(Pragmatism);将仅参与有害垃圾分类投放的分类处置偏好界定为公共参与模式(Participation);将既参与有害垃圾分类投放又进行可回收物分类变卖的分类处置偏好界定为环境主义模式(Environmentalism)。将对可回收物和有害垃圾均不分类的行为偏好界定为疏离模式（Alienation）。整体上，符合实用主义模式的居民占比最多（39.5%），其次是环境主义模式（27.2%），而疏离模式（17.8%）和公共参与模式（15.4%）的占比大致相当。

五、居民垃圾分类处置偏好的阶层差异

采用多元对应分析探讨四种分类处置偏好类型与人口结构及社会心理变量各水平之间的关联。为便于数据分析，首先对部分变量观测值较少的若干水平进行合并，并分别用大、小写英文字母对人口统计和心理变量进行编码以示区分。图中，年龄的五个水平分别为YEAR20（即 20—29 岁）、YEAR30（即 30—39 岁）、YEAR40（即 40—49 岁）、YEAR50（即 50—59 岁）以及 YEAR60（即 60 岁及以上）；受教育程度的三个水平分别为 MIDDLE（即初中及以下）、HIGH（即高中/中专）、COLLEDGE（即大专及以上）；个人可支配月收入的四个水平分别为 3000M（即 3000 元以下）、3000P（即 3000—4999 元）、5000P（即 5000—7999 元）以及 8000P（即 8000 元及以上）；职业/就业状态的八个水平为 NON（即无业/待业）、RET（即退休）、IND（即服务/工/商业从业者）、FREE（即自由职业）、SELF（即个体工商户）、OFC（即办事职员）、PRO/TECH（即专业技术人员）以及 MGR（即机关干部/企业高中级管理人员）。认知与心理变量统一用"变量名＋水平"标记。对政策类知识（policy），"1"表示知识极度匮乏，"2"表示知道较少，"3"表示知道较多；对道德规范（moral）、感知行为控制（control）、社区分类规范（social）及社区社会资本（capital），"1"表示否定态度，"2"表示中立态度，"3"表示肯定态度；对时间（time）和金钱（pay）支付意愿，"1"表示不愿意支付，"2"表示较低水平的支付意愿，"3"表示较高水平的支付意愿。由于在初步分析中，性别、婚姻、家庭人口数、是否自有住房、小区入住时间以及操作类知识等变量辨别度很小（＜0.1），故在正式分析中剔除了这些变量。

多元对应分析结果如图 1 所示。首先,多元对应分析获取的两个维度分别解释了 31.1% 和 23.0% 的方差(一致性系数分别为 0.799 和 0.695)。除支付意愿外,其他社会心理变量在维度 1 上有较高载荷(载荷在 0.208—0.633 之间),而人口统计变量则主要负载在维度 2 上(载荷在 0.342—0.461 之间),由此可认为横轴主要反映心理特征,而纵轴主要反映人口统计特征。一个有意思的发现是,尽管时间和金钱支付意愿属于心理变量,但却在维度 2 上有更高载荷,且时间支付意愿与职业关联最大,而金钱支付意愿与教育和收入关联较大。这意味着居民在"支付多少时间/额外费用来支持小区有害物分类"这一问题上存在着一定程度的职业和教育阶层分化,体现了不同阶层群体在看待和使

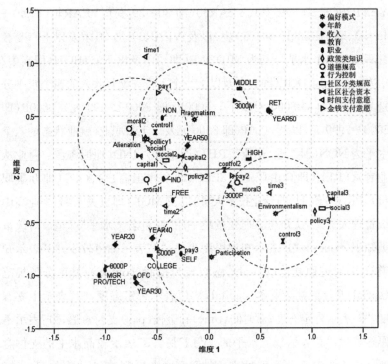

图 1a-b 分类处置偏好的多元对应分析

注:虚线圆圈仅作为参照边界,用以衡量图中不同变量水平与四种分类处置偏好的关联程度。

用时间和金钱资源方式上的差异。之所以收入与教育、与时间支付意愿的关联不高,可能是因为对于收入和受教育水平较高的群体而言,时间作为一种资源比金钱更为稀缺,因此他们可能更倾向"花钱买时间",将有限的时间投入在最重要的事情上。而时间支付意愿与职业关联更大的结果表明时间资源在不同职业或就职状态间差异更大。

其次,从变量各类别在图中的分布看,疏离模式和实用主义模式均位于图形左上方,两者均与属于底层的无业/待业(NON)关联紧密(陆学艺,2002);此外,疏离模式与处于中下层的服务/工/商业从业者(IND)有一定关联,而实用主义模式与低教育水平(MIDDLE)和低收入(3000M)有一定关联。公共参与模式位于图形下方,稍微向中轴线右侧偏离;与属于中中层的个体经营(SELF)关联紧密,与中上收入(5000P)、高教育水平(COLLEGE)有一定关联。而环境主义模式位于图形右下方,与中下收入(3000P)和中教育水平(HIGH)有一定关联。在社会心理变量方面,大部分变量的中、低水平与疏离模式关联较紧密,与实用主义模式有一定关联;除金钱支付意愿外,其余变量的高水平与环境主义模式关联最紧密。四种模式中,公共参与模式与金钱支付意愿的高水平关联最紧密。

上述结果仅与命题2理论假设部分一致。符合实用主义模式的群体中有比整体平均水平更高的比率来自经济(3000M)和文化资本相对贫乏的低教育阶层(MIDDLE),这体现了该阶层"物尽其用"的实用主义消费偏好。而来自经济(5000P)与文化资本较丰富的高教育阶层(COLLEGE)与排斥可回收物分类变卖的公共参与模式关联最紧密。这表明该阶层群体已经超越低层次需求的阶段,因此摒弃以实用主义为导向的分类变卖行为。但是,同样排斥可回收物变卖的疏离模式与较下职业阶层(即无业/待业和服务/工/商业从业者)关联。事实上,处于底层的无业/待业与疏离模式和实用主义模式的关联紧密程度相当。上述结果意味着并不是社会阶层越低,就越有可能采取以实用主义为导向的垃圾分类处置行为;换句话说,社会经济地位与实用主义导向的分类处置行为之间并不呈线性相关。对疏离模式,其与低政策类知识

（policy1）、低社区社会资本（capital1）和低社区分类规范（social1）关键紧密的结果表明从属于该模式的群体脱嵌于社区、与社区关系纽带松弛；同时在日常生活中极少关注垃圾及垃圾分类问题。这可能是阻碍其垃圾分类的深层次原因。

多元对应分析结果同样仅部分支持命题1。所有阶层变量类别中，公共参与模式仅与处于中上收入（5000P）和接受高等教育（COLLEGE）的阶层关联较紧密。这在一定程度上表明社会经济地位较高的群体更倾向采取促进社会福祉的分类参与行为。但是，属于上上阶层的管理者（MGR）和中上阶层的专业技术人员（PRO/TECH）以及处于高收入（8000P）阶层的群体仅与公共参与模式呈现出非常松散的关联。这表明社会经济地位与促进社会福祉的分类参与行为之间也并非线性相关。对环境主义模式，其仅与中低收入水平（3000P）和中等教育水平（HIGH）关联的结果也与命题1不符。该结果不支持绿色消费的后物质主义价值假设。

那么，为何公共参与模式和环境主义模式并没有在经济收入高且职业也处于中上阶层的群体中聚集呢？进一步结合前述职业与时间支付意愿关联紧密以及高时间支付意愿（time3）和高感知行为控制（control3）与环境主义模式关联紧密的结果，可以认为是内嵌于职业结构的时间资源在其中发挥了重要作用。从日常实践的视角分析，高时间支付意愿（time3）和高行为控制（control3）均体现了个体在实践的时间维度上，是对参与垃圾分类实践"需要耗费多少时间"以及"所耗费的时间是否会打破原有生活节奏"的一种考量。只有当个体"有充裕的时间资源"并且"有能力安排专门时间而不对现有生活造成干扰"时，积极的环境主义价值才更有可能转化为实际行动（朱迪，2017）。换句话说，时间/生活节奏（T）和环境主义价值（V）在影响利他的垃圾分类实践（A）方面可能存在一定的协同作用（即 $A = T \times V$）。可能正因为利他的垃圾分类实践受时间/生活节奏和环境主义价值的双重影响，因而实践者类型更倾向于在生活节奏适度且又具有一定的环境意识的中低收入和中等教育阶层中有更大比率的聚集。同样，之所以管理者和专业技术人员与公共参与模式呈现松散关联,可能是因为其相对更紧凑的生活节奏所致,或者说时间对该群体而言更可能是一种稀缺资源。比如,他们更可能利用平日或周末闲暇时间进行业务拓展及社交活动,或为缓解紧张的生活节奏而外出放松身心,因而投资在居住小区的闲暇时间较为有限。这可能成为阻碍该群体参与小区有害垃圾分类投放的一个重要因素。

除阶层差异外,还留意到公共参与模式倾向在中青年(YEAR40)群体中聚集。结合该模式与高教育水平相关联的结果,提出教育代际差异假设,认为是不同代际所处时代的宏观社会文化结构和教育制度导致其教育经历的不同,进而使偏好公共参与模式的群体呈现出年轻化的特点。从生命历程的历史视角看,处于 40—50 岁(粗略估计为1970—1980 年出生组)的中青年群体刚好在其青少年时期经历了中国现代化发展和经济改革开放的历史阶段,普遍接受了较为完整的高等教育,这为其公民意识和公共参与精神的培养提供了有利的条件。而50 岁及以上的中老年群体(即 1970 年以前出生组)接受高等教育的占比较少;且因其基本社会化过程主要是在传统社会完成的,其行为多受中国传统社会文化价值观的影响。与西方语境中的现代社会不同,中国传统社会的人际关系遵从"差序格局"的逻辑,即人伦关系是以"已"为中心,根据与"已"的亲疏关系逐层向外辐射的(费孝通,2008)。因此,中青年群体更倾向发展出公共参与和社会责任意识以指导其分类参与行为。

针对垃圾分类处置偏好的多类别对数比率回归分析(以实用主义偏好为参考类别)也部分验证了上述结论(相应结果见表2)。首先,实用主义模式的消费分层假设在教育维度获得较好的数据支持。受教育程度在大学及以上者偏好公共参与模式、疏离模式以及环境主义模式而不是实用主义模式的概率分别依次是初中及以下和高中/中专的5.06(即 $e^{1.622}$)和 3.12(即 $e^{1.138}$)、2.99(即 $e^{0.936}$)和 3.28(即 $e^{1.187}$)以及3.10(即 $e^{1.131}$)和 2.36(即 $e^{0.859}$)倍。这表明了以实用主义为导向的可回收物分类变卖在较低教育阶层集聚的倾向。其次,时间支付意愿对环境主义模式有显著预测效力。愿意支付较多时间者与不愿意支付任何时间者相比,偏好环境主义模式而不是实用主义模式的概率会提高136%(即$e^{0.857}$),这部分验证了"时间/生活节奏"假设。最后,与公共参与的教育代际差异假设一致,处于30—40岁和40—50岁的中青年群体偏好公共参与模式而不是实用主义模式的概率分别是60岁及以上的老年人群体的4.42(即$e^{1.488}$)和4.57(即$e^{1.519}$)倍,表明中青年群体更倾向于参与有害物垃圾分类投放。

表2 垃圾分类处置偏好的多类别对数比率回归分析

	疏离模式	公共参与模式	环境主义模式
截距	−0.783(0.895)	0.016(1.035)	0.737(0.940)
男性	−0.412(0.236)	−0.278(0.291)	−0.038(0.240)
党员	−0.124(0.288)	0.115(0.341)	−0.145(0.277)
已婚	0.133(0.523)	0.498(0.561)	−0.262(0.543)
年龄:20—30岁	0.883(0.800)	1.119(0.901)	0.406(0.888)
30—40岁	0.580(0.550)	1.488(0.650)*	−0.098(0.578)
40—50岁	0.906(0.538)	1.519(0.657)*	0.567(0.555)
50—60岁	0.467(0.410)	1.129(0.493)*	−0.090(0.411)
收入:3000元以下	0.519(0.476)	0.254(0.546)	0.713(0.505)
3000—5000元	0.835(0.446)	0.427(0.498)	0.982(0.467)*
5000—8000元	0.725(0.454)	0.761(0.499)	0.762(0.484)
教育:初中及以下	−0.936(0.349)**	−1.622(0.428)***	−1.131(0.357)**
高中/中专	−1.187(0.359)**	−1.138(0.395)**	−0.859(0.349)*
职业:企事业管理人员	−0.204(0.784)	0.457(0.839)	0.518(0.825)
专业技术人员	0.223(0.703)	0.151(0.833)	0.599(0.802)
普通职员	0.228(0.603)	−0.249(0.704)	0.319(0.687)
个体户	0.556(0.684)	0.549(0.786)	1.254(0.747)
自由职业	−0.096(0.608)	0.379(0.688)	−0.447(0.730)
工人	0.185(0.596)	−0.361(0.742)	−0.664(0.741)

	疏离模式	公共参与模式	环境主义模式
退休	0.616(0.617)	0.911(0.737)	0.579(0.677)
时间支付意愿:低水平	1.274(0.319)***	−0.187(0.486)	−0.857(0.424)*
中水平	−0.140(0.283)	−0.088(0.306)	−0.209(0.259)
金钱支付意愿:低水平	−0.461(0.379)	−0.061(0.481)	0.016(0.421)
中水平	−0.125(0.320)	−0.028(0.367)	0.068(0.328)
操作类知识:低水平	−0.084(0.324)	−0.232(0.332)	−0.127(0.285)
中水平	−0.011(0.327)	−0.368(0.339)	0.015(0.278)
政策类知识:低水平	−0.568(0.423)	−0.972(0.402)*	−1.448(0.346)***
中水平	0.750(0.432)	−0.932(0.387)*	−0.863(0.310)**
道德责任:低水平	1.676(0.792)*	0.919(1.095)	0.479(1.114)
中水平	0.749(0.250)**	−0.043(0.355)	−0.147(0.303)
行为控制:低水平	0.382(0.389)	−0.421(0.359)	−0.283(0.303)
中水平	0.315(0.424)	−0.590(0.387)	−0.243(0.322)
社区社会资本:低水平	−0.912(0.517)	0.913(0.478)	0.160(0.385)
中水平	−0.460(0.505)	−0.003(0.443)	−0.551(0.354)
社区分类规范:低水平	−0.380(0.506)	−1.763(0.472)***	−0.467(0.392)
中水平	−0.335(0.479)	−1.160(0.391)**	−0.607(0.331)

注:以上分析以实用主义模式为参考类别;括号内数据为标准误。
$*\ p < 0.05$;$**\ p < 0.01$;$***\ p < 0.001$。

六、结　　论

综上,本研究以 N 市有害垃圾分类试点小区居民为例,借助多元对应分析对城市居民生活垃圾分类处置偏好的阶层差异特征进行了考察。研究主要结论如下:

第一,根据行为动机/目的的不同,居民分类处置偏好呈现四种不同的模式,即既不参与有害垃圾分类投放也不进行可回收物变卖的疏离模式、仅分类变卖可回收物的实用主义模式、仅分类投放有害物的公共参与模式以及对两种类型的垃圾均进行分类处置的环境主义模式。其中,实用主义模式追求物的使用价值/效用最大化。公共参与模式下受公共参与的社会公德支配旨在维护公共资源的合理配置。环境主义模式以人与自然和谐共生为价值诉求。这三种偏好也依次体现了垃圾分类的三种行为属性,即消费、公共参与和环境保护。

第二,不同动机/目的的分类处置偏好存在一定程度的阶层分化,但阶层与垃圾分类处置偏好呈现一种非线性关联。实用主义模式倾向在低收入及低教育阶层聚集;公共参与模式倾向在中高收入及高教育阶层聚集;环境主义模式则处于两者之间,倾向在中低收入及中等教育阶层聚集。研究结果部分支持消费的需求分层假设,不支持绿色消费的后物质主义假设。

第三,分类处置偏好不同,阶层的作用机制也不同。实用主义模式侧重分类处置的消费意义,其阶层分布在收入和教育维度上与消费分层假设基本相符。公共参与模式以公共观念和公民意识为基础。由于这种具有现代意义的公民意识主要借助系统化的学校教育实现,因而导致公共参与导向的分类处置行为受个人教育经历影响较大,且其阶层分布不仅与教育分层的内部逻辑一致,还因传统社会基于关系的伦理观与现代社会基于公共观念的伦理观的分异而呈现出一定的代际差异。

最后,环境主义模式的阶层分布与绿色消费的后物质主义价值假设并不吻合,这可能是受到内嵌于阶层结构的时间资源的影响。

理论层面,主要贡献在于从日常行为实践的视角区分了居民垃圾分类处置偏好的四种类型。这较以往研究单一从环境行为视角来理解垃圾分类行为的做法更贴合我国居民垃圾分类实践受多重动机驱使的实际。尽管这四种偏好类型是基于有害垃圾分类试点的个案提出,但其揭示的三种动机基本涵盖我国居民垃圾分类的实际情况,具有较好的代表性和普适性,为后续本土化的垃圾分类行为理论的发展提供了相对适宜的概念框架。而就社会阶层与分类处置行为的关系而言，时间资源可能是阶层影响分类处置行为的一个重要中介因素，因而后续围绕垃圾分类阶层差异的研究有必要增加对时间因素的考察。

方法层面，通过分类处置偏好与阶层及心理变量在类别/水平尺度上的关联来探讨垃圾分类实践阶层差异的做法可为今后环境行为研究提供一个新的思路。鉴于垃圾分类处置行为动机的复杂性，笼统地将垃圾分类归为亲环境行为加以考察是不妥当的。后续研究需要在概念操作化时将行为动机纳入垃圾分类行为的测评指标体系，或者将分类行为置于更广泛的行为谱系中通过其与其他行为的内在关联来确定其行为属性。

最后，也存在一些局限。首先，在进行多元对应分析时，考虑到对样本量的要求，将两种可回收物分类行为和三种有害物分类行为分别进行了合并，这在一定程度上影响数据分析的精确度。其次，在社会心理变量的选取上，未纳入环境价值观加以考察，因此对环境主义模式，是通过道德规范和时间支付意愿等间接指标来推断其动机是否与理论预期一致，这可能在一定程度会削弱研究结果的信度。今后需要纳入更直接反映行为动机的指标来检验社会阶层与不同分类处置偏好的关联机制。

参考文献

边燕杰：《城市居民社会资本的来源及作用：网络观点与调查发现》，《中国社会科学》2004 年第 3 期。

陈绍军、李如春、马永斌：《意愿与行为的悖离：城市居民生活垃圾分类机制研究》，《中国人口·资源与环境》2015 年第 9 期。

陈维扬、谢天：《社会规范的动态过程》，《心理科学进展》2018 年第 7 期。

范国周、张敦福：《文化消费与社会结构：基于 CGSS2013 数据的多元对应分析》，《社会科学》2019 年第 8 期。

费孝通：《乡土中国》，人民出版社 2008 年版，第 28—29 页。

高春芽：《规范、网络与集体行动的社会逻辑——方法论视野中的集体行动理论发展探析》,《武汉大学学报》(哲学社会科学版)2012年第5期。

桂勇、黄荣贵:《社区社会资本测量:一项基于经验数据的研究》,《社会学研究》2008年第3期。

韩洪云、张志坚、朋文欢:《社会资本对居民生活垃圾分类行为的影响机理分析》,《浙江大学学报》(人文社会科学版)2016年第3期。

何兴邦:《社会互动与公众环保行为——基于CGSS(2013)的经验分析》,《软科学》2016年第4期。

贾亚娟、赵敏娟:《生活垃圾污染感知,社会资本对农户垃圾分类水平的影响——基于陕西1374份农户调查数据》,《资源科学》2020年第12期。

李长安、郭俊辉、陈倩倩、胡查平:《生活垃圾分类回收中居民的差异化参与机制研究——基于杭城试点与非试点社区的对比》,《干旱区资源与环境》2018年第8期。

刘精明、李路路:《阶层化:居住空间、生活方式、社会交往与阶层认同——我国城镇社会阶层化问题的实证研究》,《社会学研究》2005年第3期。

刘欣:《阶级惯习与品味:布迪厄的阶级理论》,《社会学研究》2003年第6期。

陆学艺:《当代中国社会阶层研究报告》,社会科学文献出版社2002年版,第11页。

裴志军、何晨:《社会网络结构、主观阶层地位与农村居民的环境治理参与——以垃圾分类行为为例》,《安徽农业大学学报》(社会科学版)2019年第1期。

曲英:《城市居民生活垃圾源头分类行为的理论模型构建研究》,《生态经济》2009年第12期。

曲英:《城市居民生活垃圾源头分类行为的影响因素研究》,《数理统计与管理》2011年第1期。

让·鲍德里亚:《消费社会》,南京大学出版社2014年版,第67—72、76—78页。

童昕、冯凌、陶栋艳、冯卡罗:《面向行为改变的社区垃圾分类模式研究》,《生态经济》2016年第2期。

王晓楠:《阶层认同、环境价值观对垃圾分类行为的影响机制》,《北京理工大学学报》(社会科学版)2019 年第 3 期。

王琰:《我国居民绿色消费影响因素的多层次分析:基于 CGSS2010 的实证研究》,《南京工业大学学报》(社会科学版)2015 年第 2 期。

问锦尚、张越、方向明:《城市居民生活垃圾分类行为研究——基于全国五省的调查分析》,《干旱区资源与环境》2019 年第 7 期。

徐林、凌卯亮、卢昱杰:《城市居民垃圾分类的影响因素研究》,《公共管理学报》2017 年第 1 期。

张海东、毕婧千:《城市居民疏离感问题研究——以 2010 年上海调查为例》,《社会学研究》2014 年第 4 期。

张文宏:《社会资本:理论争辩与经验研究》,《社会学研究》2003 年第 4 期。

张翼:《当前中国社会各阶层的消费倾向——从生存性消费到发展性消费》,《社会学研究》2016 年第 4 期。

张郁、徐彬:《基于嵌入性社会结构理论的城市居民垃圾分类参与研究》,《干旱区资源与环境》2020 年第 10 期。

张志坚、王学渊、赵连阁:《社会资本对生活垃圾减量的影响及其作用机制》,《商业经济与管理》2019 年第 2 期。

中华人民共和国生态环境部:《2020 年全国大、中城市固体废物污染环境防治年报》(2020 年 12 月 28 日),生态环保部官网,https://www.mee.gov.cn/ywgz/gtfwyhxpgl/gtfw/202012/P020201228557295103367.pdf。

朱迪:《混合研究方法的方法论、研究策略及应用——以消费模式研究为例》,《社会学研究》2012 年第 4 期。

朱迪:《从强调"教育"到强调"供给":都市中间阶层可持续消费的研究框架及实证分析》,《社会学研究》2017 年第 4 期。

Ajzen I.(1991). The theory of planned behavior. *Organizational Behavior and Human Decision Processes*, 50(2), 179—211.

Ajzen I.(2002). Constructing a TPB questionnaire: Conceptual and methodological considerations. Available online at: https://people.umass.edu/aizen/pdf/tpb.measurement.pdf（accessed May 20, 2021).

Bamberg S., & Schmidt P.(2003). Incentives, morality, or habit? Predicting students' car use for university routes with the models of Ajzen, Schwartz, and Triandis. *Environment and Behavior*, 35, 264—285.

Berger I. E.(1997). The demographics of recycling and the structure of environmental behavior. *Environment and Behavior*, 29, 515—531.

Bertoldo R., & Castro P.(2016). The outer influence inside us: Exploring the relation between social and personal norms. *Resources, Conservation and Recycling*, 112, 45—53.

Hungerford H. R., & Volk T. L. (1990). Changing learner behavior through environmental education. *Journal of Environmental Education*, 21 (3), 8—22.

Inglehart R.(1995). Public support for environmental protection: Objective problems and subjective values in 43 societies. *PS: Political Science and Politics*, 28(1), 57—72.

Kaiser F. G., & Fuhrer U.(2003). Ecological behavior's dependency on different forms of knowledge. *Applied Psychology*, 52, 598—613.

Peattie K.(2010). Green consumption: Behavior and norms. *Annual Review of Environment and Resources*, 35(1), 195—228.

Perkins H. E.(2010). Measuring love and care for nature. *Journal of Environmental Psychology*, 30, 455—463.

Schultz P. W.(2002). Knowledge, information, and household recycling: Examining the knowledge-deficit model of behavior change, in *New tools for enviornmental protection: Education, information, and voluntary measures*, eds T. Dietz, and P. C. Stern (Washington, DC: National Academy Press), 67—82.

Schwartz S. H.(1977). Normative influences on altruism. *Advances in Experimental Social Psychology*, 10, 221—279.

Stern P. C.(2000). Toward a coherent theory of environmentally significant behavior. *Journal of Social Issues*, 56, 407—424.

Tang Z., Chen X., & Luo J. (2011). Determining socio-psychological drivers for rural household recycling behavior in developing countries. *Environment and Behavior*, 43, 848—877.

Thøgersen J.(2006). Norms for environmentally responsible behaviour: An extended taxonomy. *Journal of Environmental Psychology*，26（4），247—261.

Thøgerson J.(1996). Recycling and morality: A critical review of the literature. *Environment and Behavior*，28，536—558.

Webster F. E.(1975). Determining the characteristics of the socially conscious consumer. *Journal of Consumer Research*，2(3)，188—196.

White K.，Habib R.，& Hardisty D. J.(2019). How to SHIFT consumer behaviors to be more sustainable: A literature review and guiding framework. *Journal of Marketing*，28(3)，22—49.

White K.，& Simpson B.(2013). When do (and don't) normative appeals influence sustainable consumer behaviors? *Journal of Marketing*，77（2），78—95.

Whitehead J. C.，& Haab T. C.(2013). "Contingent valuation method," in *Encyclopedia of Energy*，*Natural Resource*，*and Environmental Economics*. ed J. F. Shogren.(CA，USA: Elsevier)，334—341.

图书在版编目(CIP)数据

环境协作与治理:政府、企业与公民/孙小逸主编
.—上海:上海人民出版社,2023
(复旦公共行政评论;第 26 辑)
ISBN 978 - 7 - 208 - 18160 - 1

Ⅰ.①环… Ⅱ.①孙… Ⅲ.①环境综合整治 Ⅳ.
①X3

中国国家版本馆 CIP 数据核字(2023)第 029676 号

责任编辑 赵荔红
封面设计 夏　芳

复旦公共行政评论　第 26 辑

环境协作与治理:政府、企业与公民

孙小逸 主编

出　　版	上海人民出版社
	(201101　上海市闵行区号景路 159 弄 C 座)
发　　行	上海人民出版社发行中心
印　　刷	江阴市机关印刷服务有限公司
开　　本	635×965　1/16
印　　张	25
插　　页	2
字　　数	341,000
版　　次	2023 年 5 月第 1 版
印　　次	2023 年 5 月第 1 次印刷
ISBN	978 - 7 - 208 - 18160 - 1/D · 4087
定　　价	95.00 元